KB043100

Life in the Treetops!

오늘도 나무에 오릅니다

ㅇ 일러두기

1. 단행본, 정기간행물에는《 》를, 글, 논문은 〈 〉를 사용했다.
2. canopy는 숲우듬지, crown은 나무우듬지, treetop은 나무 꼭대기로 옮겼다.
3. 외래어 고유명사는 국립국어원의 외래어 표기법에 따라 표기했다. 단, 일부 관용적 표기는 그대로 사용했다.
4. 본문 하단의 각주는 원서에 있는 용어설명과 옮긴이의 주를 같이 실은 것이다. 용어설명과 옮긴이의 주는 따로 구분하지 않았다.

—

LIFE IN THE TREETOPS: Adventures of a Woman in Field Biology by Margaret D. Lowman
Copyright ©1999 by Margaret D. Lowman
Originally published by Yale University Press
All rights reserved.

This Korean edition was published by Nulwa Publishing Co., Ltd. in 2019 by arrangement with Yale Representation Limited through KCC(Korea Copyright Center Inc.), Seoul.

이 책은 (주)한국저작권센터(KCC)를 통한 저작권자와의 독점계약으로 (주)눌와에서 출간되었습니다. 저작권법에 의해 한국 내에서 보호를 받는 저작물이므로 무단전재와 복제를 금합니다.

—

이 도서의 국립중앙도서관 출판예정도서목록(CIP)은 서지정보유통지원시스템 홈페이지(http://seoji.nl.go.kr)와 국가자료종합목록시스템(http://www.nl.go.kr/kolisnet)에서 이용하실 수 있습니다.
(CIP제어번호: CIP2019002776)

오늘도 나무에 오릅니다

여성 생물학자의 삶과 모험

마거릿 D. 로우먼 지음

유시주 옮김

눌와

Thanks to.

자연을 경외하는 마음을

지켜나갈 수 있도록 도와준,

내 아들이자 현장 조수인

에디와 제임스에게.

그리고 과학과 영혼 사이에

가교를 놓는 법을 가르쳐 준

마이클에게.

차례

한국의 독자들에게

—

당신이 이 책을 택해 주어 영광입니다. 《오늘도 나무에 오릅니다*Life in the Treetops*》에 관심을 가져 주어 고맙습니다. 저는 25년 전부터 숲우듬지를 탐험한 여성으로서, 젊은 여자만이 아니라 어떤 인간에게도 흔치 않은 길을 걸어왔습니다. 물론 많은 장애물이 있었습니다. 그러나 대부분의 사람들, 남성과 여성 모두, 과학이나 직업 선택 또는 일상생활에서조차 개인적인 도전을 경험한다고 생각합니다. 당신이 꿈과 열정을 따르도록 격려하기 위해 이 글을 쓰고 있습니다. 저는 지난 수십 년 동안 조용히, 그리고 끈덕지게 숲우듬지의 비밀을 밝혀내는 데 삶을 바쳐왔습니다. 그리고 그 덕분에 나 자신에게도 큰 변화가 있었다고 진심을 담아 말할 수 있습니다. 세계의 숲은 개간, 농업, 도로 건설, 벌목, 화재, 기후변화, 도시 확장 등으로 크게 위협받고 있습니다. 인간과 지구 전체의 생존과 건강을 위해서는 숲이 꼭 필요합니다. 그래서 저는 평생 해온 숲우듬지 탐험을 계속하고, 숲의 생태를 둘러싼 자연의 중요한 비밀을 발견하기 위해 노력할 것입니다. 우리가 숲이 어떤 식으로 작동하는지 이해한다면 우리는 이 중요한 생태계를 보전하기 위해 최선을 다할 것입니다. 숲은 오염된 대기에서 탄소를 받아들이고 산소를 생산합니다. 그뿐만 아니라 곤충, 약용 식물 및 지속 가능한 식품을 포함한 막대한 생물 다양성을 보유하고 있습니다.

1999년《오늘도 나무에 오릅니다》를 처음 쓴 이후, 숲우듬지 연구에는 큰 변화가 있었습니다. 무엇보다, 삼림학을 공부하는 여성들이 많아졌습니다. 여러분 모두를 위해 만세! 둘째로, 나무 꼭대기를 탐사하는 데 도움을 주는 새로운 도구들이 생겼습니다. 오늘날에는 나무에 밧줄을 매고 그 꼭대기에 오르는 고생을 하지 않고도 숲우듬지를 촬영할 수 있는 드론이 있습니다. 또 놀라운 항공위성 사진도 있습니다. 그 사진을 이용해 엄청나게 넓은 지역의 지도를 만들 수 있을 뿐만 아니라, 수분 함량과 토양의 화학적 조성을 측정할 수도, 불법 벌목 행위도 포착할 수도 있습니다. 새로운 기술들은 우리의 지식을 넓혀 주었습니다. 하지만 숲을 걷고, 나무를 기어오르며 가까이서 연구하기 위해서는 여전히 '지상 실측'이 필요합니다. 숲을 사랑하는 사람 모두가 이 책을 읽으면 좋겠습니다. 이 책이 한국의 아름다운 숲을 포함해 여러분이 사는 곳을 탐구하는 교육자, 과학자, 정책 입안자들의 새로운 세대에 영감을 주기를 기대합니다. 서울에 방문했을 때 저는 숲에서 정말 즐겁게 하이킹을 했고, 녹지를 사랑하는 한국인들의 모습에 깊은 감명을 받았습니다.

나무와 거기 사는 생물들에 대한 여러분의 사랑에 감사합니다. 여러분이 책을 읽으며 나무에 대한 사랑을 함께 나누고, 한국의 다음 세대를 위해 숲을 보전하는 데 보탬을 줄 거라 확신합니다.

2019년 1월

"캐노피 맥" 로우먼

감사의 말

—

내 직업은 좀 별나다. 나는 나무를 탄다. 또 내 일은 '9시에서 5시까지'라는 정해진 시간표대로 이루어지는 것이 아니다. 나의 아이들은 참을성과 적응력에서는 참으로 비범해 도무지 종잡을 수 없는 엄마의 스케줄에도 어렵사리 안정을 찾을 수 있었다. 어쨌든 아이들은 집에서만큼은 확실하게 안전했는데, 그곳엔 조건 없는 사랑이 있었기 때문이다. 나는 자주 정글 속으로 들어갔으며, 떠나기 전에는 마지막 순간까지 말라리아 약과 모기장을 챙기느라, 돌아와서는 시차와 몸속에 침투한 기생충들과 씨름하느라 우리 집 살림은 뒤죽박죽이었다. 하지만 탐사 여행을 떠나 있는 동안에는 부모님, 그리고 나를 지지하고 도와주는 많은 친구가 우리 집 살림을 일관되고도 탄탄하게 돌봐 주었다. 떨어지는 코코넛 열매에 맞아 기절한 적도, 호주갈색뱀에 물린 적도, 높은 나무에서 떨어진 적도 한 번 없었으니(작은 나무들은 제외!) 나는 운이 좋은 사람이다. 하지만 한 사람의 과학자로서, 또한 아이들의 어머니로서 내가 걸어온 길 위에 그와는 다른 위험도 있었다. 나는 현장생물학이 가진 물리적 위험성은 정서적인 문제와 비교하면 아무것도 아니라는 걸 알았다. 감사하게도 나는 과학자로서의 성공이 사랑과 교감이라는, 소중한 가족적 가치를 배제하지 않는다는 것을 알게 되었다. 나날의 일상을 경이롭게 하는 것은 다름 아닌 균형 잡힌 행동, 즉 삶에 대한 열정과 사랑으로 길러지는 균형 잡힌 행동이다. 나는 우림을 보호하기 위한 과학자로서의 내 노력이 나의 아이들, 그리고 그 아이의 아이들에게 조금이라도 더 나은 세상을 물려주는 데 보탬이 되기를 바란다.

지난 세월 훌륭한 아이디어와 창의성으로 나에게 끊임없는 자극을 주었던 많은 동료들, 하이디 아펠, 피터 애슈턴, 존 애트우드, 마크 비어너, 바트 보르시우스, 휴 카페이, 조 코넬, 네이트 어윈, 로빈 포스터, 로렐 폭스, 프랜시스 할레, 브루스와 안나 마리 해처 부부, 해럴드 히트울, 브루스 홀스트, 해리 루서, 마크 모핏, 파트리스 모로, 날리니 나드카르니, 마이크 펜더, 브루스 링커, 브라이언 로스버러, 잭 슐츠, 리와 존 트로트 부부, 토니 언더우드, 조안나 부르텔, 조 라이트, 그리고 그 밖의 여러분들께 감사 드린다. 엘런 배스커빌, 베릴 블랙, 제사 피셔, 존 트로트, 그리고 윌리엄스 대학의 '여성과 자연과학 글쓰기' 강좌에서 나에게 개인 지도를 받고 있는 학생들은 부탁도 하지 않았는데 고맙게도 일부 내용을 검토해 주었고 바바라 해리슨은 숙련된 솜씨로 이 책의 여러 그림을 그려 주었다.

예일 대학 출판부의 톰슨 블랙이 이 책의 편집을 맡았는데, 그와 함께 작업하게 되어 참 기뻤다. 또한 비비언 휠러는 원고를 보기 좋은 모습으로 멋지게 편집해 주었다.

다른 누구보다도 나는 아들 에디와 제임스, 그리고 부모님께 가장 많은 빚을 지고 있다. 에디와 제임스는 내가 자연 세계에 대한 호기심을 잃지 않도록 해주었고, 부모님은 내가 몇 주씩이나 나무에 올라가 연구를 하는 동안 참을성 있게 우리 집 살림을 보살펴 주셨다. 그분들이 안 계셨더라면 나는 과학자도, 엄마도 되지 못했을 것이다.

그리고 마이클 브라운, 함께 진흙 길을 걸어 주어서 고마워요!

들어가는 말

—

식물학은 열대의 도움을 받아야 한다.
열대의 큰 식물들은 큰 생각의 토대가 될 것이다.
E. H. J. 코너, 케임브리지 대학, 1939

어렸을 때 나는 나비, 새, 벌레, 조개껍데기, 둥지, 심지어 나뭇가지까지 수집할 수 있는 것이라면 무엇이든 모으고 분류했다. 나의 부모님은 과학자는 아니었지만, 차를 타고 가다가 내가 무언가 건질 만한 것을 발견하면 언제라도 차를 세울 만큼 이해심이 깊으셨다. 어머니가 무척 끔찍해 했지만, 내 방 작은 찬장에는 생쥐들이 살았다. 생쥐들은 나의 수집품 가운데 하나였던 천연 섬유를 아주 좋아했는데, 그것으로 뉴욕주의 추운 겨울을 보낼 둥지를 지을 수 있었기 때문이다. 내 삶은 자연이 내려준 소중한 선물로 은혜로웠고, 내 수집품은 과학적 호기심의 토대가 되었다. 초등학교 5학년 때 나는 뉴욕주 과학 전시회에서 2등 상을 받았다. 나는 화려한 전자 장비나 화학 장치를 들고나온 남자애들로 온통 북적대던 전시회장에 수줍게 끼어 있었는데, 그때 나는 내가 내놓은 야생나비 컬렉션이, 그리고 그것이 아니었다면 지극히 평범했을 내 삶에 그 컬렉션이 안겨준 영예가 무척이나 자랑스러웠다.

인생의 토대가 형성되는 10대 시절에는 운 좋게도 자연 탐구를 위한 여름 캠프에 참가했다. 그곳에서 나는 나와 마찬가지로 현장생물학에 관심이 있던, 그리고 지금까지도 환경 관련 분야의 오랜 동지로 남아 있는 이들을 만났다. 그 캠프의 지도자였던 존 트로트와 리 트로트는 많은 생물학자와 과학 교육가들을 배출해 냈다. 존 트로트는 해 지는 언덕 꼭대기에 서서, 아무것도 모르고 천방지축 뛰어다니는 서른 명의 청소년들에게 알도 레오폴드Aldo Leopold[1]의 글을 큰 소리로 읽어 주었고, 모두가 숨소리도 내지 않고 그 속에 빠져들었다. 마치 신으로부터 특별한 재능을 부여받은 교사 같았다.

나는 스무 살이 될 때까지 한 번도 미국을 벗어난 적이 없었지만 자연 세계에 대한 끊임없는 호기심으로 결국 영국의 스코틀랜드에서 생태학 석사학위를 받았다. 열대식물에 심취해 있던 지도교수 피터 애슈턴은 그 열정을 나에게도 전염시켜, 열대 우림을 내 박사과정 연구 주제로 선택하게 했다. 피터는 열대를 연구하려면 열대 생태계를 간직하고 있는 나라에서 직접 살면서 연구를 해야 한다고 주장했고, 나는 호주를 박사과정 연구지로 선택했다. 내가 열대 우림 숲우듬지canopies에 서식하는 초식 곤충을 주제로 박사학위를 받은 곳도 그곳이었다. 그때 나는 정밀한 생태 탐사 장비를 설계하는 능력이 있던 조지프 코넬 교수와

—

1) 초기 환경운동의 선구자이며 환경학자, 생태학자이다. 발전이 지상 최대의 과제였던 20세기 초반의 미국 사회에서 환경윤리운동을 전개했다.

함께 협동 연구를 하는 영광을 누렸는데, 그분은 나의 세 번째 지도교수가 되었으며 많은 도움을 주셨다. 내가 결혼을 하고 어머니가 된 곳, 어머니의 역할과 주부의 역할, 전문 직업인의 역할 사이에서 곤경에 봉착한 곳도 호주였다. 나는 1980년대의 대부분을 호주인의 아내와 어머니로 살았다.

이 책은 내가 호주의 부엌에서 고민하며 보낸 오랜 시간의 최종 결과물이라고 할 수 있다. 나는 '미국의 동료 연구자들은 나와 같은 처지이면서도 회의 석상에서 논문을 발표하고, 집안일을 돕는 파출부를 쓰고, 연구실에 늦게 남아 있는 날에는 패스트푸드를 먹고, 이런저런 방법을 통해 일과 가정을 훨씬 성공적으로 조화시키고 있는데, 왜 나는 설거지를 하고 레고 조각이나 주워 모으고 있어야 하는지' 고민했다. 나는 내가 어머니이고 아내임을 좋아했다. 그러나 내 영혼은 그와 더불어 과학을 향한 열정도 지니고 있었다.

1989년에 이르자 불안해졌다. 집안일에 모든 시간을 다 쏟아붓는 생활—호주 농촌의 전통대로—은 지적인 욕구를 충족시켜 주지 못했다. 내가 삶에서 가치 있다고 여기는 것과 호주 농촌 생활을 제대로 조화시키는 일은 갈수록 더 어려워졌다. 나는 마침내 내 원칙이 훼손되어 왔다는 뼈아픈 사실을 자각하게 되었다. 그곳에서는 남편에게 모닝티와 따뜻한 점심을 차려주는 것이 과학에 관한 글을 쓰는 일보다 더 중요했다. 책값이 너무 비싸서 아이들에게 책도 마음대로 사줄 수가 없었다. 시아버지는 내 의견은 물어보지도 않고 우리 집 정원에 있던 백년생 느릅나무들(그 나무들이 드리워 주던 그늘은 주부로서의 내 삶을 위로해 준 큰 의지처였다)을 베어 버렸다. 설상가상 국제 정세로 인해 호주의 양모 시장이 붕괴하고 말았다. 아들 에디는 어느 날 확신에 가득 찬 목소리로 여자는 의사가 될 수 없다고 말했다. 그리고 남편은 내 연구가 가족보다 우선할 수는 없으므로 가족용 차를 몰고 대학 도서관으로 가는 일은 하지 말았으면 좋겠다고 충고했다. 내 인생의 절반이 넘는 기간을 과학자가 되기 위해 노력해 왔건만, 그 목표는 내 손이 미치지 않는 곳을 향해 멀어져 가고 있었다. 시가 식구들 입장에서는 과학을 사랑하고 전통적으로 남성의 영역으로 여겨진 분야에서 지적인 질문을 던지는 며느리를 용인해 주기가 어렵다는 사실을 깨달았다. 그래서 나는 어려운 선택을 하기에 이르렀다. 호주 오지의 아름답고 광활한 대지와 정든 숲을 떠나기로, 미국으로 다시 돌아가서 지적인 자유를 찾기로 결정한 것이다. 남편을 떠나고, 사는 대륙을 바꾸고, 노동의 현장으로 돌아가서, 즉 힘겨운 여행과 외딴곳에서의 생활을 감수해야 하는 직업으로 돌아가서 자연보호라는 시급한 과제를 다시 떠맡게 되는 결정을 내리기까지 나는 심적으로 엄청난 고통을 겪었다. 이 책에서 나는 일과 가정을 조화시키려고 애썼던 한 현장생물학자의 우여곡절을 어느 정도 피력했다.

자전적인 이야기는 인생을 마감할 즈음에 쓰는 게 온당하겠지만, 과학 분야에서 일하는 여성에 대해서라면 일이 절정에 달해 있을 때 느낀 것들, 즉 좀 더 풍부하게 행간을 이야기할 수 있을 때 쓰는 것이 더욱더 생생하리라고 생각한다. 사랑과 가족과 일을 조화롭게 통합하는 것은 남성에게나 여성에게 여전히 중대한 과제이며, 황혼기에 조용히 관조할 수 있는 문제는 아니다.

숲우듬지는 지구상에 남아 있는 최후의 생물학적 개척지 가운데 하나라고 할 수 있다. 나무 꼭대기는 대단한 낭만적 관심을 불러일으키기는 했지만, 접근하기 어렵다는 방법론적 이유로 지난 수백 년 동안 과학적 연구의 손길이 닿지 못했다. 그런데 지난 10년 동안 숲우듬지에 접근할 수 있는 수단이—로프를 비롯해 플랫폼, 크레인, 열기구에 이르기까지—크게 발전했다. 지표면과 떨어진 3차원의 공간, 즉 숲우듬지는 신비로 가득하다. 숲우듬지에는 생명체가 살고, 꽃과 열매, 약재와 식량이 있으며, 성장과 죽음, 복잡한 패턴과 다양성이 존재한다. 그리고 이를 연구할 토대가 마련된 것이다.

이 책은 장별로 각각 하나의 숲우듬지 접근 기술, 그리고 내가 연구 중에 확인했던 한두 개의 가설들을 요약해 담고 있다. 로프에 의존했던 초기 호주 시절(1979), 유칼립투스에 오르기 위해 임신한 몸으로 이동식 크레인을 사용했던 시절(1984), 열기구를 이용해 탐사했던 아프리카 시절(1991), 매사추세츠주의 온대림에 나무 꼭대기treetop 통로를 만들었던 시절(1992), 벨리즈의 열대 우림을 탐사하던 시절(1994)을 시간 순으로 서술했다. 이런 연대기적 서술을 통해 독자들이 연구 결과뿐 아니라, 접근 수단과 샘플링 설계 등이 어떻게 발전해 갔는지도 살펴볼 수 있기를 바란다. 이제는 과학자들도 복잡한 환경 관련 문제를 연구할 때면 단독 연구에서 벗어나 팀을 이루어 함께 일하는 대규모 협동 연구를 진행하고 있다. 탐사 장비들은 새로운 프로젝트의 협동적 특성을 반영하듯 훨씬 훌륭해지고 있다. 바야흐로 현장생물학의 멋진 신시대가 도래한 것이다!

지난 15년 동안 나는 이 대륙 저 대륙에서 숲우듬지 연구의 선구적 영역에 여러 번 참여했다. 나는 대부분의 주요 접근 기술(많은 것들이 아직 초보적 단계에 있다)을 '시험 가동'했으며, 50편 이상의 과학 논문을 썼다. 독자들에게 내 다채로운 경험을 바탕으로 숲우듬지에 관한 흥미로운 이야기를 들려주고 싶었고, 정글 속에서 겪은 모험담을 함께 나누고 싶었다. 특히 전통적으로 남성들의 분야로 인식되었던 직업 세계에 대한 여성적 시각을 보여주고 싶었다. 나는 독자들이 이 책을 통해 현장생물학자는 어떤 식으로 연구를 수행하는지 이해하기를 바라며, 또한 과학계에 몸담을 것을 고려하고 있는 젊은이들에게는 이 책이 하나의 자극이 되기를 바란다.

1982년 앤드루 미첼이 키 큰 나무에 겁 없이 기어오른 몇 안 되는 생물학자들의 경험을 엮어 《신비로운 숲우듬지*The Enchanted Canopy*》라는 책을 출간했다. 1986년에는 도널드 페리가 싱글 로프에 의지해 신열대구Neotropical[2]를 탐사한 자신의 개척자적 경험을 담은 《숲 위의 인생*Life adove the Forest Floor*》을 펴냄으로써 그 뒤를 이었다. 그로부터 거의 10년 뒤 마크 모펏은 막 개발되고 있던 숲우듬지 접근 기술과 그에 참여한 연구자들의 이야기를 요약하고 삽화를 곁들인 《저 높은 곳의 미개척지

The High Frontier》를 펴냄으로써 미첼이 다루었던 세계를 더욱 넓게 확장했다. 이 책이 이미 출간된 책들이 담고 있는 내용을 반복하는 게 아니라 숲우듬지 연구에 관한 일련의 저서들의 맥을 잇기를 바라는 마음에서 나는 15년 전 페리가 최초로 이야기한 것들에 더 많은 내용을 보탰으며, 그와 함께 여성의 시각으로 볼 때 숲우듬지 연구가 당면하고 있는 과제들에 대한 견해를 내놓았다. 예를 들면, 사사프라스의 잎을 먹고 사는 딱정벌레 특이종을 찾기 위해 몇 시간 동안을 로프 끝에 위태롭게 대롱대롱 매달려 있을 때의 기분은 어떨까? 아프리카 정글 속의 캠프에서 59명의 남성 과학자들과 함께 생활하는 건 과연 무엇과 비견할 수 있을까? 아이를 기르는 일과 열대식물을 현장에서 연구하는 일은 과연 병립할 수 있는 걸까? 등등.

이 책《오늘도 나무에 오릅니다》는 다양한 관점으로 읽을 수 있다. 생물학적 관점에서 보면 숲우듬지에 관한 연구서이고, 인문학적 관점에서 보면 여성과 과학의 관계에 대한 이야기이다. 또한 환경과학의 관점에서 보면 세계 각지의 사례 연구서이기도 하다. 각 장에서 나는 앞으로의 연구의 전망을 제시했다. 그러나 무엇보다도 이 책은 우리를 둘러싼 세계에 호기심을 가진 독자들, 특히 숲을 둘러싼 정치적, 사회학

---

2) 생물의 지리학적 분포에 따라 나눈 생물지리구 중 하나이다. 신열대구는 남미와 멕시코의 남부, 중미, 서인도 제도로 이루어진 지역을 말한다.

적, 경제적, 생물학적 이슈들에 관심을 가진 독자들을 위해 쓰였다.

일과 개인사는 언제나 겹치기 마련이다. 일적인 측면을 놓고 보자면 형성기에 있던 열대생물학은 지난 20년 동안 급속히 발전해 왔다. 열대 지역에서는 숲우듬지 연구가 모든 사람이 나무 위에 접근할 수 있는 수단을 개발하느라 골몰하던 개척 단계에서 현장 연구를 수행할 수 있는 한층 성숙한 단계로 이행했다.

개인적인 측면을 놓고 보자면 내가 호주 농촌 지역에서 일과 가정을 조화시키기 위해 고군분투한 것은 어쩌면 비현실적이었다. 그곳에서는 그러한 열망이 기이한 일로 여겨졌다. 개인적인 영역과 직업적인 영역을 능숙하게 조화시키는 생활은 감당하기 힘든 일이었다. 직업을 가진 여성은 사회적으로 용납되지 않는다는 통념 때문이었다. 1970년대와 1980년대 호주 변방에서는 여성의 첫 번째 의무가 집안을 돌보는 것이었다. 식물학에 대한 애착 때문에 나는 도저히 그에 적응할 수가 없었다. 그래서 과학을 집안 살림에 적응시키려 애썼다. 설거지하면서 머릿속으로 탐사 장비를 설계할 수는 없을까? 아이들 낮잠 시간을 이용해 과학 기사를 작성하면 어떨까? 아이를 유모차에 태워 밀고 다니면서 실험지에 새싹이 돋아났는지 살펴볼 수는 없을까? 이렇게 필사적인 스케줄은 내 머릿속을 뚜렷하게 나누어 버렸다. 아이를 양육하면서 자기 일을 하는 많은 여성이 자신의 활동을 이것과 저것으로 구분 짓는 법을 익히게 된다고 생각한다. 오늘날에는 '살림하는 엄마'와 '일하는 아빠' 식의 역할 구분이 예전보다 많이 약화되었으며, 많은 부부가 전통적 역할 구분을 무너뜨리는 다양하고 모범적인 사례를 만들어내고 있다. 역사상 처음으로 과학계의 여성들이 바로 전 세대 여성 과학자들의 조언을 들을 수 있는 행복을 누릴 수 있게 되었다. 내가 학생이었을 때 내 지도교수는 모두 남성이었는데, 그분들은 임신한 몸으로 현장 작업을 수행하는 데 대해 어떤 조언도 해주지 못했으며, 남성 동료들과 정글에서 함께 생활하는 데 도움이 될 만한 어떤 아이디어도 제공해 주지 못했다.

나를 과학자가 되게 하고, 나무를 연구하고자 하는 나의 열정에 책임을 지도록 한 것은 여러 가지 의문이었다. 왜 열대의 숲은 온대림에 비해 그토록 다양한가? 곤충들은 어떤 방법으로 자신들의 먹이가 되는 식물을 찾아내는가? 곤충들은 과연 숲의 건강에 영향을 미치는 걸까, 그리하여 오랜 시간에 걸쳐 전 지구적 변화를 끌어내는 걸까? 커다란 나무들, 다종다양한 나무로 구성된 복잡한 숲, 인적 없는 정글, 그리고 때로는 몸 하나 제대로 누일 곳 없는 험난한 곳에서 샘플링 작업을 하면서 살아오는 동안 나는 많은 어려움을 경험했다. 결혼, 출산, 그리고 여성의 역할에 대한 문화적 차이 같은 개인적인 문제들 또한 내게는 또 다른 장벽이었다. 그러나 그러한 어려움 역시, 선택지를 고르며 살아가는 어른의 삶 속에서 굳은 신념을 다지도록 해주었다.

1

호주 우림의 숲우듬지

또 다른 생명의 대륙이 발견을 기다리고 있는데,
그 대륙은 지표면이 아니라 땅 위 100~200피트 위에,
수천 평방마일로 펼쳐져 있다. …
그곳에는 중력, 개미, 가시, 썩은 나뭇가지 등의
장애물을 넘어 정글 숲의 꼭대기에 오르는
박물학자들을 위한 풍성한 수확물이 기다리고 있다.

윌리엄 비브, G. 이네스 하틀리, 폴 G. 하우스,
《영국령 기아나에서의 열대 야생*Tropical Wild Life in British Guiana*》, 1917

—

열대 우림에 대한 나의 애착이 숲우듬지로부터 시작된 것은 아니었다. 1978년 호주에 첫발을 디뎠을 때, 그리고 1979년 박사과정 연구를 시작했을 때만 해도 나는 그 까마득히 높은 곳에 사는 생명체를 연구하는 일은 물론이거니와, 나무를 타고 오를 생각 같은 것은 한 번도 해본 적이 없었다. 열대 우림에 굉장한 흥미를 느끼고는 있었으나 나의 시야는 열대 지역을 열렬히 연구하고 싶어 했던 동료들처럼 주로 땅 위에서 관찰하고, 필요할 경우 망원경을 이용하는 오랜 전통에 갇혀 있었다.

처음에는 다른 학생들과 마찬가지로 열대의 숲속에 사는 역동적이고 귀여운 동물들, 즉 원숭이(호주의 경우 코알라)나 새, 그도 아니면 나비 같은 것들을 몹시도 연구하고 싶었다. 하지만 나는 그 대신 보다 온화한, 그러면서도 더 본질적인 영역, 즉 식물을 선택했다. 널리 알려진 몇몇 보고서들이 고릴라나 다른 동물들과 함께 살며 그들을 연구한 여성 과학자들에 대한 이야기를 들려주었지만 나는 식물 역시 그만한 가치가 있다고 생각했다. 식물 또한 동물만큼이나 모험을 즐기고 열정적일 것으로 생각한 것이다. 이를테면 덩굴식물은 놀랍게도 수백 미터를 자라 나무 꼭대기까지 뻗어 나간다. 공격적인 교살자무화과나무strangler figs는 숙주 나무를 감싼 다음 그들을 질식시켜 버린다. 탱크브로멜리아드bromeliad tanks는 개구리와 도롱뇽, 곤충들에게 축축한 집을 제공한다. 아주 조그마한 삽주벌레thrips는 특정한 꽃들을 수분시키기 위해 수많은 위험을 무릅

쓰고 멀고 먼 거리를 날아간다. 요컨대 식물의 삶도 어떤 포유동물의 삶에 못지않은 미스터리로 가득 차 있는 것이다. 그리고 무엇보다도 열대 우림이 매혹적인 점은 지구상의 그 어느 곳과도 견줄 수 없을 만큼 다양성과 복잡함을 지니고 있다는 것이다. 그리하여 열대 우림은 식물의 미스터리에 매혹당한 나와 같은 사람에겐 인생을 걸 만한 숙제가 되었다.

—

열대 우림은 1970년대까지만 해도 여전히 생물학의 블랙박스, 즉 미지의 현상들로 가득 찬 거대한 암흑의 땅으로 여겨졌다. 그 복잡한 숲에는 얼마나 많은 종이 존재할까? 어떤 메커니즘이 있기에 그토록 많은 생명체가 한곳에서 공존할 수 있는 걸까? 열대 우림이 모두 파괴되기 전에 과연 우리가 그 속에 사는 동식물의 긴밀한 상호 관계를 알아낼 수 있을까? 한 사람의 식물학도로서 나는 열대 우림이 대단히 흥미로운 곳임을 알 수 있었다. 진흙과 거머리, 축축한 노트를 마다하지 않는 각오로 거의 알려지지 않은 이 생태계의 수수께끼에 맞서고 싶었다.

나는 어린 시절과 대학 시절을 뉴욕주의 아주 친숙한 숲속에서 보냈다. 그곳의 숲은 해마다 잎사귀를 떨구었다가 봄이 되면 어김없이 새잎이 돋아나서 마음을 안온하게 해주었다. 어린 시절 내내 그러한 온대 지역에서 보낸 결과 많은 현장생물학자field biologist에게 있는 전형적인 병을 하나 얻었는데, 이름하여 '온대적 선입견'이다. 나는 온대 생태계에서 관찰한 것들에 근거해 자연을 인식했고, 그러한 한계로 말미암아 열대림의 복잡성을 제대로 헤아리기 어려웠다. 사철 푸른 나뭇잎, 끊임없이 피어나는 꽃, 겨울 철새 떼, 시도 때도 없이 지는 낙엽 같은 열대의 생태 패턴은 여름과 겨울이 뚜렷이 대조되는 북부 온대 지역의 단풍나무 숲에 익숙해진 내가 받아들이기에 무척 어려웠다. 박사과정 연구 덕택에 지구를 반이나 돌아, 그것도 다른 반구에 있는 미지의 숲으로 가게 된 나는 이러한 모험을 통해 열대 우림이라는 이 특별한 블랙박스가 지닌 복잡성의 일부에 대해서라도 한층 분명하게 알고자 했다.

나는 1978년 스코틀랜드 애버딘 대학에서 하일랜드자작나무의 계절적 특성을 주제로 한 논문을 써 생태학 석사학위를 받았다. 당시 나는 난방도 되지 않고 온수도 들어오지 않는 기숙사의 전기담요 속에서 추운 몸을 웅크리고 지냈으며, 생활비를 아끼기 위해 걸핏하면 '로드킬 road-kill 스튜'로 배를 채웠다. 다른 대학원생들처럼 나도 새로운 주제, 그러니까 완전히 새로운 동식물의 신천지를 연구할 기회를 얻기 위해 감당할 수 있는 이상의 육체적 어려움을 감내했던 것이다. 스코틀랜드 산악지대의 냉기에서 벗어나 얼어붙은 몸을 녹일 수 있는 기회가 왔음에 감사하며, 동시에 열대림을 무척 연구하고 싶은 마음으로 나는 시드니 대학 식물학과가 주는 장학금을 흔쾌히 받아들였다. 그러나 얼마나 세상 물정을 몰랐던지 시드니가 열대로부터 1000킬로미터나 떨어진 곳에 있다는 사실을 미처 알지 못했다. 1978년 10월, 나는 식물학도로서의 꿈을 이루기 위해 멀고 먼 남쪽 땅으로 향했다.

내가 호주를 열대 우림 연구를 위한 최초의 장소로 선택한 데는 몇 가지 이유가 있었다. 우선 호주는 영어권 국가였다. 또 호주의 숲은 세계에서 가장 적게 연구된 곳에 속했다. 호주의 숲은 산꼭대기의 냉대 우림에서 습한 계곡과 내륙에 분포해 있는 저지 우림, 그리고 대륙의 서향 사면에 분포한 건조림까지 생태학적으로 매우 뛰어난 변화상을 자랑하고 있었다. 게다가 포부를 가진 생물학자라면 누구라도 코알라, 왈라비wallaby, 화식조cassowary[3] 같은 독특한 생명체들로 가득 찬 섬 대륙에 매혹되지 않을 수 없다. 호주인들은 자신들의 나라를 사랑스레 일컬을 때 '행운의 나라'라는 표현을 쓴다. 나는 이 '행운의 나라'에서 연구하기로 했다. 그러나 1970년대의 호주는 백인 남성에게는 '행운의 나라'였을지 몰라도 미국인 여성 과학자에게는 그렇지 않았다. 나는 문화적 문제에 대해서는 한 번도 고민해 본 적이 없었다. 그런데 호주에는 성 역할을 엄격히 구분하는 후진적 관습에다가 환경 보존 같은 문제는 도외시했던 19세기 말 미국 서부와 견줄 만한 개척 정신이 존재하고 있었다.

진화론적 관점에서 보면 호주는 두 그룹의 식물상, 즉 인도네시아에 뿌리를 둔 열대식물상과 남극 대륙 및 뉴질랜드에 뿌리를 둔 온대식물상이 만나는 흥미로운 곳이다. 이처럼 서로 다른 식물상이 겹침으로써 한 대륙 안에 상대적으로 매우 다양한 식물이 존재하며, 세계 어느 곳에서도 보기 힘든 식물들이 모여 있다. 또한 호주는 열대 우림을 가진

—

3) 날지 못하는 큰 새로, 호주의 열대 우림에 서식한다.

영어권 국가 가운데 그다지 개발이 안 된 나라에 속한다. 이렇게 말하면 혹시 호주가 열대 우림의 관리와 보존 측면에서 다른 나라들의 모델 역할을 할 수 있겠다고 생각할지도 모른다. 그러나 사실 호주는 천연자원을 관리하는 일에서 다른 많은 나라처럼 실수를 저질러 왔다. 1970년대 후반까지만 해도 자국의 열대 우림을 연구하는 사람은 극소수였으며, 숲우듬지 연구에 뛰어든 사람은 사실상 한 명도 없었다.

호주에서 연구를 시작한 나의 첫 번째 과제는 우림이 어디에 있는가를 찾아내고 확인하는 것이었는데, '온대적 선입견'에 물들어 있던 학생에게는 그렇게 간단한 과제는 아니었다. 나의 지도교수였던, 영국 출신의 점잖은 식물학자이자 뛰어난 교사인 피터 마이어스코프는 시드니 북쪽으로 차를 몰아 짙푸른 잎들이 보일 때까지 계속 가기만 하면 된다고 했다. 비록 간단하기는 해도 그런 지시는 768만 2300제곱킬로미터나 되는 면적, 즉 980만 9390제곱킬로미터의 미국과 거의 맞먹는 면적을 가진 나라에서는 사람의 기를 꺾는 점이 있었다. 그러나 그의 조언은 유용했다. 왜냐하면 호주 숲의 95퍼센트는 유칼립투스속의 나무가 그 주종을 이루고 있는 건조림 또는 경엽수림[4]으로 청회색을 띠고 있기 때문이다.

나머지 5퍼센트는 울창한 녹색 숲우듬지를 가진 우림이다. 우림

—

4) 여름에 건조하며 겨울에 강우량이 많은 지중해성 기후의 온대 지방에 분포하고, 작고 견고하며 두껍고 질긴 잎이 달리는 경엽수로 이루어진 수림.

은 호주 동부 해안의 단층 절벽을 따라 얇은 띠 모양으로 분포해 있다. 북동 해안을 따라 펼쳐져 있는 산악 지역은 적당한 습도를 머금은 비 그늘을 형성해 우림의 생장을 돕는다. 사전에 따르면 우림의 연간 강우량은 2000밀리미터 이상이다. 진화의 역사를 살펴보면 열대 우림은 한때 호주 대륙과 비슷한 크기로 넓게 퍼져 있었다. 이곳은 당시에는 곤드와나대륙Gondwanaland[5]으로 불렸으며, 인도네시아까지 숲이 이어져 있었다. 열대적 특성을 가진 수종은 호주 식물 가운데서 인도·말레이시아적 요소로 규정된다. 호주 식물상을 구성하는 두 번째 요소는 호주 남동부에 존재하는 냉온 또는 남극적(남극이라는 용어를 쓰는 것은 남극 대륙에 근접해 있다는 점 때문이다) 요소로 칠레, 뉴질랜드, 호주 남동부에서 공통적으로 발견되는 식물들로 구성되어 있다. 이러한 두 가지 대조적인 식물군, 즉 인도·말레이시아적인 요소와 남극적인 요소가 하나의 대륙에서 만나 형성된 것이 바로 호주의 우림 식물상이다. 우림은 비록 차지하는 면적은 작지만 호주 숲의 주종을 이루고 있는 건조림과 비교해 볼 때 호주라는 나라의 식물학적 다양성을 나타내주는 목록에서는 상대적으로 높은 비중을 차지하고 있다.

쥐라기 동안 호주의 기후가 건조해지면서 건조 경엽수림이 더

—

5) 고생대 후기부터 중생대에 걸쳐서 남반구에 존재하던 초대륙으로, 현재의 남미, 아프리카, 인도, 남극, 호주 등을 포함한다.

욱더 넓게 확장되었고, 그에 따라 우림의 면적은 감소했다. 자연적으로 형성된 이들 우림 지역은 그 뒤 경작을 위한 벌목과 개간 때문에 더욱 줄어들었으며, 심지어 완전히 파괴되어 버리기도 했다. 19세기 중반, '벌목꾼'들이 고급 가구용으로 좋은 붉은히말라야삼나무red cedar(*Toona ciliata*)를 벌목하러 들어왔다가 호주 동부의 여러 곳을 개간해 정착했던 것이다. 오늘날 헝겊 조각으로 여기저기 기운 것처럼 군데군데 떨어져 분포해 있는 우림(많은 경우 가파른 협곡을 따라 형성되어 있다)은 인간의 개발에 따른 결과물이면서 동시에 진화의 결과물이기도 하다.

나는 애초에 숲우듬지를 전공할 계획이 아니었다. 연구가 진척되면서 자연스레 나무 꼭대기에 생각이 닿은 것이다. 호주의 개간되지 않은 땅을 탐색해 보려던 초기의 시도는 참담한 실패로 끝나고 말았는데, 함께할 동료가 없었기 때문이다. 시드니 대학에는 우림 연구에 참여하려는 학생이나 교수가 한 명도 없었다. 따라서 나는 책 또는 호주를 방문한 과학자들과의 우연한 만남을 통해 정보를 얻었다. 박사과정이라는 엄청난 과제를 놓고 이리저리 구상하던 처음에는 우림 숲우듬지에 사는 나비를 전공하기로 마음먹었다. 그러면서 나는 나무 잎사귀들 사이에 그네를 타고 앉아 형형색색의 나비들을 세면서 멋진 시간을 보내는 내 모습을 상상했다. 다행히 지도교수는 나보다 현실적이어서 박사 논문은 광범위한 자료 수집을 요구한다는 사실을 환기시켜 주었다. 그는 내가 우림에 들어갔다가 나비를 한 마리도 찾지 못하고 오지나 않을까 걱정했는데, 그도 그럴 것이 나비는 이리저리 날아다니고 행동 양식이 비밀스럽기 때문이었다. 나는 할 수 없이 이동성이 덜한 대상으로 방향을 틀지 않을 수 없었다. 그것이 바로 나무였다. 나는 우림 나뭇잎의 성장 패턴을 연구하기로 결정했는데, 그것은 생물계절학, 즉 계절적 특성과 자작나무의 광합성을 주제로 했던 스코틀랜드에서의 석사과정 연구를 한층 폭넓게 확장한 것이었다. 비록 하일랜드의 숲우듬지 높이는 4.5미터에 불과했다는 결정적 차이가 있었지만!

잎이 숲 생태계를 돌아가게 하는 원동력이라는 사실에도 불구하고 책에는 우림의 나뭇잎에 대한 정보가 거의 나와 있지 않았다. 1970년대 이전까지 우림 분야에서 이루어진 생태학적 연구의 대다수는 실험에 의한 것이 아니라 단순 묘사에 가까웠다. 잎들의 성장 패턴이나 계절적 변화는 어떠한가? 그에 대한 답은 잎의 탄생과 생존, 수명, 죽음과 부패를 포괄하고 있어야 했다. 손쉽게 반복 실험을 하기에는 너무 크고 부담스러운 나무 전체가 아니라 잎만을 반복구[6] 단위로 한다면, 연구 중에 유효한 실험 설계를 할 수 있지 않을까 하는 것이 나의 희망 사항이었다.

—

6) 식물학에서 현장 조사를 할 때 전체 실험 지역 안에 특정한 크기의 채집 및 관찰 구역을 여러 개 설정한 다음, 그곳을 반복해서 관찰하는 실험 설계를 쓰는데 그 하나하나의 채집 및 관찰 지역을 일컫는다.

자신의 연구에 열의를 가진 착실한 대학원생들이 대개 그렇듯 나는 야외 조사에 온몸을 던졌고, 온종일 우림 숲우듬지에 관한 자료와 생각에 빠져 살았다. 나의 목표는 호주 동부의 열대 및 아열대 우림에서 흔히 볼 수 있는 수종의 잎의 성장 양태를 알아내는 한편, 초식 곤충들이 잎의 생존에 미치는 영향을 판단하는 것이었다. 내가 궁금해한 것은 이를테면 다음과 같은 것들이었다. 열대성 나무의 숲우듬지에 있는 잎은 수명이 얼마나 될까? 어떤 요인들이 잎을 갑자기 자라나게 하는 걸까? 겨울의 냉기가 기관 탈리abscission[7]를 일으키지 못하는, 이처럼 따뜻한 환경에서 어떤 요인들이 잎을 죽게 만드는 걸까?

이러한 의문에 대한 답을 찾기 위해, 나는 숲우듬지에 있는 수천 개의 잎에다 표시하고 공간(나무들, 각각의 나무, 각 나무의 가지들 사이에 존재하는 수종, 위치, 높이상의 차이)이나 시간(계절과 해의 변화에 따른 잎의 성장 차이) 같은 요인을 고려한 샘플링을 고안하는 데 심혈을 기울였다. 나는 잎의 성장 변화를 비교하기 위해 다섯 종의 나무를 골라냈는데, 이렇게 한 가장 큰 이유는 우림의 숲우듬지를 구성하고 있는 수천 종의 나무를 혼자 다 연구할 수는 없었기 때문이었다. 다섯 종의 나무는 모두 생태학적으로 중요한 수종이었으며, 널리 알려진 대로 곤충으로부터 자신을 보호하기 위한 특성들을 갖고 있었다. 예를 들어 사정없이 찔러 대

—

7) 늙은 잎이 잎 꼭지에서 분리되어 나무에서 떨어지는 현상.

는 가시를 갖고 있다든지, 아주 단단하다든지, 잎의 수가 아주 적다든지, 독성을 갖고 있다든지…. 나는 곤충에 대항하는 잎의 투쟁을 계속해서 기록했는데, 곤충은 잎의 수명에 영향을 미치는 주요한 요인이었다. 나는 표시를 해둔 잎들 가운데 일부는 수명이 12년이 넘는 것도 있다는 걸 미처 알지 못했는데, 그 때문에 현장 조사는 예상보다 훨씬 오래 진행되었다. 이러한 예기치 못한 일들이 일어난 것은 잎의 수명이 기껏해야 6~8개월이던 뉴욕주에서 어린 시절을 보내면서 몸에 밴 '온대적 선입견' 때문이었다.

우림 잎들의 성장 변화에 대한 여러 가설을 검증하기 위해 나는 땅에서 관찰 가능한 높이에 있는 잎들을 선택할 수도 있었다. 그러나 그럴 경우 나의 연구 결과는 그늘진 조건에만 국한되어 햇빛이 잘 드는 환경에서 자라는, 즉 숲의 위쪽 높은 곳에서 자라나는 대부분의 잎들에는 적용될 수 없을 것이었다. 땅 위에 서서 저 높은 곳을 응시하다가 나는 숲 바닥 쪽만 연구할 것이 아니라 숲우듬지를 관찰해야 하는 또 다른 중요한 이유를 발견했다. 나무 꼭대기 부분에 생물의 다양성이 집중적으로 나타나고 있었던 것이다. 초식 곤충들은 어쩌면 잎의 성장 변화에 주요한 요인일지도 몰랐다. 스미스소니언 박물관[8]의 테리 어윈이 1970년대 후반에 수집한 증거들은 지구상에 있는 벌레 대부분이 숲우듬지에

—

8) 영국 과학자 제임스 스미스슨의 유산으로 1846년 미국 워싱턴D.C.에 건립된 연구 기관.

서식하고 있음을 보여주고 있다. 벌레와 식물들 사이의 상호 작용이 대단히 활발할지도 모른다는 가능성은 숲우듬지에 대한 나의 호기심을 더욱 부채질했다.

애초에 나는 전문적으로 나무에 오를 생각은 없었다. 실제로 나무를 타는 대신 선택할 수 있는 여러 가지 대안을 생각하느라 머리를 짜냈다. 원숭이를 훈련시켜 올려보낸다든지, 커다란 망원렌즈가 달린 카메라를 도르래에 설치해 쓴다든지, 절벽 가장자리로 가면 우림의 나무들이 골짜기 아래로 무너져 내리기 직전의 상태에 있으니 절벽 가장자리를 따라 걸으며 나무 꼭대기를 눈높이에서 직접 관찰한다든지…. 그러나 그 어떤 방법으로도 정확한 자료를 수집하기는 어려워 보였고, 마침내 나무에 오르기로 결정했다!

처음으로 나무를 탔던 때를 결코 잊지 못할 것이다. 날짜는 1979년 3월 4일이었고, 나무는 코치우드coachwood(*Ceratopetalum apetalum*)였다. 30미터짜리 수종으로 시드니 바로 밑의 로열국립공원에 있었다. 스프롤 현상[9]에도 불구하고 그곳에는 다행히 해안 난대 우림[10]이 훌륭한 모습으로 남아 있었다. 시드니 대학에서 아주 가깝다는 이점을 고려해 나

—

9) 도시가 교외 쪽으로 불규칙적이고 무계획하게 뻗어나가는 현상.

10) 비가 잘 오는 축축한 환경 조건을 특징으로 하는 숲으로서 고도가 낮은 온대 지역에 위치해 있으며, 열대와 온대 양 지역에서 생겨난 수종을 가지고 있다.

–

–

호주 열대 우림의 숲우듬지에서 '잎의 성장과 곤충에 의한 피해'를 주제로
박사학위 논문을 완성할 때 썼던 싱글 로프 기술. 이 방법은 비교적 비용이 적게 들고
간단해서 대학원생들이 즐겨 쓴다. 로프와 전문 장비, 그리고 로프를 지탱해 줄 만한
가지를 잘 조준해서 슬링샷으로 로프를 쏘아 올릴 능력만 있으면 된다.
ⓒRobert Prochnow

는 이 지역을 광합성 측정을 비롯한 여타 연구의 본거지로 활용할 생각이었다. 내가 선택한 다섯 가지 수종 가운데 하나였던 코치우드는 경제적으로 매우 중요한 목재용 수목으로, 단단하고 매끄러운 잎사귀를 가지고 있어서 벌레들이 갉아 먹기 어려울 것처럼 보였다.

마침 운 좋게 한 동굴 탐험 클럽에 '간택'되었고, 클럽의 멤버들은 내게 지하 동굴을 탐사하기 위해 개발했던, 각종 등산용 장비와 로프들에 대한 지식을 가르쳐 주었다. 그들은 아마 아무것도 모르는 어리숙한 내 모습을 보고 무척이나 웃었을 것이다. 당시 호주엔 등반 장비 가게와 야외용품 카탈로그 같은 게 아직 제대로 없던 때여서 첫 등반 때 썼던 멜빵은 줄리아 제임스와 알 워릴드가 가르쳐 준 대로 안전벨트를 활용해 직접 만들었다. 우리는 시드니 대학교 식물학과 사무실 밖에 있는 한 나무에서 어느 정도 연습을 한 뒤, 코치우드를 공략하기 위한 공중 탐험에 돌입했고, 거기서 나는 나무에 슬링샷[11]을 쏘고 로프로 오르내리는 법을 배웠다. 함께한 사람들이 대부분 초보자였던 탓에 최초의 등반은 로프에 매달리기 좋은 위치에서 무게중심을 잡느라 이리 흔들 저리 흔들, 오르락내리락, 뒤죽박죽 난리가 아니었다. 그다음 날 온몸의 근육이 다 쑤셔대긴 했지만 그때의 흥분은 이루 말할 수 없었다.

그때 이후로 나는 한 번도 후회하거나, 고개를 떨군 적이 없다.

---

11) 신축성 있는 끈이나 고무줄로 만든 새총으로 예전에는 수렵 도구로 사용되었다.

얼마 동안 훈련을 더 받고 나자 튼튼하게 서 있는 나무면 호주 우림에 있는 어떤 나무에라도 오를 수 있을 것 같은 자신감이 생겼다. 70미터 등산용 로프, 직접 만든 멜빵, 주마 두 개와 웨일즈테일,[12] 집에서 내 손으로 만든 슬링샷, 충분한 양의 납추와 낚싯줄, 야외용 메모장 같은 것들로 잔뜩 무장을 한 채 나는 나무 꼭대기 위에서의 삶을 시작할 채비를 갖추었다.

호주에서 숲우듬지 연구를 하던 시절에는 온대, 아열대, 열대 우림에서 자라는 수많은 나무의 꼭대기에 있는 잎들을 월별로 모니터하느라 수백, 수천 킬로미터씩 차를 몰고 다녔다. 덕분에 앞으로도 쭉 사용할 현장 탐사용 장비들의 목록이 탄생했다. 또한 그렇게 돌아다니는 과정에서 오지에 사는 사람들의 삶을 접하며 호주라는 섬 대륙의 문화를 이해할 수 있는 기회를 갖게 되었다. 그 시절에 현장 경험을 풍요롭게 해준 따뜻한 사람들과 영원히 잊지 못할 사람들을 많이 만났다. 비가 지루하게 오는 가운데 며칠 동안을 나무 꼭대기에서 보내고 내려온 어느 날 스카치위스키 한 잔을 건네주던 순찰대원, 낡은 울타리 기둥을 다듬어 예쁜 그릇을 만들고 내가 좋아하는 나무들로 만든 목제품의 식별

—

12) 주마(jumar)는 암벽 등 주로 높은 곳을 오를 때 사용하는 장치이며, 어센더 또는 등강기라고도 부른다. 웨일즈테일(whales-tail)은 이와 반대로 높은 곳에서 내려올 때 사용하는 장치로 디센더 또는 하강기라고 부른다.

법을 가르쳐 준 도리고의 어떤 목공예가, 또 나를 도와준 기술자 웨인 히긴스, 예리한 눈과 정확한 손을 가졌던 그는 가지 위에 로프를 던져 올릴 때 절대로 실수하는 법이 없었다. 표본 채집을 위한 여행에 동행해 주고 고공 등반과 거머리를 기꺼이 견뎌준 친구들, 국립공원에 쓰러져 있던 삼나무를 훔쳐내 가던 도둑들, 내가 입고 있던 카키색 옷과 허리띠에 매달린 마체테Machete[13]를 보고 벌벌 떨던 카페 주인도 있다. 그는 나중에 아주 맛있는 밀크셰이크를 대접해 주었다. 환각제를 애용하던 저항 문화 진영의 사람들, 그들은 먹거나 피울 목적으로 우림에서 나는 열매와 씨를 부지런히 채취하곤 했다. 선술집의 불이 켜질 때마다 지체 않고 달려오던 인간 나방(목장 주인들), 굽 높은 뾰족구두를 신은 채 국립공원을 찾아와선 오솔길을 따라 잠시 걷다가 "악! 거머리다!" 하고 비명을 지르면서 허둥지둥 차로 돌아가던 관광객들….

우림과 우림의 나무를 오르는 법을 하나씩 익혀 가며 초기의 여러 난관을 헤쳐 나온 뒤, 나는 국립공원이나 보호구역 가운데 몇 곳을 장기적 연구를 위한 장소로 선별했다. 그런 다음 각 연구지에 평상시 올라갈 수 있는 실험용 나무를 정하고 그에 필요한 장비를 설치했다. 가장 올라가기 어려웠던 나무는 단언컨대 짐피짐피gympie-gympie라고도 부르

—

13) 남미의 원주민들이 쓰던 날이 넓은 큰 칼. 주로 가지치기를 하거나 사탕수수를 자를 때 쓴다.

—

—

싱글 로프 기술로 거대한 케이폭나무를 오르고 있다. 이 나무는 내가 로프를 타고 올랐던 나무 중에선 가장 큰 나무로, 페루 아마존강 유역의 착생식물들을 관찰할 때 찍은 사진이다. 그 마을의 샤먼은 만약 정령들이 우리가 이 성스러운 나무에 오르는 것을 허락한다면, 무사히 오를 수 있을 것이라고 말했다. 그런데 첫 번째 시도에서 로프가 바로 가지에 걸렸다. 정령들이 숲을 보존하기 위한 우리의 프로젝트를 어여삐 여긴다는 징표였을까.
ⓒPhil Wittman

는 거인가시나무giant stinging tree(*Dendrocnide excelsa*)였다. 이름이 말해 주듯이 수종은 잎과 잎자루 모두 수천 개의 가시로 뒤덮여 있다. 그 가시들은 물리적으로 사람의 피부를 아프게 찢어 놓을 뿐 아니라 더 나아가 상처를 낸 피부 위에 화학적인 독소까지 뿜어낸다. 페트리라는 호주의 화학자가 1908년에 보고한 바에 따르면, 가시나무는 보통의 쐐기풀들보다 39배나 강한 독성을 가지고 있다고 한다. 거인가시나무도 보통의 쐐기풀과 같은 과에 속하는 식물이지만, 쐐기풀은 들판에서 90센티미터 정도까지 자라는 데 비해 가시나무는 우림의 협곡에서 61미터 높이로 자란다. 잎의 수명과 생존에 관심이 있었던 내게 가시나무의 방어용 가시는 호기심을 한껏 자극했다.

살펴보니 울런공을 내려다보고 있는, 뉴사우스웨일스의 케이라 산 보호구역이 가시나무가 살기에 안성맞춤인 곳으로 보였다. 낭떠러지 위쪽의 경미한 훼손, 즉 산사태나 도로 건설이 이 개척자 나무(개활지나 훼손 지역에 맨 처음 들어와 자리를 잡는 나무)가 자라기에 아주 좋은 조건을 형성해 주고 있었던 것이다. 보호구역 안의 가시나무는 그곳에서 가끔 야영하는 보이스카우트들이 닦아 놓은 오솔길을 따라 늘어서 있었으며 지름이 2.4미터, 높이가 45.7미터에 이르렀다. 그곳을 발견하고 희색이 만면했던 나는 스카우트 인솔자 때문에 곧 맥이 쭉 빠지고 말았다. 그가 걸핏하면 찾아와 지분거리는 바람에 스카우트용 오솔길을 이용하는 것이 대단히 불쾌하고 위험한 일이 된 것이다. 나는 그 불쾌한 만남을 피하기 위해 산의 반대편에서 보호구역으로 들어가는 나만의 오솔길을 따로 만들기로 했다.

답사를 해본 결과 마음에 딱 드는 골짜기를 하나 발견했는데, 마치 사람의 발길이 한 번도 닿은 적 없었던 곳 같았다. 새로 발견한 골짜기의 숲을 처음으로 헤치고 들어갔을 때 금조superb lyrebirds(*Menura superba*) 무리가 신나게 노래를 부르고 있었다. 참새목에 속하는 이 멋진 새들은 내가 호주에서 공부하는 대가로 누릴 수 있었던 둘도 없는 기쁨 가운데 하나였다. 금조는 내가 야외 조사를 나갔던 거의 모든 지역에 쌍쌍이 짝을 지어 서식했는데, 덕분에 나는 몇 년에 걸쳐 그들의 근사한 구애 행위를 관찰하는 특권을 누렸다. 금조는 다른 새들의 소리를 흉내내는데, 레퍼토리가 15~20가지에 이를 정도로 다양했다. 일단 노래를 시작하면 꽤 긴 시간 동안, 마치 중간에 한 번도 숨을 쉬지 않는 것처럼 반복했으며, 그 소리는 낭랑하고 아름답게 온 숲에 울려 퍼졌다. 금조는 호주에서 연구하는 내내 언제나 내 곁을 지켜준 한결같고 소중한 친구였다. 그런데 노래 레퍼토리 가운데는 다소 이상한 소리도 들어 있었다. 이를테면 개가 짖는 소리, 잔디 깎는 기계에서 나는 소리, 트럭이 저단 기어로 갈 때 내는 소리 같은 것. 그것은 어쩌면 그 지역을 빠르게 잠식해 들어오고 있던 개발 바람에 대한 불길한 코멘트였는지도 모른다.

나는 나만의 그 비밀스러운 골짜기에서 올라갈 나무를 점찍었다. 거인가시나무의 경우, 가까이 있는 다른 나무에 올라간 뒤 손(장갑을 끼고)을 가시나무의 가지로 뻗는 방법을 택했다. 샘플링을 할 때마다 어김없이 몇 개의 가시가 손에 박혔지만 벌에 쏘였을 때와 비슷한 그 얼얼

하고 화끈한 느낌에 곧 익숙해졌다. 심지어 말라 죽은 잎에 있는 가시도 여전히 본래의 소임을 다했다. 그 때문에 내 손은 늘 빨갛게 부어올라 있었는데, 샘플링 작업이 계속해서 이어졌으므로 어찌해볼 도리가 없었다.

그때 내가 쓴 방법은 비교적 간단한 것이었다. 나는 제각기 다른 나무의, 제각기 다른 높이에 있는, 제각기 다른 가지에다 방수용 펜으로 일련번호를 매긴 다음, 한 달에 한 번씩 가서 잎의 성장과 손상, 색채, 그리고 죽음까지를 관찰했다. 곤충으로 인한 손상을 측정하기 위해 잎면을 꼼꼼히 살펴보고, 잎의 성장 패턴에 관한 정보를 노트에다 기록했다. 이러한 장기 관찰을 통해 나는 곧 수천 개에 이르는 우림 잎사귀들의 성장 변화에 관한 데이터베이스를 축적할 수 있었다. 방수용 펜의 잉크는 놀랄 만큼 오래가서 잎이 살아 있는 한 거의 영구적으로 잎사귀들을 모니터할 수 있었다.

또한 나는 한 달에 한 번씩 낙엽을 모으고 샘플링을 하기 위해 들것 모양의 채집함을 고안해 냈다. 이 방법은 나무나 잎, 꽃의 무게를 측정해 숲의 생물량[14]을 계산하는 아주 전통적인 방법이었다. 채집함은 플라스틱 파이프로 만든 다리 위에 가로세로 각각 1미터인 그물망을 얹어 놓은 구조였다. 채집함을 처음 설치하려고 했을 때, 예상치 못하게

---

14) 어느 지역 내에 존재하는 특정한 생물군의 단위면적당 살아있는 식물의 무게.

노동조합 때문에 상당한 어려움을 겪어야 했다. 우선 운수 노조에 파업이 일어났다. 그다음엔 두 달에 걸쳐 여름 휴가철이 닥쳤는데, 그 기간에는 필요한 재료들을 손에 넣을 수가 없었다. 노조의 영향력이 워낙 커서 생활의 어떤 부분은 완전히 그에 좌우될 수밖에 없었다. 그와 같은 경험을 통해 나는 소중한 교훈을 얻었다. 연구 계획은 미리미리 짜야 한다는 것이었다.

마침내 채집함을 설치한 나는 나만 알고 있는 그 골짜기의 나무들을 오르기 시작했고, 한 달이 지나 채집함 속에 든 내용물을 비워 최초의 샘플을 확보한 다음부터는 부쩍 더 신명이 나서 위험을 무릅쓰고 앞으로 나아갔다. 그런데 호주의 절기상 초봄에 해당하는 9월의 어느 날이었다. 골짜기 아래로 내려오던 중 발밑의 땅이 꿈틀 움직이는 것 같아 소스라치게 놀랐다. 너무 서두른 나머지 호주갈색뱀Australian brown snake(*Pseudonaja textilis*)을 밟을 뻔한 것이다. 맹독성인 갈색뱀은 짝짓기 철인 봄에 유난히 행동이 사납기로 유명하다. 조심조심 걸음을 옮기던 나는 급기야 완전히 얼어붙고 말았다. 주위는 온통 뱀 천지였고, 하나같이 다 독사였다. 햇볕이 잘 드는 양지바른 곳이라 몸을 녹이느라 그렇게 많이 모여든 모양이었다. 인디애나 존스가 따로 없었다. 나는 살얼음판 위를 걷듯이 발끝으로 살금살금 그곳을 빠져나왔고, 무사히 차 있는 데까지 돌아온 다음에야 비로소 안도의 한숨을 내쉬었다. 이런 위험스러운 일을 당하고 나니 그 골짜기를 떠나지 않을 수가 없었다. 그렇지 않으면 앞으로 나무 꼭대기보다 발밑의 땅에 온 신경을 곤두세우게 될 것 같아서였다. 결국 나는 케이라산 보호구역의 저지대 구릉에서 우림 한 군데를 어렵사리 찾아냈는데, 그곳은 연구하기에 적합한 훌륭한 가시나무를 갖추고 있으면서도 뱀 떼나 사람을 괴롭히는 인솔자 따위는 없었다.

가시라는 확실한 방어 수단을 가지고 있음에도 이들 거인가시나무의 숲우듬지에는 잎 표면 영역의 42퍼센트까지 해치울 만큼 많은 수의 초식 곤충이 서식하고 있었다. 숙주특이성[15] 잎딱정벌레chrysomelid beetle(*Hoplostines viridipenis*)는 오로지 이들 가시투성이 나무만 갉아 먹도록 적응된 곤충이다. 가시나무의 초식 곤충 서식 밀도는 내가 측정한 호주의 모든 우림 나무 가운데서 가장 높았다. 광합성 조직을 그처럼 심각하게 손상당하고도 어떻게 이 나무는 견딜 수 있는 걸까? 그리고 굉장한 방어 수단을 가지고도 왜 잎을 보호하지 못하는 걸까? 전자와 관련해서는, 빠르게 성장하면서 상대적으로 잎 조직에는 투자를 적게 하는 방식(가시나무의 잎은 얇고 수명이 짧다)을 통해 손상된 만큼의 잎을 새로 대체함으로써 죽지 않고 살아남는 것이 분명했다. 또한 가시는 사람의 침입으로부터 잎을 지키는 데는 탁월한 효과를 발휘하지만 딱정벌레를 막는 데는 그다지 효과적이지 않다는 점도 분명했다. 아마 거인가시나무가 속한 쐐기풀과가 진화했던 아시아에서라면 포유류 포식자들을 성공적으로 물리칠 것이다. 어쨌든 거인가시나무는 독이 있는 가시를 지니

---

15) 한 가지 먹이만을 먹도록 특화되어 있는 생명체로서 그 먹이가 없으면 죽는다.

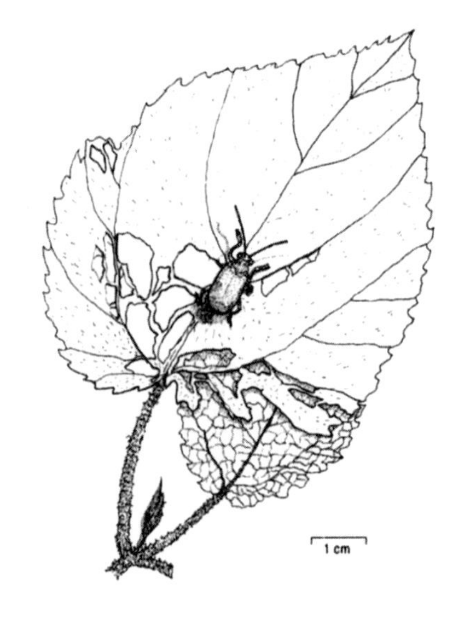

가시나무잎딱정벌레. 위장을 잘하는 이 곤충은 잎의 표면을 뒤덮고 있는, 수천 개의 가시와 독 있는 털에도 아랑곳하지 않고 오로지 가시나무의 잎만을 먹이로 삼는다. 강력해 보이는 방어 시스템이 있음에도 가시나무는 호주 열대 우림에 존재하는 어떤 수종보다도 곤충으로 인한 피해를 많이 입는다.
ⓒ Barbara Harrison

고 있음에도 내가 관찰한 다른 어떤 우림의 나무보다도 벌레로 인한 손상을 많이 입었다. 수종에 따라 잎이 지는 정도가 다양하다는 것은 놀라운 발견이었고, 이후의 연구로 이어졌다.

두 번째 장기 야외 조사가 이루어진 곳은 뉴사우스웨일스주의 뉴잉글랜드 국립공원 안에 있는 냉대 우림,[16] 즉 저산대 우림이었는

16) 고도가 높은 열대 지역에서 온대 지역으로 확장해 나간 습림(wet forest). 운무림(cloud forest)이나 산림(montane forest)과 비슷하다.

데, 그곳의 해발 1700미터 지점에 내 연구 기지가 마련되었다. 이 지역이 뉴잉글랜드라 불리는 이유가 재미있었는데, 인근한 몇몇 마을에 얼마간의 낙엽 활엽수(참나무, 단풍나무)가 자라고 있기 때문이라는 것이었다. 그 나무들은 내 고향인 뉴욕주 나무들과 마찬가지로 가을이면 단풍이 들었다. 뉴잉글랜드 국립공원 안에 있던 야외 캠프는 '톰의 오두막집'이라는 이름을 가진 조그만 통나무집이었다. 이 이름은 내가 처음 들었을 때 추측한 것과는 달리 해리엇 비처 스토우Harriet Beecher Stowe의 《톰 아저씨의 오두막*Uncle Tom's cabin*》에서 따온 것이 아니었다. 그 지역에 전해 오는 이야기에 따르면, 공원 최초의 순찰대원 이름을 딴 것이라고 한다. 통나무집은 나의 세 번째 연구 수종인 남극너도밤나무Antarctic beech(*Nothofagus moorei*)에 둘러싸인 채 우림과 습윤 경엽수림의 경계선에 자리 잡고 있었다. '톰의 오두막집'에는 햇빛이라곤 거의 들지 않았다. 그곳에 있는 것이라곤 그저 안개와 이끼, 버섯, 구름과 안개, 끊임없이 내리는 이슬비, 그리고 해안에서 동쪽을 향해 있는 그곳 단층 절벽으로 불어오는 서늘한 바람뿐이었다. 그 서늘한 바람은 종종 으르렁거리는 폭풍으로 바뀌어서, 오두막 안에 웅크리고 앉아 잎을 관찰하거나 벌레의 수를 세고 있노라면 폭풍에 가지가 부러지는 소리, 나무 쓰러지는 소리가 배경음악처럼 들리곤 했다. 전기는 들어오지 않았지만, 통나무집은 가스로 가동되는 커다란 샤워기를 갖추고 있었고, 순찰대원의 말을 빌자면 소를 키워도 될 만큼 넓었다. 하루종일 나무를 기어오르느라 온몸이 축축해진 채 기진맥진 오두막으로 돌아와, 뜨거운 물로 목욕을 해도 좋을 만큼 가스통이 꽉 차 있는 걸 보면 이런 호사가 어디 있나 싶어 기뻤다. 그러나 집에 돌아와 가스통이 빈 걸 발견하면 그만큼 끔찍한 재앙도 없었는데, 불행히도 그런 일이 심심찮게 일어났다. 손전등, 성냥, 식료품, 그리고 기록 노트를 구비하고 있던 '톰의 오두막집'은 나의 베이스캠프가 되었고, 나는 그곳을 근거지 삼아 냉대 우림의 숲우듬지를 훑고 다녔다. 심지어 나는 본의 아니게 호주에서 자라는 타이거주머니고양이tiger cat(*Dasyurus maculatus*)를 '입양'하기도 했다. 그놈은 살금살금 오두막 안으로 들어와서 대담하게 난로 위 그릴에 올려둔 스테이크를 낚아채 갈 만큼 나를 겁내지 않았다. 스테이크를 빼앗긴 건 유감스러웠으나 아주 가까운 거리에서 그처럼 희귀한 유대류[17] 살쾡이를 살펴볼 수 있었던 건 멋진 경험이었다.

외딴곳에서 몇 주씩을 혼자 지내야 했음에도 다행히 무서운 일은 거의 겪지 않았다. 이따금 술집에서 집으로 가는 길을 잘못 든 인근 마을 주민들이 내 문을 요란하게 두드려 대는 일이 있긴 했지만, 내가 '톰의 오두막집'에 머물러 있는 동안에도 세상은 나를 아쉬워하지 않고 잘만 굴러갔다. 호주 남성들은 대부분 나를 별종으로 보았을 것이다. 나

---

17) 완전하지 않은 상태로 새끼를 낳아 육아낭 속에서 새끼를 키우는 동물을 말한다. 현재 유대류의 대다수는 호주와 뉴기니, 아프리카 등에 서식하고 있다. 캥거루, 왈라비, 코알라 등이 있다.

중에 결혼한 뒤 나는 내 락포트 하이킹 부츠가 시아버지가 그때까지 보아온 여자들의 신발 가운데서 가장 더러운 것이라거나, 다리미질(호주 농촌에선 이것이 남편을 붙잡아 두는 주요한 기술이다)을 잘하지 못한다고 엄청나게 구박을 받았다. 여자가 숲우듬지를 연구하기 위해 혈혈단신 1만 6000킬로미터를 날아 멀리 떨어진 대륙으로 온다는 것은, 내가 만난 호주인 남자들 대부분에겐 상식적으로 도저히 있을 수 없는 황당한 일일 뿐 아니라 도대체가 미심쩍은 일이었다. 사실 남자든 여자든 호주 농촌의 사람들에게는, 부엌이나 침실에서 실용적으로 전혀 써먹을 데가 없는 어떤 지식을 추구하기 위한 것이라면 아마 160킬로미터를 여행하는 것조차도 우스꽝스럽게 보였을 것이다. 숲속에서 생활하다 보면 가끔 외로울 때도 있었다. 야외 조사란 것은 기본적으로 혼자 긴 시간을 보낼 것을 요구한다. 첫째는 관찰과 자료의 수집을 위해서, 둘째는 그 결과를 써내기 위해서. 그러나 나는 홀로 지내는 그런 시간이 자신을 강하게 한다는 사실을 깨달았다. 이를테면 그 시간은 스스로에 대한 믿음을 북돋워 주었다.

냉대 우림, 즉 운무림은 외관상으로는 내가 어린 시절을 보낸 온대 낙엽수림을 연상시켰다. 남극너도밤나무는 미국 북부 낙엽 활엽수림인 너도밤나무와 친척 관계다. 오세아니아의 냉대 우림은 남부 퀸즐랜드에서 저 아래 태즈메이니아와 뉴질랜드까지 뻗어 있는 남극 우림의 일부였다. 너도밤나무가 숲우듬지의 약 95퍼센트를 점하고 있는 호주의 냉대 우림은 자연적으로 진행된 단일 우점 숲(하나의 지배적 수종으로 구성된 숲을 말한다)의 생생한 현장이었다. 뉴사우스웨일스가 이처럼 남극너도밤나무 일색이라면 그것은 잎을 먹고 사는 벌레들에게는 잔칫상이라는 뜻이 된다. 숲을 지배하는 하나의 수종은 어떻게 창궐하는 벌레들로부터 스스로를 보호할까? 방어용으로 독성 물질을 생산하는 걸까? 남극너도밤나무는 내 세 번째 연구 수종이었는데, 이를 통해 나는 자연 세계에서의 단일 우점종이 어떻게 벌레들로부터 자신을 방어하는가에 대한 질문을 던질 수 있었다.

'톰의 오두막'에서 숲우듬지를 연구하던 기간에 나는 처음으로 정체불명의 UFO(미확인 포식 생명체unidentified feeding organism)와 마주치는 경험을 했다. 1979년, 남극너도밤나무는 10월의 두 주 동안(안타깝게도 하필이면 그때 자리를 비웠다!) 정체불명의 초식 곤충들에게 공격을 당해 엄청난 양의 잎을 잃었고, 그런 일을 저질러 놓은 다음 범인은 감쪽같이 사라져 버렸다. 내가 갔을 때 남아 있는 것은 심하게 갉아 먹혀 떨어진 무수한 잎들뿐, 범죄를 저지른 약탈자에 대한 단서는 아무것도 남아 있지 않았다. 나는 약탈자가 남긴 증거가 없나 끊임없이 살펴보았고, 나무를 그 지경으로 만들어 놓은 게걸스러운 대식가의 정체를 밝히기 위해 몇 시간, 몇 주, 몇 년을 바쳤다. 남극너도밤나무는 친척인 미국의 너도밤나무처럼 잎에 관한 한 온대적 경향을 띠고 있었다. 온대림에서는 매년 봄(9~10월)에 잎의 절반 정도가 돋아나고 가을(4~6월)에 절반쯤이 떨어져 내린다. 특정한 시기에 잎이 왕성하게 돋아나므로, 숲우듬지를 침범한 어떤 기회주의적인 초식 곤충에 의해 새로 돋아난 연한 잎을 잃게 될 수도 있는 일이었다. 남극너도밤나무는 이 UFO 때문에 해마다 새로 난 잎의 절반 이상을 잃었다.

이러한 계절적 특성으로 인해 너도밤나무의 비밀을 풀기 위해선 처음 그 사태를 목격한 이후 꼬박 1년을 기다리는 수밖에 없었다. 초조하고 걱정스러웠다. 그 약탈자는 2년 동안 안 나타날 수도 있었다. 어쩌면 25년에 한 번씩 나타나는데, 마침 1979년이 그때였을 수도 있었고, 그러면 나는 범인을 절대로 볼 수 없을 것이었다. 어쨌든 이듬해 봄 나는 '톰의 오두막'에 오래 머무를 작정을 하고 짐을 챙겼고, 낮이나 밤이나, 비가 오나 해가 뜨나 손쉽게 너도밤나무 위로 올라갈 수 있도록 단단한 나무 사다리 몇 개를 설치했다.

9월 말의 따뜻한 어느 저녁, 마침내 내 노력에 대한 보답을 받았다. 손전등을 가지고 숲우듬지 여기저기를 더듬던 중 명주실처럼 가느다란 실에 의지한 아주 조그마한 애벌레가 어린잎에 매달려 미세하게 움직이는 것을 발견했다. 며칠을 계속 관찰한 결과, 애벌레의 수는 폭발적으로 늘어나더니 마침내 새로 돋아난 잎사귀마다 약 열 마리 정도가 발견되었다. 그리고 그들은 먹어치우기 시작했다! 애벌레들은 먼저 가지 맨 끝에 있는 잎부터 먹어치웠다. 아마도 그것은 어린잎들이어서 가장 연하고 부드러웠기 때문이었을 것이다. 그리곤 조금씩 자라 입 부분이 점차 튼튼해지자, 마치 잔디 깎는 사람이 하듯이 다음 잎을 먹기 시작해 점차 가지 안쪽으로 내려왔고, 더 질긴 잎을 먹으면서 그들의 몸도 점점 더 커졌다. 나는 애벌레들의 수와 그들이 먹어치우는 양을 세심하게 측정했다. 그런데 애벌레들은 나타났을 때와 마찬가지로 어느 날 갑자기 감쪽같이 사라져 버렸다. 새로 돋아난 잎들은 거의 해골처럼 변해 있었다. 성충의 정체를 파악하기 위해서는 애벌레를 가져다 길러 부화시켜야 했는데, 그 준비를 하기도 전에 사라진 것이다. 약탈자들은 정체를 밝히지 않은 채 내 손을 빠져나가 버린 것이다. 나는 낙담해서 시드니로 돌아왔는데, 너도밤나무와 그 잎을 갉아 먹는 초식 곤충에 대한 나의 무용담을 완성하기 위해서는 또 한 해를 기다려야 했다.

이듬해, 예상한 대로 다시 나타난 애벌레는 새로 돋아난 너도밤나무 잎들을 마구 먹어치웠다. 나는 시간을 내서 몇 군데 서로 다른 곳의 너도밤나무 무리를 살펴보았는데, 그 결과 어떤 나무에는 애벌레가 있고 어떤 나무에는 없다는 사실을 발견했다. 초식 곤충들이 숲의 모든 나무에 자리를 잡지 않았다는 게 분명했다. 어떤 식물이 고르게 퍼져 있지 않고 무리 지어 군데군데 분포할 경우, 약탈자들이 그 식물을 발견하지 못할 가능성이 생긴다. 실제로 일부 과학자들은 어떤 식물이 숲 군데군데에 무리를 지어 흩어져 있으면 그러한 분포 양상을 통해 초식 동물들의 손길을 피할 수 있을지도 모른다고 생각한다.

그 두 번째 해에 애벌레 몇 마리를 조심스럽게 가지에서 뗀 다음, 먹이가 될 싱싱한 너도밤나무 가지와 함께 커다란 비닐봉지에 담았다. 그리고는 그것들을 차에 실어 시드니의 내 조그만 아파트로 돌아왔고, 아파트 거실은 곧 너도밤나무 숲의 축소판이 되었다. 나는 가지를 담은 커다랗고 넓은 통을 마룻바닥에 늘어놓고 애벌레들이 몇 번의 영齡

(애벌레가 성장하면서 거치는 탈피와 탈피 사이의 단계)을 거칠 때까지 잎을 맘껏 갉아 먹도록 내버려 두었다. 얼마 후 변태를 거친 애벌레들은 하얗고 투명한 알 모양으로 변했다. 이 조그만 변태체들은 바닥으로 떨어지고 난 2~3주 후 구릿빛 잎딱정벌레의 모습으로 나타났다. 우림에 있을 땐 애벌레들이 땅바닥에 떨어져 부식토 속에 묻혔고, 그래서 내가 그들을 발견할 수가 없었던 것이다. 바야흐로 내가 발견한 정체불명의, 그러나 아주 중요한 초식 곤충 한살이의 모든 단계가 다 채집되었다. 나는 기쁜 마음으로 시드니 대학 동물학과에 재직하고 있는 곤충학자들에게 내가 모은 표본을 보여주었다. 그런데 그분들은 그 곤충의 정체를 확인해 주지 못했다. 이번엔 그걸 시드니에 있는 호주 박물관으로 가져갔으나 그곳에 있는 곤충학자들 역시 정체를 알지 못했다. 나는 다시 캔버라에 있는 코먼웰스 과학 및 산업 연구원Commonwealth Scientific and Industrial Research Organization, CSIRO을 찾아갔으나 그곳의 전문가들 역시 그게 무엇인지를 알지 못했다. 그들은 그것이 새로운 종의 잎딱정벌레인 것 같다고 추측했다. 그래서 나는 영국 뉴캐슬의 뉴캐슬어폰타인 대학에 있는 잎딱정벌레의 세계적인 권위자 브라이언 셀먼Brian Selman 박사에게 표본을 보냈다. 초식 곤충의 정체를 밝혀내느라 세계를 한 바퀴 돌아야 할 판이었다.

몇 달 뒤 "새로운 종류의 잎딱정벌레"라는 답신을 받고 나는 짜릿한 흥분을 느꼈다. 셀먼 박사는 그놈을 노토파구스 노바캐스트리아 *Nothofagus novacastria*라 명명했는데, 그놈이 서식하는 특정한 숙주목의 이름, 그리고 뉴캐슬이란 지명(뉴캐슬의 라틴어식 표기가 노바캐스트리아이다)을 따서 지은 이름이었다. 뉴캐슬이란 지명을 따게 된 것은 그가 영국에 있는 뉴캐슬이란 이름의 대학에서 강의를 하고 있는 데다 그 곤충이 발견된 곳이 호주의 뉴캐슬에서 북쪽으로 불과 160킬로미터밖에 떨어져 있지 않았기 때문이었다. 셀먼 박사는 아주 유쾌하게 나의 발견을 '저주'했다. 새로 발견된 이 딱정벌레 때문에 얼마 전에 출간한 잎딱정벌레 계통학 저서를 완전히 고쳐 써야 했기 때문이었다.

나는 내가 학사학위를 받은 매사추세츠주 윌리엄스 대학의 개교 200주년 기념 선물로 그 딱정벌레에게 '걸 비틀gul beetle'이라는 애칭(윌리엄스의 라틴어식 표기가 걸리멘시안*gulielmensian*이다)을 붙여 주었다. 대학원생의 신분으로 큰돈을 기부할 수는 없었지만, 새로 발견한 종에 자기가 졸업한 대학의 이름을 붙이는 것은 현장생물학자가 모교를 위해 할 수 있는 가장 적절한 기여인 듯싶었다.

그 딱정벌레는 모양에서는 별다른 특징이 없었지만 생태 주기는 먹이로 삼고 있는 나무와 절묘하게 호흡을 맞추고 있었다. 너도밤나무 잎이 돋아나는 시기에 맞추어 나타나서는 매우 짧은 기간 활동함으로써 잎의 생존에 지대한 영향력을 행사하는 것이었다.

초식 곤충은 너도밤나무의 새잎 가운데 51퍼센트를 갉아 먹었는데, 이는 다른 숲과 비교해 볼 때 현저히 높은 비율이었다. 그런데 12년에 걸쳐 관찰하는 동안 나는 그로 말미암아 너도밤나무가 죽은 경우를 단 한 번도 보지 못했다. 그러나 수천 년이 될 수도 있는 나무의 생애에서 12년은 아주 짧은 기간이므로 딱정벌레가 나무에 미치는 영향은 앞으로 수십 년을 더 연구해야만 분명해질 수 있을 것이다. 역으로 보자면, 딱정벌레의 개체수도 몇 년 단위로 변동을 보일 수 있는데, 1980년대처럼 굉장히 번성할 때가 있는가 하면 그 사이사이 휴면기가 있을 수도 있다. 곤충과 나무의 상호 관계는 내가 이제껏 생각해 왔던 것 이상으로 복잡했는데, 곤충의 활동을 충분히 관찰하기 어려운 큰 나무 숲에서 특히 그러했다.

연구하면서 마주친 정체불명의 포식자들은 너도밤나무 딱정벌레뿐만이 아니었다. 숲우듬지에 서식하는 초식 곤충들은 나뭇잎이나 나무껍질 속에 숨어 있거나 또는 아주 짧게만 나타나는 등 공간적·시간적으로 비밀에 싸여 있었다.

처음 2년 동안의 연구는 곤충을 발견한다는 측면에서는 실망스러웠다. 거의 모든 시간을 로프에 매달려 보냈지만 활동 중인 초식 곤충들을 목격한 적은 거의 없었다. 대부분의 나무가 매년 15~50퍼센트에 이르는 어린잎을 곤충들에게 갉아 먹힌다는 점을 생각하면 이것은 이해할 수 없는 수수께끼였다. 북부 온대 낙엽수림의 연간 잎 손실률의 4~5배에 이르는 이러한 높은 잎 손실률은 중요한 두 가지 의문을 품게 했다.

1. 그처럼 게걸스럽게 먹이를 먹어대는 초식 곤충은 대체 무엇이며, 어디에 있을까?

2. 모든 우림의 숲우듬지가 다 그만큼 초식 곤충들의 공격을 받는 것
   일까, 아니면 호주만 그런 걸까?

두 번째 의문에 답하기 위해서는 아마도 평생을 바쳐야 할 것이다. 그러나 첫 번째 의문에 대한 답은 우연한 기회에 찾아내게 되었다.

도리고 국립공원의 외진 곳에 있던 나의 한 연구지는 난대 우림으로서 '네버네버랜드'라 할 만한 곳이었다. 피터팬의 팬으로서 이 이름이 그곳에 너무나 어울린다고 생각한다. 어느 날, 한밤중에 헛간 주변을 일없이 어슬렁어슬렁 산책하고 있던 나는 벌레가 나뭇잎을 요란하게 갉아 먹는 소리를 들었다. 손전등 불빛을 비추어 보니 대벌레 몇 마리가 캘리코나무calico tree(*Callicoma serratifolia*)의 어린잎을 열심히 먹고 있었다. 굉장히 놀랍고 반가웠는데, 알고 보니 벌레들이 밤을 틈타 먹이를 먹는 것은 숲 어디에서나 흔히 벌어지는 일이었다. 그 발견은 내 연구의 돌파구가 되었다. 우림에서는 초식 곤충 대부분이 낮보다는 밤에 먹이를 먹고 있었다. 나는 나의 일과를 여기에 맞추었다. 불빛으로 벌레를 찾아내는 일이 연구의 중심이 되었고, 흥미진진한 여러 사실을 알아냈다. 야간 관찰을 훌륭하게 수행한 결과 나는 호주 우림의 숲우듬지에 서식하는 초식 곤충들은 주로 딱정벌레(딱정벌레목) 종류이며, 그 밖에 나비 애벌레(나비목), 여치(메뚜기목), 진벌레(매미목) 등이 있다는 걸 알아냈다.

호주 우림 연구에서 새나 포유류 같은 척추동물이 잎을 심각하게 손상시킨 경우는 전혀 없었다(나중에 다른 대륙에서는 그런 동물들을 보

았지만). 붉은관유황앵무galah나 앵무새가 구애 행위를 하는 중에 어쩌다 잎이나 가지를 떨어뜨릴 뿐이었다. 또 나무캥거루는 초식이긴 했으나 그 서식처가 퀸즐랜드 북단의 작은 숲으로 한정되어 있었다. 호주의 대표적인 초식 동물 코알라 또한 건조림에 있는 유칼립투스만을 먹이로 삼았다.

밤중에 나뭇잎과 초식 곤충들을 관찰한다고 해도 땅 위에서 한다면 어려울 게 없었다. 그러나 숲우듬지 위에서 그것을 관찰하는 일은 대단히 어려운 일이었다. 나는 현장 조사의 대부분을 나무 한 그루 한 그루를 오르내리기 쉽게 해주는 싱글 로프 기술single rope technique에 의존해 진행했는데, 싱글 로프는 이 나무에서 저 나무로 쉽게 옮겨 갈 수 있는 장점이 있었다. 일의 일환으로 나무를 탄다고 하면 어린아이들의 꿈처럼 근사하게 들릴 것이다. 그러나 나무가 빽빽이 들어찬 숲에서 로프를 요령 있게 다룬다는 건 힘든 일이었다. 높다란 숲우듬지에 접근용 장비를 설치하려면 슬링샷을 능숙하게 다룰 줄 알아야 했다. 슬링샷은 불법 무기로 분류되어 있었기 때문에 나는 가늘고 긴 금속 막대를 Y자 모양으로 구부려 만든 것을 썼다. 접근이 거의 불가능한 숲우듬지 가지에다 가는 낚싯줄을 쏘아 올렸는데, 동료 학생들과 함께 우림에서 그 일을 하는 중에 잊지 못할 일도 많이 일어났다. 가지에 낚싯줄을 쏘아 올리기 위해서는 두 사람이 필요했다. 한 사람이 슬링샷으로 둥근 납추를 쏘아 올리면, 다른 한 사람은 추에 달린 낚싯줄 릴을 꽉 잡아야 했다. 우리들이 나누는 대화—괜찮은 나무 아귀를 찾아내는 법, 거기에다 총알

(납추)을 정확히 조준하는 법을 둘러싼—는 우스꽝스럽기 짝이 없었으며, 목표물을 정확히 겨냥하는 일은 자칫 실패로 끝날 수 있었기 때문에 흔히 무의미한 감탄사나 욕설의 연속이었다. 가지들은 눈으로 어림짐작한 것보다 높이 있기 일쑤였다. 또 덩굴식물들은 낚싯줄을 마치 손을 뻗치듯 잡아채어 이리저리 엉키게 했고, 끝내는 도저히 쓸 수 없게 만들어 버렸다. 납추가 줄에서 빠져나가 어딘지 모를 곳으로 날아가 버리기도 했다. 때로는 가지 끝에 걸린 낚싯줄이 아귀 쪽으로 도무지 내려가지 않아 애를 먹기도 했다. 낚싯줄이 일단 단단한 가지 위에 걸쳐지고 아귀 부분에 안전하게 자리를 잡으면, 나는 등산용 로프를 던져 올릴 수 있는 안전한 자리를 확보하기 위해 적당한 곳까지 나일론 줄을 잡아당기곤 했다. 등산용 로프를 밤중까지 나무 위에 내버려 두는 일은 절대로 없었다. 쥐, 다람쥐 등의 설치류와 먹성 좋은 개미, 흰개미들이 로프를 갉아 먹거나 햇빛이나 비로 인해 로프가 손상될 위험이 있었기 때문이다. 그도 그럴 것이 내 목숨이 전적으로 등산용 로프의 튼튼함에 달려 있었다.

일부 한정된 샘플링을 할 때는 사냥총을 썼다. 그러나 이런 식의 샘플링은 환경 파괴적이었고, 내가 하는 연구에는 별로 적합하지 않았다. 숲우듬지 맨 꼭대기에 있는 꽃을 수집해야 할 때처럼 몇몇 제한적인 경우에 사냥총을 이용해 나뭇가지를 채집하곤 했는데, 총의 반동 때문에 어깨에 심한 타박상을 입곤 했다. 앨 젠트리Al Gentry(세계적으로 명성이 높은 식물학자로 1994년 에콰도르에서 비행기 추락 사고로 숨졌다)가 호주 노스 퀸즐랜드의 숲우듬지 꽃을 샘플링할 때 독특한 도구인 나무타기용 자전거를 고안했는데, 그것을 본 후 나도 그런 걸 사용해 볼까 고민하기도 했다. 그 자전거는 가지 없이 쭉 뻗은 나무둥치를 오르는 데 안성맞춤이었으며, 앨은 그 덕분에 분류학적 연구를 위한 열매나 꽃을 손에 넣을 수 있었다. 그러나 그것은 나의 생태학 연구에서는 제한적으로밖에 쓸 수 없었다.

우림의 숲우듬지에서 혼자 연구한다는 것은 승산이 별로 없는 일이었다. 한 쌍의 손과 눈만으로는 초식 곤충들을 모조리 다 살필 수도 없었고, 나무 위에 올라 있는 얼마 되지 않는 시간 동안 중요한 잎사귀들을 빠짐없이 샘플링하기도 어려웠다. 고군분투하던 나는 몇 년이 지나면서 자원봉사자들로부터 많은 도움을 받게 되었다. 현장에서 일하는 과학자들을 지원하기 위해 '지구감시대'라는 진보적인 단체가 자원봉사자들을 모집하여 일선의 연구를 도와주었다. 지구감시대가 파견한 자원봉사대가 최초로 나의 활동에 합류한 때는 1980년이었으며, 그 뒤 10년 동안 250명이 넘는 자원봉사자들이 나의 숲우듬지 연구를 격려하고 지원했다. 자원봉사자들 덕분에 나는 훨씬 더 많은 잎과 곤충을 샘플링할 수 있었다. 그와 같은 단결심은 연구 작업을 한층 흥미롭고 기억에 남는 일로 만들어 주었다.

호주에서 있었던 자원봉사자들과의 활동을 생각할 때면, 특히 숲우듬지에서 있었던 일화 하나가 잊혀지지 않는다. 숲에서 샘플링을 하기로 한 첫날 밤 나는 11명으로 이루어진 팀의 구성원들에게 커다란 사사프라스sasafras(*Doryphora sassafras*) 밑으로 모이라고 말해 두었다. 그곳에서 우리는 불빛을 이용한 덫을 놓아 숲우듬지 윗부분과 아랫부분에 서식하는 나방의 개체수를 비교할 계획이었다. (호주의 모든 숲에 광범위하게 분포하며 상록의 매끄러운 잎을 가지고 있는 사사프라스는 나의 네 번째 집중 연구 수종이었다.) 우리는 깜깜하고 축축한 약속 장소에 도착했고, 나는 새내기 자원봉사자들에게 유아등light trap의 작동 방법과 우리가 잡게 될 나방에 관해 설명하기 시작했다. 그런데 바로 그 순간, 머리 위에서 천둥이 치는 듯한 폭발음이 들리면서 나무가 통째로 날아가 버리는 듯했다. 25마리가량의 호주숲칠면조Australian brush turkey(*Alectura lathami*)가 그 숲우듬지에 보금자리를 틀고 있었는데, 본의 아니게 우리가 손전등 빛과 시끄러운 소리로 그들을 괴롭힌 것이었다. 참 불행하게도, 호주숲칠면조는 놀랐을 때 왕창 배설하는 습성을 가지고 있었다. 우리 머리 위로 쏟아져 내리는 깃털과 배설물…. 모두가 놀란 채로, 냄새를 풍기며, 조용히 서 있었다. 그리고 그들은, 이 일로 말미암아 과학에 대한 그들의 열정이 완전히 식어버린 것은 아닌가 하고 걱정하는 나를 남겨 두고, 말없이 샤워하러 각자의 방으로 돌아갔다. 그러나 다음 날 저녁, 그들 모두 유아등에 관한 두 번째 강의를 들으러 나타났다. 머리며 어깨에다 목욕용 수건과 비옷을 뒤집어쓰고 위풍도 당당하게.

바로 그 탐사 때 또 다른 아찔한 사건이 하나 더 있었다. 자원봉사대원 가운데 한 명이 나무 오르기 연습을 하던 중 위험에 빠진 일이다. 비키라는 이름의 대원이 사사프라스의 맨 꼭대기에서 로프를 주마에 끼워 넣었는데 이가 열리지 않는 것이었다. 우리는 연신 하나님을 부르짖으며 스위스제 군용 나이프를 로프 위로 올려보냈다. 두말할 나위 없이 그 순간은 내가 맛본 가장 초조한 순간 가운데 하나였다. 그녀가 잘라내야 할 로프를 제대로 찾아 자를 수 있을까? 나의 기술 조수였던 웨인 히긴스는 그녀가 조금씩 움직일 때마다 어떻게 하면 그 상황에서 빠져나올 수 있는지를 하나하나 일러주며 나무 아래에서 그녀를 지휘했다. 그런 그의 모습은 거의 영웅적이었다. 얼마 전에 비키는 나에게 편지를 보내 그때의 경험이 그녀의 일생을 통틀어 가장 유쾌한 경험의 하나였다고, 공군 제트 비행기를 조종하는 자기 직업보다도 훨씬 멋있고 스릴 있었다고 했다.

자원봉사자들은 그 이후로도 호주와 그 밖의 다른 여러 곳에서 나의 숲우듬지 연구에 많은 시간과 힘을 보태 주었다. 현재 나는 지구감시대의 고문으로 활동하면서 이 훌륭한 단체의 사명을 지원하는 영예를 누리고 있다.

더불어 나는 시드니 대학의 동료 학생들에게도 도움을 받았다. 나 말고도 외딴곳에서 현장 조사를 하는 동료들이 몇몇 있었고, 현장 조사를 나갈 때면 우리들은 자연스레 번갈아 가며 서로의 여행에 동행했다. 그 덕분에 나는 산호초에서 자라는 관목의 호흡 작용, 암초에 서식하는 나비고기의 개체수 변동 등에 대한 학생 프로젝트를 돕느라 그레이트 배리어 리프에 있는 원트리섬에서 몇 주일 동안을 아주 재미있게 보내기도 했다. 심지어 그레이트 배리어 리프에 속한 외딴 암초들에서는 바다뱀을 사로잡아 표시하는 일을 자청하기까지 했다. 이 바다뱀들은 세상에서 가장 독성이 강한 파충류로 악명이 자자하다. 비록 바다뱀 조사가 마침내는 합리적인 과학에 대한 나의 정의를 확장시켰다는 점을 고백하지 않을 수 없지만(3장 참조). 그에 대한 보답으로 나는 등산용 장비 설치하기, 나무 오르기, 잎 상태 측정, 연구지 물색, 그도 아니면 멀리 떨어져 있는 우림 지역 여기저기를 오갈 때 차를 운전하는 일에서라도 도움을 받았다.

내가 집에서 만든 슬링샷으로 퀸즐랜드의 큰 나무에 장비를 설치하느라 고생했던 테네시주 출신의 자원봉사자가 있다. 그가 고향으로 돌아간 뒤 고맙게도 아주 좋은 미국산 슬링샷을 보내 주었다(호주의 오지에서는 총을 입수하는 게 슬링샷을 입수하기보다 더 쉬웠다). 이 뜻밖의 선물이 시드니 세관에 도착하자, 경찰은 "불법 제품이 포함된 귀하의 소포를 압수했다."라며 나를 호출했다. 몇 달 동안이나 통과 청원서를 써내고, 무기가 아니라 과학 연구를 위한 장비라는 걸 설명한 다음에야 비로소 소포가 경찰의 손에서 벗어나 내게 전달되었다. 그러나 결국은 세관 관리가 이겼다고 해야 할지도 모르겠다. 소포 꾸러미 속에는 슬링샷뿐만 아니라 얼룩무늬 속옷 세트와 향수 한 병이 함께 들어 있었다. 그 자원봉사자는 나한테 최근에 나온 우아한 정글용 속옷을 보내고 싶은 마음을 억누를 수가 없었던 모양이었다. (지구감시대 자원봉사자들은 내가 주야장천 카키색 옷밖에는 입지 않는다고 늘 나의 패션 감각을 놀려댔고, 속옷 역시 얼룩무늬가 아닐지를 놓고 온갖 우스갯소리를 주고받곤 했다.) 또 기술 조수 웨인이 탐사 바로 직전에 나를 돕기 위해 합류했었는데, 소포를 보낸 자원봉사자는 자신의 약혼자였던 웨인에게도 항수를 선물로 보낸 것이었다. 나는 지금까지도 내 이름이 시드니 세관의 리스트에 올라 있는 게 아닐까 미심쩍다. 평판이 좋지 않은 과학자이며, 숲속에서 도대체 무슨 활동을 하는지 심히 의심스럽다고.

이렇듯 손에 넣게 된 슬링샷 덕분에 나는 나무에 한층 정확하게 장비를 설치할 수 있게 되었을 뿐 아니라, 나아가서는 많은 남학생이 이 근사한 장난감을 사용할 때의 스릴을 맛볼 욕심으로 현장 조사 여행을 떠나는 나를 따라나서게 되었다. 여학생들은 아무도 나의 이 독특한 탐사 도구에 흥미를 나타낸 적이 없다는 사실을 덧붙이지 않으면 안 되겠다. 또 이 슬링샷 때문에 나는 많은 호주 카키(호주에서 소농을 일컫는 말)들의 선망의 대상이 되었는데, 그들은 농장에 있는 골치 아픈 토끼와 여우들을 잡게 슬링샷을 좀 빌려달라고 간청하곤 했다.

퀸즐랜드에 있는 나의 중요한 연구지 가운데 한 곳에는 숲에 인접한 산장이 하나 있었다. 소유주인 오라일리 가족이 직접 운영도 하는 곳이었다. 몇 년이 지나면서 오라일리 가족은 나의 제2의 가족이 되었고, 우리는 우림의 역사에 대한 사랑과 지식을 함께 나누었다. 여러 계절 동안 그곳의 나무를 오르내린 뒤 나는 로프를 이용한 나무 오르기에 한계를 느끼고 있었다. 한 나무를 위아래로 수직 이동할 수는 있었으나 좌우로 수평 이동하는 데는 아무런 도움이 안 되었던 것이다. 그런데 오라일리 가족이 그 지역에서 나는 재료를 이용하여, 그리고 나의 열렬한 성원에 부응하여 생태 관광 및 연구용으로 쓸 수 있는 숲우듬지 통로를—내가 알기론 세계 최초로—만들었다. 이 새로운 접근 방식은 내 연구의 지평을 획기적으로 넓혀 주었으며, 동시에 산장 방문자들에게 좋은 볼거리를 제공했다. 숲우듬지 통로 덕분에 나는 오랜 시간 숲우듬지에 머물며 샘플링을 할 수 있었고, 밤 또는 폭풍우가 칠 때도 작업할 수 있었다. 또한 숲우듬지 위에서 여럿이 팀을 이루어 협동 작업을 하는 것도 가능해졌다.

구조가 단순하다는 점, 환경에 거의 영향을 미치지 않는다는 점, 안전하다는 점, 또 접근하기가 쉽다는 점에서 숲우듬지 통로는 지금도 탁월한 숲우듬지 연구 수단이다. 나는 숲우듬지 통로의 그런 뛰어난 효율성에 매료되어 몇 년 뒤 세계 여기저기에 일련의 통로를 만들어냈다(5장 참조). 10년이 넘는 동안 수백 명의 학생 및 지구감시대 자원봉사자들과 함께 숲우듬지 통로에 인접해 있는 나무 꼭대기를 탐사했다. 지구감시대 자원봉사자들은 로프에 매달릴 때 따르는 위험을 무릅쓰지 않고도 저 높은 곳에 있는 개척지가 주는 경외감을 만끽할 수 있었다. 또한 오라일리 가족은 1985년 숲우듬지 통로를 개설한 이후 수천 명에 이르는 관광객들에게 우림의 숲우듬지를 구경시켜 줄 수 있게 되었다. 지금도 오라일리 가족은 숲우듬지 애호가들로 이루어진 나의 '국제 가족'의 특별한 일원이며, 그들의 산장은 숲우듬지 연구의 본부 역할을 하고 있다.

나의 다섯 번째 숲우듬지 연구 수종은 붉은히말라야삼나무로 선택했다. 호주인들이 가장 선호하는 목재로서 경제적으로 매우 중요한 수종이었기 때문이다. 또한 호주에서는 삼나무가 산림 보호의 중요한 동기로 작용하고 있었는데, 그 때문에 나는 삼나무와 거기 서식하는 해충의 상관관계를 입증해 달라는 부탁을 많이 받았다. 1900년대 초반의 붉은히말라야삼나무 벌목은 호주 우림을 파괴한 주요 원인이었으며, 또한 이 수종은 끝나방이라는 해충이 번성하는 바람에 잎이 대량으로 말라 죽는 사태를 겪었다. 붉은히말라야삼나무에 대해 전문적인 지식을 가지고 있다는 이유로 나는 내가 사는 지역의 호주 남성들 사이에서 꽤나 유명인사가 되었다. 어느 날, 그 지역의 로터리클럽을 대상으로 삼나무와 끝나방에 관한 내 연구 내용을 설명했는데, 그들은 내가 관심을 기울이고 있는 대상이 '끝tip' 나방이 아니라 '젖꼭지tit' 나방이라고 잘못 이해했다. 나는 그 일을 절대로 잊을 수 없었을 뿐만 아니라, 내가 살던 외진 마을의 길거리에서 지나가는 사람들로부터 젖꼭지 나방의 상태가 어떤지를 묻는 말을 빈번히 받아야 했다.

나는 호주에서 1978년부터 1990년까지 12년을 살았다. 그중 5년은 박사과정의 일부로서 오로지 우림 숲우듬지만을 연구하면서 보냈고, 그 뒤로는 건조림을 파고들랴, 아이를 양육하랴, 주부의 의무를 다하랴 정신없이 살았다(중요한 순서대로 나열한 건 아니다). 10년이 넘는 동안(지금도 해마다 방문하곤 하니 그보다 더 길다고도 할 수 있다) 우림의 연구지를 주기적으로 찾아다닌 덕분에 나는 식물과 곤충의 상호 관계가 지닌 장기적 경향을 관찰할 수 있는 소중한 기회를 얻었다.

사람들은 일반적으로 우림 나무들이 대부분 1~3년 수명의 사철 푸른 잎을 가지고 있다고 추정해 왔다. 그러나 이러한 이론은 뒤집어지고 있는데, 장기간에 걸친 나의 연구 결과가 그에 얼마간 기여했다. 내 연구에 따르면 어떤 잎들, 예컨대 사사프라스의 그늘진 곳에 있는 잎은 수명이 무려 15년에 이른다. 또 이와는 대조적으로 같은 사사프라스에 달린 잎사귀라 하더라도 햇빛과 바람이 잘 드는 숲우듬지에 자리한 잎은 불과 2~3년밖에 살지 못한다. 잎의 생태는 매우 변화무쌍하며, 간헐성(잎은 1년 내내 피어나지만 그 속에는 일정한 흐름이 있다), 지속성(잎은 매년, 매달 피어난다), 계절성(잎은 특별한 철에만 피어난다), 낙엽성(잎은 해마다 특정한 기간 사이에 떨어진다) 같은 생물계절학을 모두 구체적으로 나타내 주고 있다. 초식 곤충들은 주로 밤에만 먹이를 먹으며, 대부분의 잎들은 자라서보다는 어릴 때, 즉 연하고 독성이 적을 때 주로 갉아 먹힌다. 장기간에 걸친 샘플링은 반복되는 작업 때문에 지루할 수 있지만, 그로부터 축적한 자료는 시간이 흐를수록 매우 소중한 가치를 지니게 된다. 단기간의 관찰로는 명확히 알 수 없는 경향을 드러내 주기 때문이다.

2

변방에서의 나날

외로움과 시련을 불가피하게 견뎌내면서 형성된 '오지 정신'은
'죄 많은' 호주의 금욕적인 덕목이 되었다. 안정된 삶과 가정은
나약하고 못난 사람들의 것이었다. '진짜 사나이'는 안락을 경멸하고,
감정을 드러내는 일을 혐오했다. …
느닷없이 재앙이 들이닥칠 수도 있었다. 잘 알지 못하는 질병이 덮쳐
양과 소 떼를 순식간에 몰살시킬 수도 있었고, 뱀에게 물리거나
파상풍에 감염되어, 또는 말에서 떨어져 누군가가 죽을 수도 있었다.
아니면 가뭄이 닥치면서 서서히 재앙이 진행될 수도 있었다.
위험은 항상 존재하는 것이었고, 하루종일 홀로
집을 지켜야 하는 여자는 늘 그런 불상사를 근심했다.

질 커 콘웨이, 《쿠레인에서 오는 길*The Road from Coorain*》, 1990

—

우림에서 박사과정 연구를 한 결과, 나는 1980년대 초반 호주에서는 숲우듬지에 관한 직접적이고 과학적인 전문 지식을 쌓은 유일한 인물이 되었다. 이러한 독특한 지위 덕분에 나는 박사후 과정에서 곧바로 경제적으로나 정서적으로 대단히 중요한 생태 문제와 씨름하는 기회를 얻게 되었다. 당시 호주 농촌 지역에서는 수많은 나무가 죽어가고 있었는데, 설상가상으로 정체불명의 질병이 덮친 그 나무는 호주의 가장 지배적인 수종인 유칼립투스였다. 유칼립투스는 호주의 국가적 상징으로 생물학뿐만 아니라 문학·역사와도 깊은 관계를 맺고 있는 나무였다. 종류만 해도 500종 이상을 헤아리며, 건조한 호주를 덮고 있는 숲의 95퍼센트를 차지했다. 그런데 이 나무가 전염병에 걸려 잎이 다 떨어지고 끝내는 죽어가고 있었다. 유칼립투스 잎병 혹은 줄기마름병이라 불리는 이 병은 1980년대 중반에 이르자 수백만 그루의 나무로 끝이 보이지 않게 번져 나갔다. 잎병의 원인은 무엇일까? 토지 소유자들은 농촌의 산림을 심각하게 망가뜨리고 있는 이 사태를 어떻게 타개할 수 있을까? 하필이면 왜 농촌의 오지에서 질병이 가장 심하게 나타나는 것일까? 나무가 그다지 많이 남아 있지 않은 그곳에서? 이와 같은 의문이 나의 박사후 과정과 그 뒤 수년 동안 연구의 핵심이었다. 잎병 증상이 유칼립투스의 나무우듬지crown에서 발원하는 것으로 보였기 때문에 나는 그동안 우림에서 갈고 닦은 숲우듬지 접근 기술을 그 문제를 푸는 데 활용했다. 과학으로 현실의 구체적 문제를 푸느라 그 이전에는 생각지도 않았던 복잡한 생태 문제에 맞부딪치게 되었으며, 또한 개인적인 측면에서도 결혼과 출산에 따른 여러 심적 갈등에 시달리게 되었다.

—

유칼립투스 잎병 증상은 문헌상으로는 1878년에 처음으로 등장한다. 노턴이라는 농부가 자신의 일지에다 이렇게 써 놓았다.

> 주로 뉴사우스웨일스주의 뉴잉글랜드 지방에서 수천 에이커의 땅들을 둘러보았는데, 그곳은 전염병이 돌았는지 숲이 온통 죽어 있었다.
>
> -〈퀸즐랜드 왕립학회 의사록*Proceedings of the Royal Society of Queensland*〉, 제3권

그 뒤 100년의 세월이 흐른 뒤 잎병은 이렇다 할 이유 없이 호주 전역에서 일어나 웨스턴 오스트레일리아주의 마호가니고무나무jarrah(*Eucalyptus marginata*) 숲, 중부 뉴사우스웨일스주의 페퍼민트peppermints(*E. nova-anglica*), 나아가서는 저 위쪽 퀸즐랜드의 잿빛유칼립투스gray ironbark (*E. drepanophylla*)에까지 발생했다. 이러한 간헐적 발병은 호주 오지 전역의 개척촌에서 보고되었다. 그런데 1980년대에는 잎병 증상이 가히 유행병이라고 해야 할 양상에까지 이르게 되었다.

잎병이 오지의 농촌에서 가장 심각하게 나타났기 때문에 나는 그 정체불명의 환경 재앙을 연구할 목적으로 시드니의 복잡한 도심에서 뉴사우스웨일스 중심부의 아미델이란 농촌으로 거처를 옮겼다. 아미델에는 호주에서 유일하게 농촌에 세워진 뉴잉글랜드 대학이 있었는

데, 나는 그곳에서 나처럼 농촌 산림을 연구하는 소수의 생태학자들 및 농업 과학자들과 서로 교류했다. 그리고 호주 연방정부로부터 연구비를 지원받아 곤충의 급격한 증가와 농촌 지역 유칼립투스의 건강 상태 사이에는 과연 어떤 상관관계가 있는지를 규명하게 되었다.

시드니에 살다 와보니 아미델은 마치 다른 나라 같았다. 악센트나 쓰는 말까지도 달랐다. '땅마지기(호주에서는 목장이나 농장을 이렇게 말한다)' 가운데 다수가 다섯 세대 이전, 그러니까 일정 정도의 땅을 개간하고 거기다 거처만 지으면 소유주로 인정되었던 시절에 개척된 땅이었다. 이들 초기 개척민들은 새로 발견한 인적 없는 땅에 살면서 이루 말할 수 없는 환경 조건과 싸워야 했다. 가뭄, 바람, 홍수, 질병, 진흙, 독사, 곤충으로 인한 전염병, 토끼 전염병, 나무를 벌채하는 어려움 등은 고난의 일부에 지나지 않았다. 그 결과 목축업자들은 자신의 땅과 가축에 대해서는 강렬한 애착을 느끼지만, 생활 태도 면에서 매우 완고한 경향을 띠게 되었다.

뉴사우스웨일스주의 뉴잉글랜드 지방을 방문하는 사람들은 입구에서 "번영하는 뉴잉글랜드Glorious New England"라고 적어 놓은 입간판을 보게 된다. 지난날에는 그 설명이 합당하고 정확했는지 모른다. 그러나 내가 갔던 당시에는 입간판 너머로 삭막하고 황량한 전경이 펼쳐져 있었다. 호주 관목 숲 특유의 부드럽고 은은한 빛깔은 죽어버린 유칼립투스의 허연색에 밀려 완전히 그 빛을 잃었고, 나뭇가지들은 임박한 패배를 받아들이겠다는 듯 하늘을 향해 야윈 손을 들어 올리고 있었다. 양들은 이제 더는 그늘을 드리우지 못하는 나무들 아래 무리를 지어 서 있었다. 그곳의 산과 들은 모질고 메말라 보였다. 뉴잉글랜드는 잎병이 가장 심각하게 번진 곳 가운데 하나였다. 그밖에 웨스턴 오스트레일리아, 퀸즐랜드 남동부, 오스트레일리아수도주ACT도 주요 감염 지역이었다. 잎병이 번졌다는 사실은 눈으로 쉽게 알아차릴 수 있었다. 나무우듬지들은 질병의 여러 단계를 보여주고 있었는데 말라가고 있거나, 죽어가고 있거나, 아니면 이미 죽어 있었다.

잎병의 원인은 매우 복합적이어서 어느 한 요인을 내세울 수가 없었다. 다만 한 가지 특징만은 분명하게 말할 수 있었다. 맨 먼저 나무우듬지의 가장 윗부분이 감염되고, 일단 그렇게 되면 아주 짧은 시간 안에 아랫부분의 가지까지 죽어버린다는 것이었다. 잎병이 어떤 것인지를 설명하려면 아마도 관찰한 증상을 이야기하는 것이 좋은 방법일 것이다. 우선, 나무가 시들시들해지고 가지 끝에 있는 잎들부터 마르기 시작해, 그다음엔 점차 나무둥치 가까운 쪽의 가지로 번져 간다. 바깥쪽 잎들이 죽어감에 따라, 남아 있는 잎들 사이로 죽은 가지들이 앙상한 모습을 드러낸다. 바깥쪽 잎들이 상당 부분 죽어버리면, 나무둥치와 굵은 가지에서 어린 가지들이 새로 싹을 틔운다. 움epicormic branches[18] 또는 막눈coppicing이라 칭하는 이 어린 가지들은 나무의 입장에서 보자면 잎을

—

18) 식물에 새로 트는 싹.

새로 싹 틔워 광합성을 하려는 절박한 노력의 소산이다. 때로는 병든 나무들이 건강하게 회복되기도 하지만, 그보다는 죽어버리는 경우가 훨씬 많다. 일반적으로 움의 발아가 몇 번 일어나는데, 횟수가 거듭될수록 그 간격이 짧아지다가 마침내 나무는 죽고 만다. 유칼립투스는 믿기 어려울 만큼 많은 에너지를 저장하고 있는 듯, 잎이 완전히 다 떨어진 뒤에도 그 비축된 에너지를 이용해 몇 번 새로 싹을 틔웠다. 그러나 연이은 싹 틔우기로 인해 그마저 바닥나면 나무들은 돌이킬 수 없는 잎병 증상의 최후 단계로 접어들곤 했다.

나는 그때까지 젊은 대학원생으로서 그저 학문적 호기심만으로 연구에 임했다. 그러나 이제 마음을 다잡고 현실 속의 생태 문제와 씨름하게 되었다. 수백만 제곱미터에 이르는 산과 들의 전경, 그리고 그 땅을 밑천으로 관광이나 농업을 통해 벌어들이는 수백만 달러가 잎병 증후군과 연관되어 있었기 때문에 하루라도 빨리 원인을 찾아내지 않으면 안 된다는 책임감을 느꼈다. 한편 나는 나의 과학적인 문체를 일반인들이 이해하기 쉬운 문체로 바꾸어야 했다. 텔레비전이나 대중 잡지들로부터 잎병에 관해 설명해 달라는 주문을 많이 받았기 때문이었다. 내 연구는 때로 논쟁을 유발하기도 했다. 환경적 대의를 옹호하는 사람들은 호주 농촌 지역에서 '물정 모르는 풋내기' 취급을 받았는데, 물론 부정적인 의미를 지닌 말이었다. 나는 과학자들을 못 미더워하는 농촌의 토지 소유자들과 농부들을 불신하는 과학자들 사이에서 위태로운 줄타기를 해야 했다. 한 농부의 아내로서 그것이 매우 민감한 문제임을 깨달았다. 그럼에도 줄을 받치고 있는 막대가 내게는 너무 높았다.

유칼립투스의 잎병 증후군과 관련해서 생물학적 조건, 인간의 영향, 물리적 요소 또는 그것들이 결합된 요인을 포함해 수많은 요인이 언급되었다. 잎을 먹어치우는 곤충, 균류 질병, 가뭄, 지하수면의 변동, 토양 침식, 초식 가축들이 발굽으로 흙을 다진 데 따른 통기성 저하, 토지 개간, 소나 양의 과잉 사육, 염도 등등이 모두 혐의 목록에 올랐다. 심지어 '빌리 블루검Billy Bluegum'(코알라를 일컫는 호주 속어)이 유칼립투스를 지나치게 뜯어 먹는 바람에 그리되었다는 설마저 제기되었다.

잎병 증후군은 단 하나의 요인이 아니라 복합적인 요인이 서로 얽혀 발생한 것으로 추정되었다. 그런데 불행하게도 여러 요인의 상호관계란 대개는 명쾌하게 설명하기 어려운 법이다. 예를 들어 가뭄이 특정한 종류의 나무를 약화시키면, 이어서 곤충이 그것을 공격하고, 어떤 나무들이 회복되면 다른 나무들에겐 흙 속의 통기성이 저하되고, 그리하여 다시 잎이 떨어지는 현상이 반복될 수도 있었다. 그 결과 한 지역 안에서도 기운 누더기 모양으로 여기저기 잎병이 발생할 수 있게 된다. 그보다 더 복잡한 경우도 가능한데, 가뭄이 든 해에 곤충들의 공격을 받으면, 곤충들이 똑같은 정도의 해를 입혀도 비가 충분하게 온 해와 비교해서 나무의 건강 상태에 전혀 다른 결과를 초래할 수 있었다. 생물학적 문제들이 대부분 그렇듯이 나무처럼 수명이 긴 생명체의 복잡다단한 질병은 한 해만 연구해서는 도저히 풀 수 없다.

그 프로젝트에 나와 함께했던 해럴드 히트울Harold Heatwole(뉴잉글랜드 대학의 동물학과 교수. 나는 그를 할Hal이라 불렀다)은 너무 복잡한 탓에 이 심각한 생태학적 문제를 파고들려는 과학자들이 거의 없다는 것을 곧 알아차렸다. 과학계에서는 복잡한 문제에 관한 연구로는 지원금을 따내기 어렵다. 그런 연구는 잘 짜인 하나의 가설에 바탕해 개념화하기가 불가능하기 때문이다. 연구를 진행하는 과정에서 할과 나는 우리들의 전공 분야인 파충류학과 식물생태학 외에 수많은 분야를 섭렵했다. 균류학, 토양과학, 수목학, 기상학, 경종학耕種學, 조류학鳥類學, 나아가서는 기후학까지 뒤적였다. 이 연구는 산림 보존이라는 전 지구적 이슈를 확인시켜 주었다는 점에서, 또한 인간이 생태계에 미치는 영향에 눈뜨게 해주었다는 점에서 내게는 중대한 전환점이 되었다고 할 수 있었다. 또한 우리가 환경을 지키는 유능한 파수꾼이 되려면 일반인들과 과학에 대해서 한층 분명하게 소통할 수 있는 방법을 개발해야 할 필요성을 일깨워 주었다.

양이나 소를 관찰할 때 그렇듯이 주변 환경의 변화를 민감하게 읽어낼 줄 아는 목축업자들은 초식 동물들이 유칼립투스의 잎을 먹어치워서 그런 게 분명하다고 주장했다. 그러한 혐의가 있는 대상으로는 코알라(종종 나무 한 그루에 올라앉아 눈 깜짝할 사이에 나무를 벌거벗겨 놓는다), 곤충(몇몇 딱정벌레 종류들은 주기적으로 창궐한다), 혹은 아직 확인되지 않은 균류 병원체들이 지목되었다. 웨스턴 오스트레일리아에서는 주정부가 지역의 잎병을 규명하기 위해 수백만 달러를 지출했는데, 마침내 뿌리에 서식하는 균류가 나무를 죽인 가장 주요한 원인임이 밝혀지기도 했다. 파이톱토라 키나모미*Phytophthora cinnamomi*라는 균류가 트랙터 타이어에 묻은 흙을 통해 말레이시아의 아보카도 농장으로부터 유입되었고, 그것이 웨스턴 오스트레일리아주의 마호가니고무나무 숲을 감염시켜 거의 모든 나무를 죽게 한 것이다. 그러나 우리가 현장 조사 작업을 시작한 1983년 호주 동부에서는 그런 균류가 검출된 바가 없었고, 이거다 싶은 다른 어떤 원인도 발견되지 않았다.

우리의 첫 번째 과제는 농부들이 제기한 것처럼 잎이 초식 동물에게 먹힌 것인지, 아니면 다른 원인으로 인한 스트레스의 결과로 떨어진 것인지를 확인하는 것이었다. 나는 건조림의 군데군데에, 그리고 유칼립투스 그루마다 우림 연구 때 썼던 것과 비슷한 등정 기지를 설치했다. 건강한 나무와 그렇지 못한 나무를 일정 정도 추려냈으며, 선택된 실험용 숲우듬지에 대해선 저마다 잎이 떨어진 정도를 측정했다. 가지마다 아래, 중간, 위로 나누어 믿음직한 방수용 펜으로 번호를 매기고, 한 달에 한 번씩 잎면의 손상된 정도를 확인했다. 그 결과 유칼립투스 잎이 2년 정도 산다는 걸 알아냈는데, 이는 우림에서 관찰한 바 있는 사사프라스 잎의 수명 15년에 견주면 대단히 짧은 기간이었다. 수명이 이처럼 상대적으로 짧았기 때문에 5년에 걸친 약정된 연구 기간에 유칼립투스가 새잎을 틔우는 것을 적어도 두 번은 관찰할 수 있었다.

연구 결과는 충격적이었다. 유칼립투스에 서식하는 초식 곤충은 내가 그때까지 관찰한 다른 어떤 나무와도 비교하기 어려울 만큼, 또 과학 문헌에 나오는 그 이전의 어떤 기록보다도 활동성이 두드러졌다.

또한 곤충들의 공격 정도도 매우 다양해서 어떤 나무에서는 무시해도 좋을 만큼 미미한가 하면 또 다른 나무에서는 잎을 하나도 남김없이 다 죽여버렸다. 몇 주 만에 유칼립투스 한 그루의 나무우듬지를 몽땅 다 먹어치워 버리는 경우도 있었다. 유칼립투스는 상록수이기 때문에 잎이 떨어지면 다시 잎을 틔운다. 그런데 때로는 그 두 번째 잎마저 벌레들에게 먹혔고, 심지어 세 번째 잎도 그러했다.

나는 벌레들이 잎을 먹어치우는 걸 방지하는 실험을 해보았다. 숲우듬지의 특정 부분에 아주 조심스럽게 살충제를 친 뒤, 살충제를 치지 않은 부분과 잎의 성장 정도를 비교해보는 것이었다. 예상했던 대로, 살충제를 쳐서 벌레를 없앤 가지는 벌레가 있는 가지에 비해 훨씬 크게 자랐고 잎면도 넓었다.

그런데 놀랍게도 벌레가 주는 손상이 항상 나무를 죽게 만드는 건 아니었다. 초식 곤충은 많은 경우 나무의 죽음과 연관이 있었으나 모두 다 그런 건 아니었다. 우리들은 잎병의 반밖에 규명해 내지 못한 셈이었다. 이어서, 비록 복합적이긴 하지만, 인간의 개입이 매우 중요한 원인인 것으로 드러났다.

인간은 지난 100년 동안 호주의 산과 들을 크게 변화시켰고, 그로 인해 잎병에 깊이 연루되어 있다. 인간은 산림의 많은 부분을 인정사정없이 벌채했으며, 풀을 뜯어 먹고 사는 가축들, 주로 양과 소를 길러 땅을 단단하게 만들었다. 토종 풀을 먹고 사는 생명체들을 감소시켰고, 벌채와 개간이 광범위하게 이루어지기 전 그곳의 나무에 서식하던 토종 새들을 감소시켰다.

이러한 변화 하나하나가 자연환경에 큰 영향을 미쳤다. 예를 들어 보자. 양과 소를 들여옴으로써 흙이 다져지는 패턴과 소비되는 풀의 종류가 달라졌다. 가축의 배설물을 통해 흙으로 돌아가는 영양소의 순환에도 변동이 생겼다. 나아가서는 무리를 지어 먹이를 뜯는 양의 습성 때문에 초지에 따라 풀이 뜯어 먹히는 정도가 달라졌다. 가축은 호주 경제의 대들보로서 대단히 중요하기는 하지만 그 수가 급격히 증가한 데다가, 캥거루와 왈라비 같은 토종 초식동물과는 먹이 습성이 다른 관계로 자연환경을 악화시켰다. 더욱 심각한 문제는 양(그리고 토끼, 토끼는 인간이 불러들인 또 다른 경제적 재앙이다)이 유칼립투스 묘목까지 갉아 먹음으로써 재생산에까지 악영향을 준다는 점이었다.

호주 농촌에서 연구를 진행하던 나는 그 지역의 농부들을 많이 만났다. 우리 연구지가 그들의 목장 근처에 자리 잡고 있었기 때문이었다. 지금 생각하니 스물아홉 살이었던 그때, 나의 생물학적 시계가 째깍째깍 요란하게 돌아가고 있었던 게 아닌가 싶다. 죽은 나무들 사이에서서 서로의 관심사를 논하다가 나는 그 지방의 목축업자를 한 명 만났고, 서른 살에 그와 결혼했다. 우리는 하늘이 맺어준 인연 같았다. 나는 잎병 증상을 보이는 유칼립투스들이 들어서 있는 초지를 관찰하는 과학자였다. 그리고 앤드루는 많은 나무가 이런저런 잎병 증상을 보이는, 2000만 제곱미터에 이르는 목장을 가진 목축업자였다. 그는 활동적이었고, 열정적이었고, 호주인다운 매력으로 넘쳤으며, 무엇보다 인구 구성상 결혼 적령기의 여성이 적어서 알맞은 짝을 찾기가 대단히 어려운 외진 지방의 미혼 남자였다.

데이트는 대부분 그의 농장을 방문하는 것이었는데, 나는 양이나 소를 돌봐 주거나 때로는 트레일러에 페인트칠하는 걸 도와주기도 했다. 그러나 사랑은 맹목적인 법이어서(아니면 나이와 연관이 있는 호르몬 작용일까?), 나는 우리의 데이트에 꽃이나 보석, 영화 관람, 그 밖에 많은 통상적인 구애 의식이 결여되어 있다는 걸 알아채지 못했다. 나는 그즈음 푸에르토리코에서 일자리를 제안받았는데, 앤드루에게 나와 함께 지구 반대편인 그곳으로 건너가 1년의 휴가를 가질 의향이 없는지를 물어보았다. 그렇게 한다면 농장에 정착하기 전에 직업적으로 전환점을 맞이할 수 있을 것이었다. 그러나 그는 단호히 대답했다. 자신은 죽을 때까지 농장에서 살 것이라고 아버지와 약속했고, 그 때문에 수도 캔버라에서 아주 좋은 직업을 버리고 왔노라고. 우리가 그 문제를 절충하기 위한 대화를 단 한 번도 주고받은 적이 없다는 점을 생각할 때, 나는 좀 더 신중했어야 했는지도 모른다. 그러나 당시에는 그에 대한 사랑이 다른 모든 것을 넘어섰다.

공교롭게도 연애하는 동안 나무를 오르다 사고를 당했는데, 그 사건 또한 일에 대한 내 포부를 다시 논의해 보지 않고 결혼하기로 하는 데 영향을 미쳤던 것 같다. 시커먼 먹장구름이 몰려오던 어느 날 오후였다. 나는 폭풍우가 들이닥치기 전에 월별 샘플링을 끝마칠 욕심으로 무리하게 유칼립투스에 올라갈 생각을 했다. 서두르거나 동료도 없는 상태에서 나무에 올라가면 안 된다는 걸 잘 알고 있었다. 그렇게 할 경우 무슨 일이 벌어지더라도 그것은 모두 내 책임이었다. 그런데 가지 위에서 주마를 웨일즈테일로 바꾸던 도중 그만 미끄러지고 말았다. 그리고 마지막으로 샘플링을 한 가지에서 4.6미터 아래의 울퉁불퉁한 풀밭 위로 추락했다. 다행히 부러진 데는 없었으나(자신감을 제외하면), 나는 심한 타박상을 입었다. 지금 생각해 보면 내 인생의 중대한 시기에 발생한 그 사건이 이후의 판단에 큰 영향을 미쳤던 게 아닌가 싶다. 그 사고로 인해 지구상의 외진 정글에서 힘겹게 남다른 일을 하는 것보다 차라리 결혼해서 안정되게 살아가는 게 낫다고 은연중에 생각하게 된 것은 아닐까. 호주 학계에 지혜로운 조언을 해줄 만한 여성 멘토가 있었더라면 내 결정은 달라지지 않았을까. 잎병이 그러하듯이 생의 한가운데, 그리고 일의 한가운데에 있는 여성들의 정서적 선택은 복합적이며, 어느 한 요인만으로는 설명하기가 불가능하다.

이성적 판단 없이, 우리 집 뒤뜰에 연구소를 만들면 된다는 순진한 생각을 품고 나는 호주 시골에 사는 목축업자와 결혼을 했다. 그 소식을 듣고 어머니는 우셨다. 정신이 온전한 딸이라면 누가 어린 시절에 누렸던 안락한 것들과 1만 6000킬로미터나 떨어져 있는, 또한 친구, 가족들과 대양을 사이에 두고 있는 저 먼 호주의 오지에 남기로 선택하겠는가. 박사과정 주제를 선택하던 초기 연구 시절처럼 나는 결혼에 대해서도 매우 낭만적인 생각을 하고 있었으며, 호주라는 나라의 지역적 특성상 속마음을 털어놓고 의논할 만한 여성 동료도 없는 상태에서 결혼을 단행했다. 나는 남편과 내가 일과 가정이라는 문제에 대해 타협할 수 있으리라는 선의의 믿음을 가지고 결혼생활을 시작했다. 그러나 몇 년 지나지 않아 그 대양이 얼마나 넓은지, 비록 미묘한 것이긴 해도 문화적 차이라는 것이 얼마나 엄청난지 깨닫지 않을 수 없었다.

호주에 남기로 한 결정은 개인적인 생활뿐 아니라 내 일에도 큰 영향을 미쳤다. 박사후 과정을 끝내고 푸에르토리코에서 제안한 안정된 직업을 갖는 대신, 나는 죽어가는 나무들에 대한 연구를 계속하기 위해 박사후 과정을 연장했다. 이런 결정을 동료인 할에게 알려줘야 했는데, 그는 내가 앤드루의 청혼을 받아들인 바로 그날 석 달에 걸친 연구를 위해 남극으로 떠날 참이었다. 서둘러 공항으로 달려간 나는 그가 비행기에 오르기 직전 도착할 수 있었고, 그를 발견하자 달려가서 두 팔로 그를 힘껏 껴안았다. 할은 평상시 매우 다정다감하고 따뜻한 사람이었다. 그런 그가 나의 포옹에 겁먹은 듯 뒷걸음질치는 것을 보고 나는 어리둥절했다. 할은 재빨리 나를 구석으로 데리고 가서 소곤소곤 말했다. 지금 목에 시드니에서 환승할 때 동료에게 전해 주기로 한 붉은배검정뱀red-bellied black snake(*Pseudechis porphyriacus*)을 감고 있어서 자칫 잘못했으면 내가 물려 죽을 뻔했다는 것이었다. 그는 큰소리로 웃어댔고, 나는 가슴을 쓸어내리며 웃었다. 나는 이후 파충류학자와는 미리 허락을 받기 전엔 절대로 포옹 같은 것은 하지 않으리라고 굳게 마음먹었다! 할은 내가 전해준 소식을 듣고 기뻐했으며, 우리는 잎병 연구를 계속하기로 의기투합했다.

2000만 제곱미터나 되는 나의 드넓은 '연구소'는 자갈투성이 풀밭에다 울타리를 친 방목장, 군데군데 경엽수림이 뒤섞여 있는 곳이었다. 우리 목장은 '루비힐Ruby Hill'이라 불렸는데, 물어볼 것도 없이 주변 언덕에서 석류석이 발견되었다고 해서 붙은 이름이었다. 그렇지만 나는 이 이름 역시 여름날 해가 질 때 목장 위로 드리우는 아름다운 석양빛에서 유래한 것이라고 낭만적으로 해석했다. 나는 그곳의 적막을 사랑했다. 붉은부리까마귀(그냥 까마귀처럼 보인다)와 까치의 목쉰 울음소리 외엔 아무 소리도 들리지 않는 외로운 나날들을 사랑했다. 나는 그곳에서 요리를 하고, 바느질을 하고, 글을 쓰고, 또 건조림을 관찰했다. 벌레들이 어린나무를 어떻게 갉아 먹는지를 알아보기 위한 실험도 했으며, 토종 및 외래 수종들이 번식하는 것도 실험했다. 가뭄, 토끼, 화재와 싸우면서 내가 좋아하는 나무들이 '땅에 뿌리내린 삶'에 닥친 자연적이고 비자연적인 재앙에 굴복하는 것도 지켜보았다.

신혼살림을 차린 집은 농장 일꾼이 쓰던 오두막집이었다. 앤드루는 그 집을 '부동산 중개업자의 꿈'이라고 부르곤 했는데, 가능성이 무궁무진하지만 하나도 실현되지 않았다는 뜻이었다. 평범한 우리들이 쓰는 말로 하자면 '날림으로 지은 집'이라는 뜻이었다. 그나마 목욕탕에 배관이 되어 있어서 다행이었으나 목욕탕의 울퉁불퉁한 리놀륨 바닥은 겨울이 되면 끔찍할 만큼 차가웠다. 호주 해안 지역과는 사정이 달랐다. 해발 1372미터의 그레이트디바이딩산맥 꼭대기에 위치한 탓에 몇 달씩 추위가 이어지고 때로는 눈까지 내렸다. 그 밖에 그 집만의 특색을 꼽으면 오렌지색 싱크대, 차고(원래는 도살한 양이나 소의 몸통을 걸어두기 위해 만든 곳이었다) 옆 그물망이 쳐진 고기 저장실, 간소함(중앙난방도, 에어컨도, 식기세척기도, 커튼도, 찬장도, 다락방도, 지하실도, 또 알전구 외엔 어떤 조명기구도 없었다)을 꼽을 수 있겠다. 그러나 긍정적인 관점에서 보자면 우리는 다른 젊은 신혼부부들이 갖지 못한 것을 가지고 있었다. 91미터에 이르는 드라이브웨이,[19] 40만 제곱미터나 되는 뒤뜰, 커다란 개집, 양털을 깎는 작업장, 마룻바닥에서 끊임없이 불어 들어오는 산들바람, 뒷문을 지켜 주는 금파리 군단…. 우리들은 긍정적인 측면에 만족하며 나머지 것들은 웃어넘겼다. 인적 없는 외딴 거처는 홀로 앉아 연구 보고서를 쓰거나 자료를 분석할 수 있는 넉넉한 여유를 선사했는데, 그런 여유는 잘 몰라서 그렇지 과학자의 생활에서 아주 중요한 부분이었다. 나는 나의 최초의 집을 살기 좋고 아늑한 곳으로 만들기 위해 몸을 아끼지 않았다. 마룻바닥을 한 꺼풀 벗겨내고 그 위에 니스를 칠했으며, 조명기구를 설치하고, 도배를 하고, 커튼과 베갯잇을 만들고, 이런저런 자투리로 장식 소품을 만들어냈다. 나는 둥지에 대한 애착이 아주 강했으며, 그 오두막집을 전원의 궁전으로 바꾸겠다는 낙관적 기대와 열의로 가득 차 있었다.

우리 집과 가장 가까운 읍내인 왈차Walcha(사교장을 일컫는 원주민

---

19) 집 차고에서 집 앞 도로까지의 자동차 길.

말이다)는 16킬로미터 아래쪽에 있었다. 그곳엔 술집이 넷, 식료품점 하나, 우체국 하나, 약국 하나, 은행 셋, 그리고 가축 및 목장 거래소(목축업자들은 이곳에 모여 양털을 팔거나 화학약품을 비롯해 양 사육에 필요한 각종 용품을 사들였으며, 이웃 사람들이 뭘 하고 지내는지 주워들었다)가 있었다. 은행은 날씨나 시장 형편에 따라 돈을 빌리거나 저축해야 하는 장소로서 중요했고, 술집은 그 지역 경제가 축하할 일이 있을 때나 슬퍼할 일이 있을 때 꼭 필요한 곳이었다. 목축업자인 내 남편은 이 두 가지, 즉 은행과 술집이야말로 시골 마을을 유지하는 양대 기둥이라고 힘주어 말했다. 54개의 병상을 갖춘 병원도 있었으며, 의사 한 명이 종일 근무했다. 나의 두 아들도 그곳에 근무하던 의사의 손에 태어났는데, 섬세한 기교는 없었지만 자신감만은 하늘을 찌를 듯했다. 왈차에서 살았던 8년 동안 나는 좋은 사람들을 많이 만났고, 그들이 베풀어 준 따뜻한 우정을 나는 평생 소중하게 간직할 것이다.

결혼하고 나서 얼마 안 된 어느 날 밤이었다. 나는 창밖에서 들리는 총소리에 화들짝 놀라 깨어났다. 앤드루는 자기 아내를 보호해야 한다는 생각에 밖으로 쏜살같이 달려나가 트럭을 타고 범인들 뒤를 쫓아갔다. 그런데 트럭에 올라탄 그는 유감스럽게도 팬티 차림이었다. 그 결과, 범인들을 따라잡긴 했으나, 큰 창피를 무릅쓰지 않고서는 트럭 밖으로 나올 수 없는 처지가 되고 말았다. 총을 쏜 사람들은 딩고Dingo[20] 사냥꾼 또는 여우 사냥꾼으로 밝혀졌는데, 그들은 밀렵 중이었다. 남편이 거의 알몸으로 밀렵꾼들을 추적한 이야기는 마을 술집에서 조금씩 새나가기 시작해 순식간에 온 마을을 돌았다. 나는 우리들이 사는 외진 동네에선 '시골 전보(소문을 재미있게 표현한 말이다)'가 매우 빨리 전달된다는 사실을 곧 배우게 되었다.

부엌에서 설거지를 할 때면 늘, 울타리를 둘러친 우리 집의 조그만 정원 너머로 광활하게 펼쳐져 있는 드넓은 초원을 내다보곤 했다. 끊임없이 바람이 불고 때론 영원히 끝나지 않을 것처럼 건기가 이어졌지만, 나는 시시때때로 변하는 그 풍경을 사랑했다. 비가 얼마나 오느냐에 따라 갈색에서 황갈색, 그리고 초록색으로 변하던 그 미묘한 색의 변화, 양 떼가 보일 때와 보이지 않을 때, 아주 드물게 찾아드는 조용한 때와 산기가 있는 암양들이 쉴 새 없이 매에거리는 봄철, 때로는 맑기도 하고, 때로는 수풀 속에서 일어난 불 때문에 연기로 가득 차 있던 지평선, 찌는 듯이 무덥다가도 아침이면 서리가 내리던 극과 극의 일교차, 그리고 매일매일 이어지던 일출과 일몰….

늘 변함없이 내 곁에 있어 준 친구 중에는 우리 집 정원에서 자기 짝을 구하기로 마음먹은 비단정원사새satin bowerbird(*Ptilonorhynchus violaceus*), 조크가 있었다. 정원사새는 짝을 유혹하기 위해 구애 행위를 연출할 공간을 만드는데, '나무 그늘bower'로 일컬어지는 그 공간을 푸른색 물건들로 장식한다. 숲속의 바람둥이라 불리기도 하는 정원사새

—

20) 붉은 갈색의 호주 들개.

—
호주 우림의 바람둥이, 비단정원사새. 암놈을 유인하기 위해 잔가지로 만든 침실에다 빨래집게, 조개껍질, 꽃, 레고 조각에 이르기까지 푸른색 물건들을 잔뜩 모아다 놓았다. 호주 우림에서 우듬지를 연구하던 11년의 세월 동안 정원사새는 늘 곁을 지켜준 친구였다.
ⓒ Barbara Harrison

는 대개 그 서식 공간이 우림과 경계 지역으로 제한되어 있다. 그곳에서 구애용 침실을 꾸밀 푸른색의 자연산 장식품들, 즉 꽃이나 장과류(귤, 감, 포도 등 살과 물이 많고 속에 씨가 있는 과일)를 찾아내는 것이다. 그런데 조크는 우리 집이 푸른색 장식품의 보고라는 걸 알아챘다. 바로 빨래집게, 레고 조각, 쓰레기통에서 건져낸 푸른색 플라스틱 빨대 같은 것들이었다. 그전에 나는 퀸즐랜드의 우림 속에서 포스터 사의 맥주 깡통(이 역시 푸른색이다)으로 장식을 해놓은 구애용 침실들을 본 적이 있었다. 자연이 인간의 습관에 적응한 슬픈 이야기들이다.

신혼 시절에도 나는 거의 매달리다시피 잎병 연구를 계속했다.

남편과 나는 각자 서로의 일을 더없이 존중하고 사랑했다. 이러한 애정 어린 배려가 외부에서 가해진 압력에 의해 돌이킬 수 없을 정도로 깨져버린 것은 후일 아이가 태어나면서부터였다. 우리 농장은 대학에서 차로 약 한 시간 거리에 있었다. 그 정도는 한적한 시골 도로에선 아주 손쉬운 거리였다. 나는 주로 대학 연구실이나 도서관, 그리고 식료품점에서도 많은 시간을 보냈으며, 그 중간에 가끔은 며칠씩 계속 현장 연구소에 틀어박혀 있거나 또는 우리의 외딴 오두막집에서 글을 쓰곤 했다. 그리고 집안 살림도. 어느 날 아침, 나는 코알라가 우리 집 현관 바로 앞에 있는 유칼립투스의 잎사귀를 먹어치우는 소리를 듣고 가슴이 설레 일어났다. 나는 곧바로 나무 위로 기어 올라가 그 사랑스러운 동물의 꽁무니를 쓰다듬어 볼 수 있었다. 그놈이 워낙 둔한 데다 나뭇잎 외에는 아무것에도 신경을 쓰지 않았던 덕분이었다.

코알라는 잎병 증후군의 무고한 피해자였다. 그 지방의 많은 농부가 나무 위에 있는 코알라를 목격했고 또한 그 나무들이 죽어가고 있음에 주목했다. 코알라가 잎을 먹어치웠기 때문에, 그들이 나무의 죽음과 연관되어 있을지도 모른다고 의심하는 것은 당연한 일이었다. 그러나 사실은 그렇지 않았다. 코알라는 개체수가 그리 많지도 않았고, 뉴잉글랜드 고원 전역을 통틀어도 극히 부분적으로만 분포하고 있었다. 게다가 코알라는 550종이 넘는 유칼립투스 가운데 6~8개 종류의 나무만 주식으로 삼았다. 오지 마을에서는 나무를 구하기 위해 코알라에 현상금을 걸어야 한다는 이야기가 농담 반 진담 반 흘러 다녔다. 하지만 유칼립투스를 먹는 초식 동물에 대한 우리 연구 결과는 잎을 먹어치우는 주된 포식자는 벌레이며, 코알라가 나무를 죽게 만든 적은 한 번도 없었음을 명백하게 보여주었다. 그럼에도 잎병과 코알라의 연관성을 둘러싸고 야단스러운 논쟁이 일어났다. 호주에서 전통적으로 유칼립투스와 코알라 중 어떤 것이 더 숭상을 받는지는 따지기가 어려웠다. 둘 다 호주 농촌의 '진짜배기' 상징물이었기 때문에 두 가지 중 어느 하나에 반대할 경우, 그 어느 쪽도 지역 사람들의 항의의 아우성을 피해 갈 수 없었다. 코알라가 잎병과 아무 연관이 없다는 사실에 나는 안도의 한숨을 내쉬었다. 만약 연관이 있었다면, 호주 사람들은 코알라 수를 줄이기 위한 방법을 택하느니 차라리 나무가 죽는 편을 택했을 것이다.

유칼립투스 숲우듬지에서 석 달 동안 잎의 상태를 관찰한 뒤, 할과 나는 벌레와 잎병 사이의 연관성을 강력하게 시사해 주는 충분한 자료를 얻었다. 미국의 유월풍뎅이류에 해당하는 호주의 곤충은 여름에 가장 활동이 왕성하다. 그러나 호주에서는 12월이 여름에 해당하기 때문에 그들은 호주의 절기에 걸맞게 크리스마스풍뎅이Christmas beetle(*Anoplognathes* sp.)라고 불렀다. 이들은 해마다 여름이 오면 흙 속에서 지내는 유충 단계(우리는 그들이 이때 나무의 뿌리를 먹어치우는 것이 아닌가 추정했다)를 벗어나 유칼립투스 잎들을 무지막지하게 먹어치웠다. 나는 수백만 마리의 크리스마스풍뎅이들이 잎을 갉아 먹는 요란한 소리 때문에 밤에 잠을 이루지 못할 정도였다. 마치 귀가 먹을 것 같았다.

역설적인 것은 환경에 대한 인간의 개입 행위(예컨대 외래종 풀의

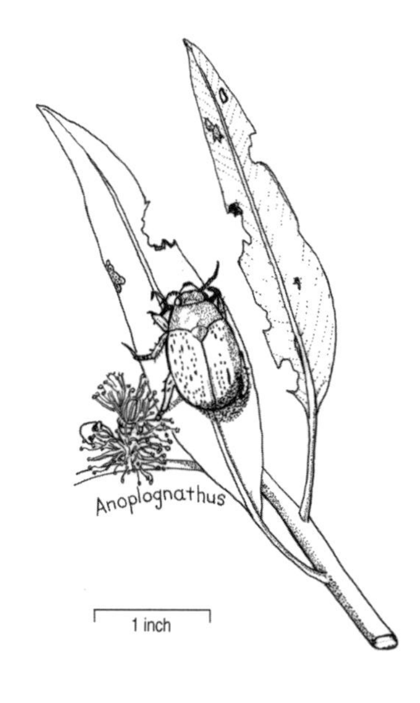

호주 동부 지역에서 수백만 그루의 유칼립투스를 고사시킨 먹성 좋은 곤충 크리스마스풍뎅이. 농업 활동으로 이 곤충이 번식하기가 좋아졌다.
ⓒ Barbara Harrison

도입, 가축의 사육으로 나무 주변의 흙이 단단해진 것)가 실질적으로 풍뎅이 애벌레가 살아남기 더 좋아지는 결과를 가져왔다는 점이다. 인간의 개입으로 말미암아 이들 곤충 대식가들이 먹어 치울 나무들은 줄어들었지만, 그로 말미암아 이들의 서식 밀도가 높아짐으로써 애벌레들의 생존율은 크게 높아졌던 것이다. 시간이 지나면서 크리스마스풍뎅이는 더욱더 심각하게 증가했다. 내가 수집한 자료에 따르면 이들 풍뎅이는 연간 300퍼센트의 잎 표면을 먹어치웠다. 즉, 1년 동안 특정 나무의 잎이 세 번 돋아나도 나는 족족 갉아 먹힌다는 이야기였다. 이런 상태에서 가뭄이 간헐적으로 이어진다든지, 토양 침식이 증가한다든지, 또는 다른 요인들이 복합적으로 작용하게 되면 풍뎅이가 입히는 손상과 더불어 복합 상승 작용을 일으키면서 나무에 치명타를 가하는 것이었다.

지상에서의 삶에는 기복이 따르기 마련이다. 호주에는 "농부들은 불평을 늘어놓지 않으면 직성이 풀리지 않는다."라는 통념이 존재했다. 비가 너무 자주 와도 탈, 너무 안 와도 탈, 풀이 너무 많아도 탈, 너무 적어도 탈, 양털을 팔아 손에 쥔 돈(세금이 붙는)이 너무 많아도 탈, 충분치 않아도 탈, 양이 너무 커도 탈, 너무 작아도 탈이었다. 두말할 필요도 없는 것이지만, 기후로 인한 여러 시련을 견뎌내려면 토지 소유자들은 매우 금욕적이지 않으면 안 되었고, 그에 따라 그들의 생활 풍속 또한 매우 완고해졌다. 나는 남편이 양과 소를 기르는 자신의 직업과 관련해 보여주었던 낙관성과 의연함을 매우 존경했다.

우리는 1983년에 결혼했다. 25년 만에 닥친 최악의 가뭄이 계속되고 있던 때였다. 그런데 우리가 결혼한 바로 다음 날 가뭄이 끝났고, 호주 동부 해안에서 조금 떨어져 있는 우리의 신혼여행지 로드하우 섬에는 신혼여행 내내 비가 퍼부었다. 강풍과 폭우를 뚫고 우리를 로드하우로 날라 주었던 그 조그만 비행기를 나는 영원히 잊지 못할 것이다. 어찌나 날씨가 험악했던지 조종사도 기도문을 외웠다. 우리가 섬에 도착한 이후에도 비는 쉬지 않고 내렸다. 우리는 빗속에서 잠수를 하고, 빗속에서 자전거를 타고, 빗속에서 하이킹을 했다. 솔직히 말해서 실망스럽기가 이루 말할 수 없었다. 하지만 오지의 철학으로 무장한 목축업자 남편은 비를 보고 즐거워 어쩔 줄 몰라 했고, 풀이 자라는 것을 보기 위해 집으로 돌아가는 날을 학수고대했다.

날씨는 그렇다고 쳐도, 오지 마을의 주민들은 결혼식과 세례식, 그리고 해마다 한 번씩 열리는 경마 대회를 목이 빠지게 기다렸다. 우리가 살던 지역에서는 해마다 '기벙스Geebungs'라는 특별한 경마 대회가 열렸다. '기벙스'는 사실 그 지역 주민들에겐 피크닉을 가서 함께 술을 마시기 위한 핑계에 불과해서 말들이 달리는 건 보는 둥 마는 둥이었다. 하지만 우리는 그런 줄을 몰랐다. 배팅은 50센트 선에서 끝났고, 거기 모인 사람들 대부분은 말들의 경주 그 자체에는 아무 관심도 없었다. 사람들은 샴페인이나 치킨 같은 피크닉 음식을 아낌없이 갖다 날랐고, 여자들은 제일 멋진 모자와 드레스를 뽐내느라 여념이 없었다. 유모차는 필수였다(우리가 살던 지역에선 아기를 낳아 기르는 것이 여성들의 가장 중요한 과업이라고 할 수 있었다). '사내들'은 맥주를 마시며 양털 시세와 날씨에 대한 이야기를 떠들었다. '새댁들'은 주로 포도주를 마시면서 아기들에 대한 이야기, 남자들이 얼마나 힘들게 일하고 있는지를 놓고 수다를 떨었다.

앤드루와 나는 경주마 대회를 즐겼다. 가축을 돌보는 데(나 같은 별종의 경우엔 연구하는 데) 바빠서 몇 달씩이나 보지 못했던 또래의 젊은 친구들과 어울려 놀았다. 그런데 나는 해마다 벌어지는 이 축제의 주변 환경에 늘 놀랐다. 먼지 날리는 경주용 트랙과 곧 쓰러질 것 같은 가축 우리 뒤쪽의 풀밭에 앉아야 했다. 또 술은 플라스틱 컵에 담겨 팔렸으며, 수백만 마리의 '날것들', 즉 파리 떼가 우리들 뒤를 따라다녔다. 얼굴에 달라붙는 파리를 쫓기 위해 뺨을 때리곤 했는데, 이 행동을 사람들은 우스개로 호주식 인사법이라고 말하곤 했다. 피크닉에 참여한 우리들은 술이나 닭 요리에 파리가 달라붙지 못하도록 저마다 열심히 손을 휘휘 내저어야 했다. 나는 알게 모르게 먹게 된 금파리들 덕분에 내 소화기관이 훨씬 튼튼해졌다고 믿는다. 호주 오지에 사는 파리들은 내가 이제껏 겪어 본 해충 가운데 가장 집요한 놈들이라고 할 수 있었다. 그 놈들은 내가 요리한 스테이크를 죄다 망쳐 놓았을 뿐 아니라 양들을 죽게 만들기도 했다. 금파리는 양의 상처 난 곳이나 비위생적인 부위(뒷부분 같은 곳)를 파고들어 거기다 알을 깠다. 알에서 깨어나면 구더기들은 양의 살을 파먹었고, 독한 화학약제를 뿌려주지 않으면 순식간에 양을 죽게 만들었다. 이런 식의 죽음은 가장 흔한, 그리고 의문의 여지 없이 가장 그로테스크한 죽음이었다. 그래서 호주의 유전학자들은 보건 위생과 농촌 경제를 두루 고려하여 금파리에 대해 한층 강력한 저항력을 가진 메리노 품종을 번식시키려 애쓰고 있었다.

파리는 양들에게만 성가신 존재가 아니었다. 집 안에서는 아기, 음식, 심지어 젖은 옷이나 수건에도 떼 지어 달라붙었다. 부엌 탁자 위에 뚜껑을 덮지 않은 고기가 놓여 있으면, 그것은 순식간에 구더기 배양소가 되어 버렸다. 찰스 메러디스 부인이 1844년에 쓴 글을 한번 인용해 보자.

날것들이 소동을 일으키다

파리는 또 다른 골칫거리이다. 파리들은 방마다 수만 마리씩 날아다니고 있다가, 요리가 나오면 바로 그 순간에 아침 또는 저녁 식사 테이블을 까맣게 덮어 버린다. 진저리 날 만큼 익숙한 몸짓으로 크림과 차, 포도주, 고기 국물 속으로 뛰어든다.

– 〈뉴사우스웨일스에 대한 기록과 단상Notes and Sketches of New South Wales〉

파리를 둘러싼 이야기는 호주의 말과 글 속에도 스며들어 있다. 파리에 빗댄 다채로운 표현들이 많다. 몇 가지 예를 들면 "파리와 더불어 술을 마신다."라는 말은 혼자 술을 마신다는 뜻이고, 초대받지 않은 손님이 오면 "날아들어 왔다." 말한다. 고용인이 비실비실하면 "겨울철 금파리 같다."라고 한다. 일반적으로 호주 사람들은 자기 나라에 사는 많은 생명체에 대해 그다지 호의적이지 않았다. "물것bities"이란 말은, 호주의 야생 생물 가운데 상당 비율을 점하고 있는 것들, 즉 거미, 불독개미, 전갈, 파리, 작은부레관해파리, 모기, 그 밖에 사람을 무는 것들을 총칭하는 일반적인 용어다. 농촌 지역에서 쓰는 말들 가운데는 다른 동물들도 이것저것 다채롭게 등장했다. "에뮤의 아침 식사"란 말은 물 한 모금 마시고 주위를 찬찬히 둘러보는 모습을 표현할 때 쓰는 우스갯말이다. "피 흘리는 까마귀에게 돌을 던진다."라는 말은 놀랄 때 쓰는 "어럽쇼?"와 같은 말이다. "프릴 장식을 단 도마뱀"은 구레나룻이 얼굴 둘레를 감싸고 있는 사람을 가리킬 때 쓴다. 또 "참새가 방귀 뀔 때"란 동트기 직전을 가리킨다. 시골 사람들이 구사하는 언어는 이처럼 풍부하고 근사한 비유적 표현들로 넘쳐났다.

가뭄, 화재, 금파리에 감염된 양, 그리고 세계 양모 시장의 예측할 수 없는 변동과 씨름하면서 나의 호주인 짝꿍과 시아버지는 기존의 규모를 유지할 목적으로 함께 열심히 일했다. 양 떼를 한데 몰고, 수를 확인하고, 주위를 살피고, 항생제를 탄 물약을 먹이고, 양털을 깎는 것은 일차적으로 남자의 역할이었다. 여자들은 일반적으로 요리, 바느질, 청소, 쇼핑, 아기 돌보기 등 가사를 책임졌다. 우리 농장에 있는 양의 수는 적을 땐 5000마리(겨울철), 많을 땐 1만 5000마리(이른 봄 새끼들이 태어난 직후)를 헤아렸다. 그러나 이러한 고질적인 문제 외에 새로운 시도들까지 겹쳐 항상 마음을 놓을 수가 없었다. 어느 해, 우리는 양에게 코트를 만들어 입혔다. 막 털을 깎인 암양들이 산기에 얼어 죽는 일이 없도록 하기 위해 고안해 낸 것이었다. 그러나 이 고안품은 곧 폐기되고 말았다. 암양들은 가끔씩 바닥에 드러눕곤 하는데 플라스틱 비옷을 입고서는 미끄러운 풀밭에서 제대로 일어날 수가 없었던 것이다. 그보다 더 나빴던 건, 코트 덕분에 자기 몸이 따뜻하면 일부 암양들이 새끼를 낳기 적합한 장소를 찾지 못한다는 것이었다. 그 바람에 새로 태어난 어린 양들이 체온 저하로 목숨을 잃고 말았다.

양 떼를 기르는 목장에서 이루어지는 가장 멋진 이벤트 가운데 하나는 털깎기이다. 루비힐에서는 1년에 두 번 털깎기를 했는데, 2월에는 거세된 숫양과 거세되지 않은 숫양, 그리고 9월에는 암양들의 털을 깎았다. 털깎기 작업장은 목장의 심장부라 할 수 있는데, 공간뿐만 아니라 활동 및 지식을 전승하는 측면에서도 그러했다. 작업장의 벽은 아연 도금을 한 함석이고, 지붕은 금속으로 되어 있었다. 그래서 비가 오면 대화를 주고받기가 불가능했다. 수지를 입힌 마룻바닥은 그곳을 거쳐 간 수천 마리의 털 많은 양 덕분에 반짝반짝 '광'이 났다. 라놀린을 함유한 양털이 마룻바닥에 독특한 광택과 향취를 더해 주었다. 우리 작업장에는 일곱 개의 작업대가 있었다. 즉, 일곱 명의 일꾼이 동시에 털깎기를 할 수 있었다. 그 정도면 규모가 큰 작업장으로 분류되었다. 건물은 기둥 위에 세워져 있었고, 마룻바닥 밑에는 양들이 비를 피해 모여들 수 있는 넓은 우리가 있었다. 그곳에 있던 양들을 경사로를 통해 각각의 털깎기 작업대로 몰아넣어 털을 깎은 다음, 다시 경사로를 통해 아래에 있는 우리로 밀어 내려보냈다. 털깎기는 양들에게 끔찍한 경험임이 분명했고, 따라서 작업장은 양들이 내지르는 비명, 개 짖는 소리, 털깎기 일꾼들이 내뱉는 욕설로 아수라장이 되곤 했다. 그렇게 깎아낸 양털을 선적과 판매에 용이한 꾸러미로 묶어낼 때면, 커다랗고 낡은 프레스가 철커덕철커덕, 삐걱삐걱 요란한 소리를 내며 돌아갔다. 그리고 해마다 털깎기 철이면 그 지방에 사는 누군가가 양털 프레스의 예리한 날에 팔이 잘렸다는 이야기가 돌았다. 끔찍한 일이었다.

우리 농장에선 여성 털깎기 일꾼을 한 번도 쓴 적이 없었는데, 아마도 조합의 엄격한 규정 때문인 듯했다. 여자들은 그저 어쩌다 한 번씩 털깎기 시즌에 작업장 안으로 들어가는 경우가 있었으며, 그들은 대개 털깎기 일꾼들과 결혼했다. 그 안에 들어가는 극소수의 여성들은 역할에도 엄격한 제한을 받아 청소부 아니면 롤러(통째로 벗겨낸 양털 뭉치에서 더러운 부분을 골라 뜯어내는 사람)로 일했다. 털깎기 전문 일꾼들은 출신지나 피부색이 다양했는데, 해마다 털깎기 철을 맞아 이들 체격 좋고 힘센 남정네들이 우리 지역으로 몰려드는 광경은 전원의 모습을 활기차게 바꾸어 놓았다. 정해 놓고 꼬박꼬박 오는 단골 일꾼들도 있었지만, 대부분이 뉴질랜드 또는 웨스턴 오스트레일리아에서 온 떠돌이 일꾼들이었다.

털깎기 일꾼들은 이리저리 정처 없이 떠돌아다니는 유목민적 생활 방식을 가지고 있었고, 그들이 하는 일은 대단히 거칠고 고된 일이었다. 만약 어떤 일꾼이 그 일로 돈을 많이 벌면(임금은 털을 깎아낸 양의 머릿수에 따라 결정되었다), 허리가 나가거나 관절염이 생기곤 했다. 털을 깎다가 양한테 생채기를 내거나 양이 피를 흘리면 자신이 직접 상처를 꿰매야 했다. 또한 잘 알려져 있다시피 그들은 품삯을 받은 다음엔 동네 술집의 봉이 되었다. 우리는 해마다 털깎기 철을 맞고 보내면서, 길가의 진흙탕 도랑에 빠진 털깎기 일꾼들의 차를 끌어내느라 한밤중에 수도 없이 잠을 깨곤 했다. 이런 여러 가지 어려움에도 불구하고 그것은 낭만적인 직업이었으며, 털깎기 철은 언제나 목장을 한층 활달하고 기운차게 만드는 것 같았다.

수천 마리의 양들이 털을 모두 깎인 채, 마치 해골 같은 모습으로 방목장으로 돌아가면, 벗겨낸 양털은 종류별로 각각 구분된 꾸러미로 묶여 커다란 트럭에 실렸다. 양털의 등급을 매기는 검사관은 털깎기 시즌 동안 가장 중요한 사람들 가운데 한 사람이었다. 양털의 질을 살펴 등급을 매기고, 그에 따라 털을 분류하는 사람이 바로 검사관이었다. 가장 질이 좋고 뛰어난 양털은 초특등급으로서 AAA로 분류되었고, 다음이 AA, 그리고 A가 그 뒤를 이었다. 가장 상태가 나쁜 것은 등외품(더러운 양털이나, 양의 엉덩이 주변에서 깎아낸 '지저분한' 털)으로 분류되었다. 가격은 시장의 수요에 따라 결정되지만, 털의 청결함, 그리고 털의 굵기(미크론 단위로 잰다)에 따라서도 시세가 달라졌다. 우리는 메리노 양을 길렀고, 털의 굵기가 평균 19미크론이었는데, 그 정도면 좋은 털에 속했다. 1980년대 중반에는 유럽의 의류회사들이 메리노 양털을 대단히 선호해서 상대적으로 높은 가격에 팔렸다. 그에 견주어 등외품처럼 지저분하고 거친 양털은 꾸러미당 가격이 메리노 양털의 절반, 심할 땐 4분의 1 정도밖에 되지 않았다. 그처럼 거친 양털은 대부분 카펫용으로 쓰였다.

우리 집 양털은 뉴캐슬의 시장에서 거래되었는데, 나는 경매 구경을 즐겼다. 경매는 그 지역의 모든 목축업자들, 나아가서 그들의 아내와 자식들까지 참여하는 특별한 이벤트였다. 시세가 좋고 입찰자가 높은 가격을 내놓으면, 가족들 모두가 밖으로 나가서 새 옷, 새 부엌 용품, 때론 거실에 놓을 새 가구까지 사들이곤 했다. 남자들이 축하주를 마시러 술집으로 몰려간다면, 양털을 팔아 손에 넣은 수표를 적절히 사용하는 것은 주로 여자들 몫이었다. 그러나 가격이 내려가면 모두 술집, 또는 경매 중개인들이 베푸는 파티에 참석해 아쉬운 마음을 주고받았다. 나의 경우, 시부모님이 계속 농장을 운영하고 있었기 때문에 수표책도 그분들이 관리했다. 그래서 나는 양모 시장에 간다고 하더라도 집안 살림을 전적으로 맡은 여성들이 느끼는 감정을 있는 그대로 느껴보지는 못했다. 대신 나는 시어머니가 근사한 가정용품점을 향해 신이 나서 달려가는 모습을 지켜보곤 했으며, 시어머니는 거기서 예쁜 주방용품과 크리스털 그릇, 이런저런 멋진 물건들을 샀다. 양 떼를 기르는 일은 경제적으로 보자면 롤러코스터를 타는 것과 같아서—좋은 해가 있는가 하면 나쁜 해가 있고, 또 나쁜 해가 있는가 하면 좋은 해가 있었다—그런 기복을 견뎌낼 수 있는 일종의 모험 정신을 요구했다.

양모의 시세처럼 잎병도 사람들의 정서와 결부된 문제였다. 자기 땅을 사랑하고 나무의 건강을 염려하고 있는 농부에게 어떻게 "당신의 방목 행위가 나무를 죽이고 있습니다." 하고 설명할 것인가. 그는 먹고살기 위해서 가축을 길러야 한다. 그러나 그와 동시에 그는 나무가 흙을 기름지게 해주길 바라고 가축들이 쉴 수 있는 그늘을 드리워주길 바란다. 땅을 이용하는 행위와 잎병이 서로 연관되어 있음을 납득시키는 건 어려운 과제였다. 단기간의 실험으로는 그 둘의 상호 연관성을 확인시켜 줄 수가 없기 때문이었다. 대체 무엇이 나무를 죽이고 있는가를 이해하기 위해선 오랜 기간에 걸쳐 산과 들의 여러 측면을 관찰하고 수없이 많은 자료를 축적해야만 했다.

잎병에 대한 연구는 다양한 요인이 결합할 경우 나타나는 복합 상승효과를 그대로 보여주었다. 잎병을 알기 위해선 가축만을, 벌레만을, 유칼립투스의 잎만을 연구하는 것이 아니라 전체 생태계를 연구해야 했다. 생태계라는 복잡한 시스템은 너무나 많은 종을 거느리고 있고, 시간에 따라 너무나 자주 변하기 때문에 짧은 시간 안에 그걸 충분하게 이해하기란 불가능하다. 장기간의 연구가 이루어지지 않은 탓에 생태계는 일반적으로 너무나 피상적으로밖에는 이해되고 있지 못했으며, 호주의 잎병은 그중 한 사례에 불과했다. 우리가 지구의 자연을 계속 훼손시킨다면 이러지도 저러지도 못하는 딜레마가 점점 더 자주 생겨날 것이고, 그 문제 해결에 필요한 시간은 인간의 참을성 그리고 과학 연구 지원금의 수혜 기간보다 길어질 것이다.

종종 단기적 해결책이 실행되기도 하지만 성공한 예는 거의 없었다. 유칼립투스 잎병의 경우, 나무에 살충제를 뿌려 크리스마스풍뎅이를 죽이는 방법도 있었지만 비용이 너무 많이 들고 효과도 지역에 따라 달랐다. 그 비슷한 예로, 대부분의 농부는 흙을 기름지게 하기 위해 과인산 석회를 뿌리는데(일반적으로 비행기를 이용한 대규모 공중 살포 방식으로), 이런 방법 역시 비용이 많이 들며 장기적으로는 생태계에 치명적인 악영향을 미칠 수 있다. 더욱 영구적인 생태학적 해결책으로는 이곳저곳에 호주 원산의 나무들로 산림을 조성하고, 그 사이사이에 토종 풀들로 초지를 조성하는 방법을 꼽을 수 있다. 생태계의 흐름에 기반을 둔 이러한 장기적 해결책은 단기적으로 많은 것을 희생시켜야 가능하다.

결혼한 첫해에는 과학 연구와 집안 살림이라는 두 개의 과제를 즐겁게 조화시켰다. 둘 모두를 과학처럼 취급했던 것도 같다. 하나는 자연 현상을 측정하는 과학, 하나는 가정에서 경험적으로 실천하는 과학. 나는 일주일에 2~3일은 학교에서 책을 읽거나, 자료를 분석하거나, 동료들(모두 남자였다. 대학원생 중에도, 박사후 과정 동료 중에도, 동물학과 교수 중에도 여자는 단 한 명도 없었다. 다른 학과에도 극소수밖에 없었다)과 의견을 교환하면서 보냈다. 또한 '읍내'에 나가는 날을 이용해 쇼핑도 했는데 생활필수품과 식료품, 연장, 집에 필요한 각종 집기류 등을 가장 신속하게 쇼핑하는 탁월한 기술을 연마하기에 이르렀다. 목축업자 남편이 땀에 절어 피곤한 몸으로 방목장에서 집으로 돌아왔을 때 식탁 위에 따뜻한 식사를 내놓아야 한다는 일념으로, 꼬불꼬불한 시골길을 무시무시한 속력(좀 민망하긴 하지만 그러고도 캥거루를 치어 죽이지 않았던 건 순전히 운이 좋아서였다고 생각한다)으로 질주하는 법도 배웠다. 시골 살림에서는 남녀의 역할이 분명하게 구분되어 있었기에, 일에 대한 내 열정에도 불구하고 나는 목축업자의 아내로서 해야 할 일들을 보란 듯 해내리라 마음먹었다. 나는 시내에 나갔다 온 날에도 돌아와서 손쉽게 요리할 수 있는 식단을 개발했다. 한 시간 안에 조리할 수 있는, 그러면서도 집에서 만든 요리의 맛을 즐길 수 있는 식단을 말이다. 또 집에서 보내는 '글 쓰는 날'에는 신속함에 주안점을 두는 여느 날들에 비해 한층 푸짐한 진수성찬을 준비했다. 나는 가정과 일이 균형을 이룰 수 있도록 세심하게 노력했고, 요리에서도 그렇게 했다. 시간이 흐르면서 나는 '주전자 끓이는(차 타는 걸 말한다)' 데도 익숙해졌고, 적어도 100가지 이상(내가 느끼기엔 그랬다)의 양고기 요리법을 터득했다. 앤드루는 방목장에서 힘을 많이 쓰고 돌아오면 고기, 감자, 채소가 어우러진 풍성한 식사를 원했고, 나는 내 의무를 소홀히 하고 싶지는 않았다. 친구들이며 시가 식구들이 예의 주시하는 가운데, 나는 과학에 더하여 집안 살림도 아주 진지한 마음가짐으로 해나갔다. 그러면 시가 식구들도 과학을 탐구한다고 해서 집안일을 소홀히 하게 되는 것이 아니라는 걸 눈으로 확인할 수 있을 것이고, 나의 학문적 노력을 북돋워 줄 것이라고 믿었다.

그러나 호주 농촌 오지에서 1년간의 결혼 생활을 보내고 나자, 가사에 대한 의무가 과학에 대한 내 열정을 방해한다는 사실이 점점 더 분명해졌다. 랠프 노스우드라는 한 호주 시인이 쓴 시는 호주의 변방에 사는 여성들의 전통적 정서를 이렇게 요약하고 있다. (시누이가 내게 선물한 일기장에 쓰여 있던 시다. 아마도 시누이는 이 시를 통해 조심스레 어떤 충고를 해주고 싶었던 건지도 모른다.)

시골 아낙네

그들은 이 세상 남자들의 아내요 어머니
요리를 하고, 용기를 북돋워 주고, 일을 거들어 주네
그들의 집은 세상의 구석진 모퉁이,
태양이 작열하는 평원, 또는 외딴 시냇가에 있네

그리고 많은 가혹한 시련들이 그들의 가치를 시험하네
그들이 사는 "저택"의 바닥은 흙으로 되어 있고
황량한 "방목장"의 어느 둑에서 힘들여 떠온 물이 흘러
축축이 젖어 있네

온도계가 110도를 가리킬 때
뜨거운 오븐에 빵도 구워야 하네
소도 돌봐야 하고, 송아지에게 먹이도 줘야 하네
또 남편은 가끔씩 "헛간 치울 일꾼"을 필요로 하네
품에 안고 돌봐줘야 할 아기들이 있어도
아기들을 달래서 잠재울 "트루비 박사"는 없는 곳
아기들이 아플 때마다 엄마들은 지옥을 왔다 갔다 하네
그래서 간호사도 되고 의사도 되어야 하네

그대들이 사는 초라한 오두막집은 자랑스럽지 않을지도 모르네
돈 한 푼 없을지도, 가뭄과 역병, 토끼를 이겨내야 할지도 모르네
그러나 그대들은 그 오두막을 "집"으로 만들어낸다네
그대들의 헌신적인 삶은 문자로 쓰이지 않은 한 편의 시
희생과 사랑, 그리고 반려의 힘으로 가득 찬 시
그대들의 남편이 철마다 돌아오는 힘겨운 일들,
캥거루와 마름병과의 싸움을

온 힘을 다해 이겨나갈 수 있도록 내조하면서
그대들은 그 싸움을 값진 것으로 만들었다네

남편과 나는 우리의 생활에 영향을 미치는, 마치 잎병과도 같은 일련의 복잡한 요인들과 부딪치게 되었다. 우리는 둘 다 여성에게도 동등한 기회를 보장하고, 사회적 소수자들을 위한 일에 뛰어드는 걸 장려하는 세대의 구성원으로 자라났다. 그러나 앤드루는 부모와 함께 일했고, 그들은 훨씬 보수적인 가치관을 가지고 있었다. 그분들은 진심으로 우리가 당신들처럼 되기를 바랐고, 농장에서 요구되는 전통적인 역할을 훌륭하게 해내길 바랐다. 그분들로서는 모든 일이 너무도 잘 돌아가고 있었으니까 말이다. 두 개의 서로 다른 가치관, 그분들의 가치관과 우리들의 가치관을 조화시킬 수 있을까? 어느 쪽도 상대편을 신뢰하지 못한다면 우리들은 결혼생활의 불안하고 불만족스러운 측면에 무릎을 꿇어야 하는 걸까? 나는 호주 변방 지역에 사는 여성들이 느끼는 좌절감과 나무를 병들게 하는 질병을 나란히 놓고 비교해 보곤 했다. 그러나 양쪽 다 상황이 단순하지 않았고, 양쪽 다 뚜렷한 원인 또는 해결책을 찾기 힘들었다.

잎병은 대단히 복합적이며 다양한 원인을 가진, 거대한 규모의 생태학적 질병이었다. 온전히 인간의 활동으로 발생된 것은 아니지만 많은 경우에서 토지를 이용하는 방식과 그 강도가 궁극적인 원인으로 밝혀졌으며, 벌레나 균류, 가뭄 같은 2차적 요인들이 증상을 더욱더 심하게 악화시켰다. 1980년대 동안 이 문제에 대해선 많은 진전이 있었다. 그러나 궁극적인 해결책은 아니었다. 우리들의 잎병 연구는 해피엔딩으로 끝나지 못했고, 결말은 알 수 없는 채로 열려 있다. 더 많은 재원이 절대적으로 필요하다. 그러나 누가 나무를 위해 돈을 낼 것인가. 양을 사육함으로써 간접적으로 산과 들의 황폐화에 일조한 토지 소유자들이? 아니면 토지 소유자들로부터 세금을 거둬들이고, 그리하여 그들이 더 많은 가축을 기르게 한 정부가? 그도 아니면 말라 죽어가고 있는 잿빛 나목이 아니라 아름다운 전원 속에 서 있는 푸르른 유칼립투스를 보고 싶어 하는 관광객이나 도시 사람들이? 우리들 가운데 누구도 환경을 소홀히 다루고, 오염시키고, 그것이 보내는 악화의 징후를 무시한 책임에서 벗어날 수 없다. 과학자, 목축업자, 농부, 경제학자, 삼림 관리자, 토지 관리자, 정치인, 납세자 할 것 없이 우리가 모두 잎병의 치유법을 찾아내고, 잎병이 다시는 발생하지 않게 하고, 죽어가는 산과 들을 되살려 놓을 책임을 나누어 가져야 한다.

3

바다 한가운데 숲우듬지

지금은 위대한 시대이다. 어떤 의문의 여지도 없다. 원자폭탄과 발걸음을 맞추기라도 하듯 로봇이 탄생했다. 사람들의 말처럼 로봇의 두뇌란 더 복잡한 피드백 시스템의 또 다른 형태일 뿐이다. 기술자들은 기본적인 원칙을 세우고 따른다. 알다시피 기계적인 일이다. 신과 관련된 것은 하나도 없다. 이제 생각만 떠오르면 언제라도 자연을 개발할 수 있다. 그렇다. 사람들은 이제껏 자연을 만족스럽게 개발해 왔다. 내가 여기 이 의자에 앉아 … 두 마리 새와 블루마운틴의 햇빛을 회상할 수 있는 것도 그 덕분이다. 책상 위 또 다른 신문에는 "기계는 나날이 영리해지고 있다"라고 쓰여 있다. 그 점을 부정하지는 않는다. 그러나 나는 새들을 지킬 것이다. 내가 믿는 것은 기계가 아니라 생명이기 때문이다.

로렌 아이슬리, 《광대한 여행*The Immense Journey*》, 1946

—

벌레들은 숲속에서는 작은 모래알과도 같은 존재이다. 눈으로 보기도, 수를 헤아리기도, 하나하나 관찰하기도 거의 불가능하다. 커다란 나무의 가지나 잎사귀, 그 복잡하기 짝이 없는 미로를 따라 돌아다니는 벌레들의 여정을 어떻게 하면 뒤쫓을 수 있을까? 새가 가지에 앉거나 가지에서 날아오를 때, 우연히 잎사귀에서 떨어져 버린 애벌레들은 그 뒤 어떤 일을 겪을까? 이와 같은 물음에 대해 복잡한 우림 속에서는 그 답을 확인할 수가 없다. 저 높다란 나무 꼭대기에서는 묻기조차 불가능한 질문들에 답을 얻기 위해 땅과 가까이 있으면서 한층 단순한 숲우듬지, 바로 산호섬에 사는 저지 식물을 찾아 나섰다. 나는 박사 및 박사후 과정 동안, 산호초 군도에서 이루어진 탐사 프로젝트에 참여하는 행운을 얻었다. 나는 산호초 탐사를 진행하는 대학원생들을 도왔고, 그들은 그 보답으로 우림의 나무 꼭대기에 오르는 나를 도와주었다.

호주의 그레이트 배리어 리프는 퀸즐랜드주의 해안을 따라, 토러스 해협에서 벙커 제도에 이르는 1600킬로미터의 바다 위에 자리 잡고 있다. 작은 암초와 섬들이 20만 제곱킬로미터에 이르는 산호해 전역에 점점이 흩뿌려져 있다. 암초라고도 불리는 산호섬에는 구조로 보나 식물상으로 보나 지극히 단순한 나무들이 여기저기 외따로 조금씩 분포해 있었다. 예를 들어 원트리섬(남위 23도 30분, 동경 152도 8분)에는 토착 식물이 21종밖에 없었다. 그중에는 128그루의 아구시아 아르겐테아Argusia argentea도 포함되어 있었는데, 아구시아 아르겐테아는 사시사철 잎이 피어나는 포복성 관목으로서 동부 아프리카와 동인도 제도에 이르는 인도양·서태평양 지역 전역에 분포한다. 아구시아는 한 종류의 식물만 먹는 나방 애벌레의 숙주 식물이기도 하다. 애벌레들은 수가 많고 1년 내내 부화한다. 게다가 아구시아는 멀리 떨어져 있는 산호섬에도 흔히 분포하고 있어서, 애벌레 관찰 같은 특이한 연구에 골몰하는 사람들에겐 더할 수 없이 훌륭한 천연의 고립된 연구소를 제공해 주었다!

월급쟁이들은 누구나 은퇴 뒤의 계획을 세운다. 나는 숲우듬지 생물학자로서 은퇴한 후에는 묘목과 관목을 연구할 계획이다. 너무 늙어서 더는 나무에 오르지 못하게 될 때면 땅바닥에 한층 가까이 있는 낮은 숲우듬지에 재미를 붙여, 제2의 화두로 삼을 작정이다.

배가 글래드스톤 항구를 떠날 때, 대기는 불길할 정도로 조용했다. 음산한 먹장구름이 낮게 깔려 있었고, 저물어 가는 해가 황금빛 실선으로 그 시커먼 구름 사이사이를 갈라놓았다. 끼룩거리는 갈매기 울음소리만 불안한 침묵을 깨트리고 있었다. 우리는 갑판 위에 서서 침묵을 지킨 채 태풍의 눈을 향해 곧장 항해하는 것이 과연 안전한 것인지 의아해하며 마음을 달래고 있었다. 선장인 맥스 씨는 태풍의 눈이 우리 배보다 더 빨리 동쪽으로 움직이고 있다며 우리를 안심시켰다. 태풍이 방향을 틀지 않는 한, 우리들은 열흘 동안 여덟 개의 산호섬에 들르고

여섯 개의 무인도를 두루 살펴본다는 계획을 지켜야 할 참이었다.

앞바다의 바람 때문에 다소 높은 파도가 일었고, 나는 뱃머리 바로 밑에 있던 이층 침대 속에서 밤새도록 폐소 공포에 시달렸다. 저녁 식사로 먹은 기름진 닭요리에다 선실 바닥에 덮어놓은 낡은 고무에서 풍기는 냄새로 인해 난생처음 뱃멀미를 했다. 동료 과학자들도 대부분 느끼한 식사와 거친 파도가 합작해 불러일으킨 멀미로 악전고투를 했다. 화장실에서 간간이 들려오는 구역질 소리가 그나마 내 처지를 위로해 주었다.

'오스트레일리아나'라는 이름을 단 배는 일행 15명을 태우고 있었다. 과학자이거나 보조 연구원인 우리들의 전문 분야는 각양각색이었다. 조류학, 조류학藻類學, 지질학, 파충류학, 해양생물학, 그리고 식물생태학. 우리가 맡은 임무는 그레이트 배리어 리프 중에서 가장 남동쪽에 위치한 스웨인 리프의 식물 및 동물상을 기록하는 것이었다. 스웨인 리프의 섬들 가운데 한 섬에는 원시적인 천막의 흔적이, 또 다른 한 섬에는 간단한 기상 관측대가 남아 있었다. 그러나 모두 무인도였다. 지질학적 연대로 보자면 상대적으로 최근에 형성된 섬들로, 식물이 전혀 살지 않는 곳에서 11종이나 사는 곳까지 다양한 단계의 식생을 보여주었다. 섬에 사는 동물의 개체수는 바닷새들이 둥지를 트는 몇 달 동안 집중적으로 늘어났는데, 이 시기에 구아노guano와 죽은 새끼들의 사체에서 나온 생물자원이 토양에 영양분을 제공했다. 또한 새는 산호섬에 사는 대부분의 식물들에게 씨를 퍼뜨려 주는 고마운 은인이었다. 식물이 일단 뿌리를 내리고 나면, 대개는 그것들을 먹고 사는 벌레들이 뒤이어 자리를 잡았다.

우리 탐사대를 이끌었던 할은 15년이 넘게 스웨인 리프 인근에 사는 바다뱀의 개체수를 관찰해 오던 중이었다. 그와 그의 믿음직한 제자들은 심혈을 기울여 바다뱀의 위치를 확인하고, 바다뱀을 잡아들여 요령껏 온순하게 만든 다음, 고통이 없는 냉동 건조 낙인 기술로 낙인을 찍었다. 그러고는 해마다 한 번씩 와서 몸무게를 다시 재고 개체수의 증감을 확인했다. 낙인을 찍은 다음 다시 생포하는 그와 같은 방법을 통해 그들은 바다뱀의 영토, 또는 서식 범위가 매우 엄격히 정해져 있다는 사실을 알아냈다. 실제로 어떤 바다뱀은 10년 정도 되는 생애의 전 시기를 단 하나의 산호초 주변에서 보내기도 한다!

해양생물학은 숲우듬지 연구와 마찬가지로 생명체의 활동을 기록할 수 있는 유용한 방법이 없어서 어려움을 겪어 왔다. 바다뱀의 경우는 물속에 사는 생물이어서 특히 더 힘들었다. 그런데 1950년대에 등장한 스쿠버 다이빙 덕분에 해양 어류, 산호초, 바다뱀 등에 대한 지식을 대단히 넓게 확장할 수 있었다. (비슷한 예로 1980년대에 개발된 싱글 로프 기술과 숲우듬지 통로 기술은 나무우듬지에 대한 연구를 폭발적으로 확대시켜서, 이 두 가지 기술은 흔히 해양생물학에서의 스쿠버 다이빙의 출현과 비교되고는 한다.) 다이빙이 보편화된 덕분에 오늘날 해양생물학자들은 바다뱀과 그들의 서식 환경을 헤아리고, 관찰하고, 모니터할 수 있게 되었다.

진화의 역사에서 뱀 종류는 파충류 중 가장 최근에 진화한 집단

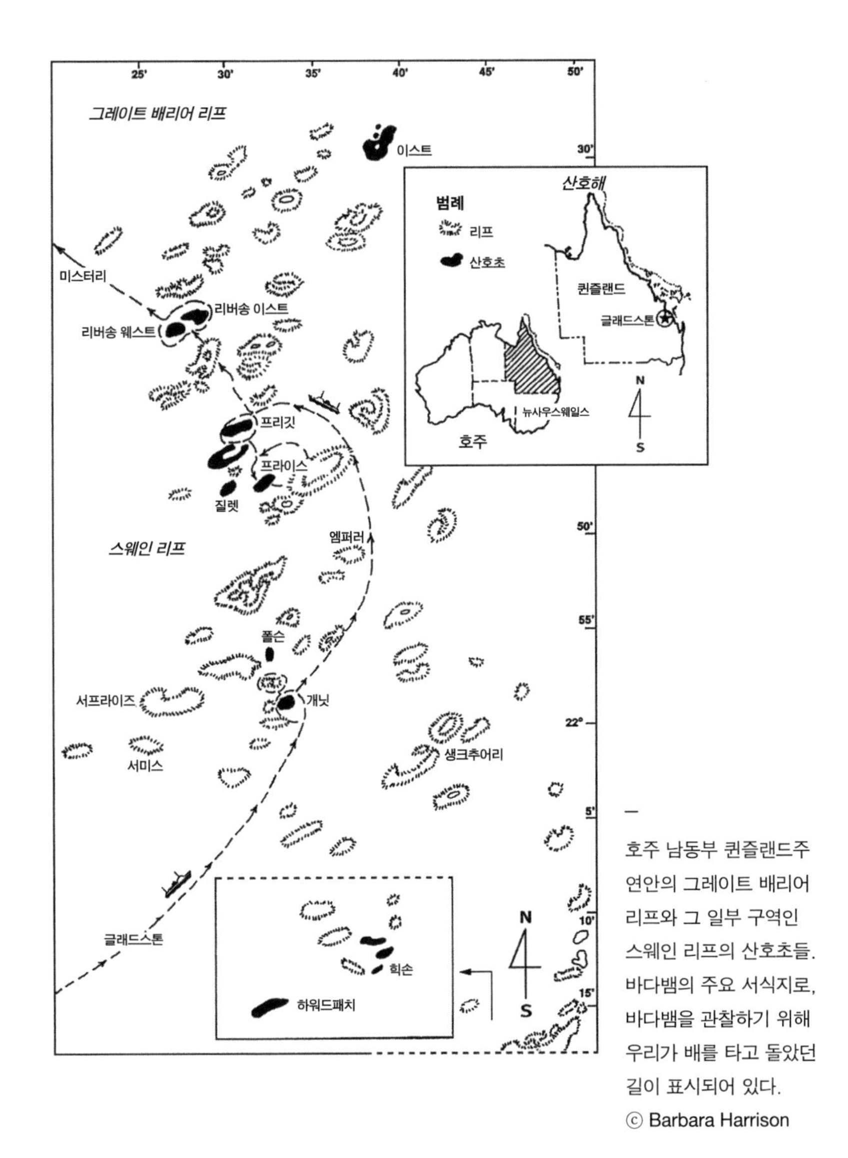

—

호주 남동부 퀸즐랜드주 연안의 그레이트 배리어 리프와 그 일부 구역인 스웨인 리프의 산호초들. 바다뱀의 주요 서식지로, 바다뱀을 관찰하기 위해 우리가 배를 타고 돌았던 길이 표시되어 있다.

ⓒ Barbara Harrison

으로 알려져 있으며, 쥐라기 후기 시대(1억 3000만 년 전)에 출현했다. 육지에 살면서 속이 빈 독니를 가진 유독성 뱀들은 코브라과로 분류된다. 오늘날 우리가 보는 바다뱀들 역시 이에 속하며, 가장 최근에 진화한 탓에 화석이 존재하지 않는다. 현존하는 15개의 뱀과 가운데서 네 개의 과가 해양종을 포함하고 있으며, 해양종에는 47개 종의 진짜 바다뱀들이 속해 있다. 수온은 바다뱀의 분포를 결정하는 한계 요인이며, 바다뱀들은 온난한 열대와 아열대 바다에서만 산다. 뱀은 파충류이기 때문에 두 가지 종류의 번식 방법을 가지고 있다. 어떤 것들은 알을 낳으며, 또 어떤 것들은 새끼를 낳는다. 우리가 연구하던 올리브바다뱀olive sea snake(*Aipysurus laevis*)은 새끼를 낳는 종류의 독사였다.

바다뱀은 육지에 서식하는 사촌들과는 다른 적응 과정을 거쳤다. 필요량 이상의 염분을 배출할 수 있어야만 했으며, 신체 기관을 위해 담수와 산소를 획득하는 법을 익혀야 했다. 물속에서는 서식 양태도 육지와 달라야 했고, 먹이를 구하고 짝을 찾고 영토를 지키려면 감각 기관도 달라야 했다. 바다뱀들은 바다 밑바닥을 이리저리 어슬렁어슬렁 돌아다니면서 산호초 틈 사이로 혀를 길게 뻗어보고 냄새로 먹이를 찾아낸다. 시력은 매우 약해서 때론 먹잇감과 부딪쳐 먹이를 잡기도 한다. 독은 매우 강력해서 한 번 물 때 나오는 양은 실험실용 쥐 20마리를 죽일 수 있을 정도이다. 왜 그렇게 독성이 강해졌을까? 아마도 일단 물었다 하면 시야에서 벗어나 도망가는 일이 없도록 먹잇감을 즉사시키기 위해서인 듯하다.

내가 맡은 일은 감사하게도 지상에서 하는 작업이었다. 지도를 보고 걸어 다니면서 식물상을 전반적으로 살펴보고, 또 섬에 서식하는 저지 관목에 일정 정도의 생태학적 실험을 해보는 것 등이었다. 바다에서 시간을 보내는 날엔 바다뱀 연구를 옆에서 도왔다. 솔직히 말하면 나는 독사들의 대표라 할 만한 뱀들이 우글거리는 곳에서 헤엄치고 싶은 생각은 별로 없었다. 바다뱀들은 시력이 거의 없다시피 하고, 자연스러운 상황에서는 대부분 매우 유순했지만, 물갈퀴를 잘못 놀렸다가는 애꿎은 잠수부를 덥석 물 수도 있기 때문이었다. 바다뱀에게 물렸다 하면 목숨을 잃을 수도 있다. 바다뱀의 독은 동부에 서식하는 다이아몬드무늬방울뱀의 독보다 더 강하다. 해독제가 있긴 하지만 투약할 경우 과민성 쇼크가 일어날 위험이 커서 쉽게 처방을 내리지 않는다. 바다뱀에게 물렸을 때 대처하는 방법을 밝혀 놓은 의학서는 극히 드물었고, 하물며 가장 가까운 병원과도 수백 킬로미터 떨어져 있는 바다 위에서의 대처에 대해서는 말할 것도 없다.

측정할 뱀을 사로잡을 때면, 우리들의 용감한 연구팀은 우선 여기저기 흩어져 있는 산호초 사이를 천천히, 그리고 아주 조심스럽게 헤엄쳐 다녔다. 그러다 점잖게 헤엄치고 있는 뱀을 발견하면 일단 그물로 능숙하게 잡아들였다. 그런 다음 바다 위에 떠 있는 고무보트 위의 쓰레기통 속에다 뱀을 옮겨 담는데, 거기에 옮겨진 바다뱀들은 물에서 강제로 옮겨진 데 화가 난 나머지 순식간에 독이 바짝 올라서 이리저리 뒤엉켜 몸부림을 쳤다. 고무보트 위의 쓰레기통은 두세 시간마다 배의 갑판으로 옮겨졌고, 그러면 할은 한 마리 한 마리씩 잡아 번호(마치 배에 새긴 문신처럼 보였다)를 확인해 적은 뒤, 다시 바다로 돌려보내는 것이었다. 아직 번호가 매겨져 있지 않은 놈들은 냉동 낙인 기술로 새로 번호를 선사받고는 조사 목록에 추가되었다.

1월 20일, 나는 고지식하게도 "이번에는 내가 바다뱀 생포팀에 들어갈 차례"라며 자원하고 말았다. 그때는 아이를 낳기 전이었는데, 만약 아이가 있었더라면 절대로 그렇게 무모한 제안을 하지 않았을 것이다. 우리는 그때 미스터리 산호초에 인접한 암초들에 자리를 잡고 있었다. 이름조차 모험을 부추기듯 예사롭지 않았다. 그물과 수중 호흡 장치로 단단히 채비를 갖춘 다음 나는 물속으로 미끄러져 들어갔다. 떨리는 가슴으로 산호초 주변을 이리저리 살피고 있자니, 나비고기butterfly fish가 내 옆을 스쳐 지나갔다. 노란색과 검은색이 섞인 아름다운 무늬가 햇빛을 받아 마치 보석처럼 빛났다. 게다가 사슴뿔 모양을 한 석산호staghorn corals에서 공 모양의 커다란 뇌산호brain corals에 이르기까지 형형색색 장관을 이루고 있었다. 산호초는 정말 대단한 구경거리였으나 나는 제대로 감상하지는 못했다. 나는 임무를 수행하는 중이었다. 그래서 뱀 같은 게 지나가지 않나, 거기에만 신경을 곤두세웠다. 어떤 산호초에는 바다뱀들이 많이 서식하지만, 또 어떤 산호초에는 한 마리도 살지 않는다. 먹이 때문인지, 포식자 때문인지, 아니면 산호초의 크기에 따른 것인지, 파충류학자들은 지금도 그 이유를 규명하려고 애쓰는 중이다.

운이 좋았는지 나는 곧 나를 향해 어슬렁어슬렁 헤엄쳐 오는 가느다란 갈색 형체를 발견했다. 안경을 쓰고 있지 않았음에도 그게 무엇인지 알아차리기는 어렵지 않았다. 바다뱀은 사악해 보이지 않았다. 그럼에도 독극물 기계라 할 수 있는 그 뱀이 공격 범위 안으로 다가온다고 생각하니 도저히 침착할 수가 없었다. 그러나 가만히 있는 것이 가장 안전한 방어책이었다. 나는 그 자리에 얼어붙어 버렸다. 뱀은 내가 있는 곳으로 바싹 헤엄쳐 와서는 보호용 마스크에다 '키스'를 했다. 뱀이 내 얼굴과 목덜미에 혀를 대고 냄새를 맡는 동안 죽은 듯이 가만히 있으려니 정말 끔찍했다. 눈을 질끈 감고 있었기 때문에 상황을 살필 수도 없었다. 몇 초 뒤 눈을 떠보니 뱀은 가버린 뒤였다. 그야말로 흔적도 없이 사라져 버렸다. 극도의 공포감으로 나는 뱀을 잡는 데 실패하고 말았다. 배로 돌아가자 동료들은 박장대소를 했다. '커다란 나무를 기어오르는 사람이 조그만 갈색뱀 한 마리를 보고 그렇게 벌벌 떨다니?'라는 뜻이었다. 나는 아무 말도 할 수가 없었다. 갑판 위의 안전한 곳에서 기록이나 하라는 좌천을 당하고서야 안도의 한숨을 내쉬었다.

할이 잡은 뱀들을 붙잡고 측정을 하면 나는 그 데이터를 받아 적었다. 우리는 손발이 잘 맞았고, 나는 내가 맡은 역할을 즐겼다. 그러나 이 평화로운 작업은 할이 470번 뱀을 이소벨 리프라는 암초 인근의 바다로 되돌려 보내려는 찰나, 갑자기 중단되고 말았다. 눈 깜짝할 사이에 뱀이 몸을 돌려 할의 손가락을 물어버린 것이었다. 할은 수십 년 동안이나 뱀을 만져왔지만 뱀에게 물린 적이 거의 없었고, 더욱이 독사 가운데서도 여왕이라 할 만한 올리브바다뱀에게 물렸던 적은 결단코 없었다.

내 인생에서 가장 무서웠던 순간의 하나. 세계에서 가장 독성이 강한 뱀 가운데 하나로 꼽히는 올리브바다뱀과 정면으로 맞닥뜨렸다.

ⓒ Barbara Harrison

할은 그때 진정한 과학 정신이 어떤 것인가를 보여주었다. 내게 조용히 카메라와 노트를 건네주면서 만약 증상이 심해지면 진행 경과를 기록하라고 했다. 그와 같은 종류의 바다뱀에게 물려 죽음에 이르는 과정은 아무도 자세하게 기록한 적이 없었기 때문에, 할은 자신의 실수가 적어도 기록할 만한 가치는 있는 것이라고 생각한 것이었다. 나는 불안하고 초조한 가운데 몇 장의 사진을 찍었고, 그런 다음 우리는 쓰레기통 속에 담겨 있던 나머지 뱀들을 계속 측정했다.

그런데 이때 맥스 선장이 갑판 위의 동요를 알아차렸다. 잠수 중이던 사람들이 모두 돌아와 할의 불운을 전해 들었고, 여러 사람이 걱정스럽게 뱀에게 물린 할의 손가락을 카메라에 담던 중이었다. 맥스는 그 모습을 보고 펄쩍 뛰었다. 이유야 어쨌든 자기 배 위에서 사람이 죽는 걸 반길 선장은 없을 것이었다. 맥스 선장은 비행 왕진 서비스 센터에다 전화를 걸어 즉시 수상 비행기를 보내 할을 본토의 병원으로 후송해 달라고 요청했다. 그러자 그와 거의 동시에 멀리서 비행기 소리가 들려왔다. 맥스는 하늘에다 조명탄을 쏘아 올렸다. 조그마한 수상 비행기가 보트 옆에 내려앉았고, 할은 비행기 안으로 옮겨졌다. 당연한 일이지만 우리들은 탐사 작업을 계속할 의욕을 잃어버렸다. 할이 실려 간 뒤 우리들은 숙연한 기분으로 모여 앉아 그가 평생을 바쳐 이룩한 연구 업적, 그리고 그가 보여준 훌륭한 덕목들을 이야기했다. 참으로 침울한 시간이었다. 우리들의 용감한 지도자가 자신이 연구하던 대상에게 물려 죽음의 위기에 처해 있었다. 모두 침묵 속에서 저녁 식사를 마치고 일찍 잠자리에 들었다.

동틀 무렵, 맥스 선장의 환호성에 잠이 깬 나는 갑판 위로 달려가 할의 소식을 들었다. 할이 병원에서 그날 밤을 무사히 넘겼을 뿐 아니라 다음 날 배로 돌아올 거란 소식이었다. 우리는 모두 가슴을 쓸어내렸다. 뱀이 사람을 물 경우, 몸에 상처를 내긴 해도 독을 뿜지 않을 때가 가끔 있다. 할이 바로 그런 경우였다. 몇 년 뒤, 뱀에게 물린 할의 사진이 뱀 교과서에 실렸다. 하지만 다행히도 그것이 할이 겪은, 그 전에도 없고 그 뒤에도 없었던 유일한 재난이었다. 우리는 산호초 군도 위에서 진행하는, 더할 수 없이 즐거운 지상의 업무를 계속하기 위해 배를 타고 떠오르는 해를 향해 나아갔다.

스웨인 리프의 산호초 섬들은 다들 멋진 이름을 가지고 있었다. 리버송 웨스트, 리버송 이스트, 미스터리, 벨, 프리깃, 질렛, 프라이스, 개닛, 그리고 하워드 패치란 이름을 새로 얻은 곳도 있었다. 우리 탐사대 가운데 다섯 명이 불과 6제곱미터밖에 안 되는 그 조그마한 섬 위에 올라섰던 것이다. 우리 탐사대는 새로 발견한 그 섬에 이름을 붙여주는 특권을 누렸다. 그로부터 10년이 지난 지금, 하워드가 누구인지 도무지 기억이 나지 않는다. 생긴 지 얼마 안 되는 섬들에는 식물들이 가까스로 착생한 상태였는데, 우리는 혹시 그 섬만의 고유한 식물이 있는지 확인하기 위해 애를 썼다. 벨이나 프리깃처럼 오래된 산호초 섬은 토양이 제대로 잘 형성되어 있었으며, 식물들의 가짓수도 11종에 이르렀다.

나는 포복성 관목인 아구시아를 활용해서, 입체적인 숲 생태계에서는 관찰하기 어려운 애벌레의 행동 양식에 관한 몇 가지 의문을 탐구했다.

1. 나방 애벌레는 식물의 어느 정도를 먹어치울까?
2. 만약 초식 곤충이 붙어 있던 가지에서 떨어질 경우, 원래 붙어 있던 숙주 관목으로 되돌아갈 수 있을까?
3. 초식 곤충은 산호초에 서식하는 식물의 성장과 생존에 부정적인 영향을 미칠까?

아구시아는 앞뒤가 트인 해안에서 자라며, 때로 섬의 안까지 뻗어 가는 경우도 있지만 대개는 만조선 바로 위에서 자란다. 이렇게 바닷물에 노출된 섬의 가장자리에서 자라는 생태는 해류를 통해 씨를 퍼뜨린 결과 형성된 것이 아닌가 한다. (실제로 소금물에 노출되는 것이 발아의 필수 조건인 것처럼 보였다.) 이는 대부분의 식물과는 반대되는 현상으로서, 다른 식물들의 씨는 소금물에 접촉하면 죽어 버린다. 아구시아의 생존에 결정적인 영향을 미치는 요인은 염분과 바람 같은 물리적인 환경 조건, 그리고 담수와 영양소를 섭취할 수 있느냐의 여부였다. 납작 엎드려 자라는 아구시아의 성장 방식은 거의 2차원적인 것에 가까워서 아구시아를 숙주 식물로 하는 애벌레들의 행동 양태를 연구하는 데 큰 도움이 되었다. 나방*Utethesia pulchelloids*은 애벌레 시기엔 오직 아구시아만을 먹

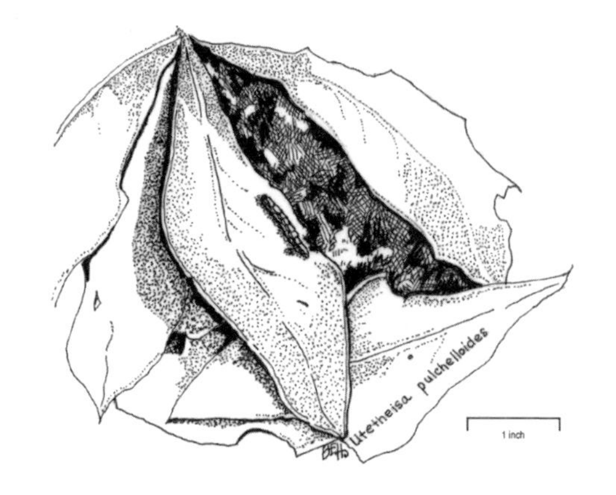

나방의 애벌레. 이 겸손한 애벌레는 산호초에 분포하는 오직 한 종류의 관목만을 먹고산다. 놀랍게도 이들은 태평양 전역에 점처럼 흩뿌려져 있는 섬에서도 자신들의 숙주 식물을 귀신같이 찾아낸다. ⓒ Barbara Harrison

이로 삼았다.

애벌레들이 자기가 원래 있던 곳으로 돌아올 수 있는지 알아보기 위해 나는 실험적으로 애벌레들을 이동시켜 놓았다. 우선 현장에서 30마리의 애벌레를 골라 등 쪽에 색깔 있는 매니큐어 몇 방울로 표시를 했다. 그리고 일정한 간격을 두고 이동 상황과 먹이를 먹는 정도, 또는 휴식 활동 같은 것을 관찰했다. 그중 열 마리는 무려 19일 동안이나 관찰했다. 원래의 서식 구역, 이동한 거리, 그들이 거쳐 간 잎의 수도 모두 계산했다. 그 결과 애벌레들이 하루 중 53퍼센트를 먹이를 먹는 데 보내고, 8퍼센트를 이동하는 데, 나머지 39퍼센트를 휴식하는 데 소비한다는 사실이 드러났다. 사람의 일과와 비교하면 먹는 일에 너무 많은 시간을 쓰는 것이지만, 자연 세계에서 초식 동물은 육식 동물보다 훨씬 오랜 시간을 먹어야 한다. 애벌레들은 열흘(그들의 수명)이 지나도록 평균 5미터를 이동했으나, 때로는 온종일 하나의 잎에만 머물러 있기도 했다. 이동할 때면 대개 서너 개의 잎을 건넌 다음 멈추어 먹이를 먹었다. 또 애벌레들은 이미 부분적으로 갉아 먹힌 잎은 절대로 먹지 않았다. 과학자들은, 다른 초식 동물에 의해 훼손되어 이미 구멍이 난 잎들은 더 이상의 손상을 입지 않기 위해 갉아 먹힌 부위에 독소를 분비한다는 사실을 알아낸 바 있다. 그 때문에 곤충들은 독소 섭취를 최소화하기 위해 구멍이 난 잎들을 식별해 피하는 것이다.

애벌레들은 섬에 따라 제각기 다른 양의 잎들을 먹어치웠다. 예를 들어 벨 산호초에서는 관목들이 약 18퍼센트를 곤충들에게 갉아 먹힌 반면, 원트리섬에서는 불과 2퍼센트의 잎만 갉아 먹혔다. 애벌레의 수와 관목의 수도 섬에 따라 제각기 달랐다. 곤충들의 밀도가 높을수록 잎의 소비가 증가할 것으로 추정된다. 곤충들이 최고로 번창할 땐 그 수가 공급 가능한 먹이 수준을 초과하기도 하며, 그에 따라 식물들이 완전히 잎을 잃어버리거나 심지어 죽어 버리기도 한다. 국지적으로 먹이가 바닥나거나, 또는 포식자나 기생충의 공격을 받으면 곤충들 역시 죽음을 맛보아야 한다. 산호초, 섬, 또는 그 밖의 다른 고립된 생태계에 곤충들이 어떻게 정착하는가에 대해선 아직 알려지지 않은 것들이 많다. 예를 들면 정착 여부에 결정적 영향을 미치는 최소 또는 최대 밀도라는 것이 존재하는가? 식물과 곤충들은 어떻게 그처럼 고립된 섬에 분포하게 되는가? 만약 절멸되면 장차 다시 나타나 자리를 잡을 것인가? 이런 질문들은 개발된 지역에 둘러싸인 '섬들', 즉 고립 분산된 수많은 생태계를 보호하는 일에 점점 중요한 의미를 가지게 될 것이다.

나는 대학원 시절에 헤론섬과 윈트리섬에서 시간을 많이 보냈다. 해양 생태계를 연구하는 동료 학생들의 현장 조수로서 말이다. 그때 산호초에 서식하는 어류의 생태 및 산호초의 다양성에 대해 많은 것을 배웠을 뿐 아니라 해양 연구지에서의 대학원생들의 생활을 직접 경험할 수 있었다. 가장 기억에 남는 일 가운데 하나는, 퀸즐랜드 대학의 해양 연구지인 헤론섬에서 제대로 잠을 자보기 위해 악전고투했던 일이다. 산호초가 으레 그렇듯이 헤론섬 역시 쐐기꼬리슴새wedge-tailed shearwaters의 계절적 서식지였다. 슴새는 밤이면 우리가 묵던 오두막과 아래쪽에 인접한 모래굴에서 잠을 잤다. 그들은 서로 의사소통하거나 구애할 때, 끊임없이 앓는소리 같은 것을 냈는데 처음엔 우쭐하는 듯한 낮은 소리로 시작해서 갈수록 귀에 거슬리는 큰소리로 목청을 높여갔다. 그 소리를 들으면서 잠을 잔다는 건 불가능했다. 설상가상으로 다 자란 놈들은 굴 가까운 곳에 어설프게 착륙하거나 자기 식구들을 찾으려다가 자주 오두막의 벽을 들이받았고, 때론 조금 열어 둔 문 안쪽으로 미끄러져 들어오기까지 했다. 다른 많은 바닷새처럼 슴새도 이륙과 착륙을 그다지 민첩하게 해내지 못했다. 그들에겐 활주로가 필요했다.

해양에서 작업하는 대학원생들의 정서는 땅에서 작업하는 내 친구들보다 모든 면에서 훨씬 다채롭게 보였다. 낙원 같은 섬에 머물고 있다는 생각 때문인지, 아니면 새들이 내는 시끄러운 소리 때문에 모두

가 늦은 밤까지 깨어 있어야 하기 때문인지도 몰랐다. 그도 아니면 모두가 새들이 밤새 요란을 떠는 것을 대학원생들이 성적 탐닉을 일삼는 것으로 여겼기 때문인지도 모르겠다. 이유야 어쨌든 헤론섬이나 원트리섬에 있을 때면, 나는 항상 저녁 시간에 하는 연속극의 무대 위에 선 것 같은 느낌을 받았다. 그곳에서 있었던 이야기들을 모으면 그것만으로도 책 한 권은 쓸 수 있을 것이다.

원트리섬을 여러 번 방문한 덕에 나는 그곳에 있는 관목들의 수를 일일이 헤아릴 수 있었고, 또 애벌레들이 식물 군락에 미치는 영향을 정확히 측정해 볼 수 있었다. 섬의 이름에 대해서 말하자면, 그 섬의 한복판에는 정말 나무가 한 그루, 아니 조그마한 피조니아야자 덤불 하나가 있었다. 보통의 애벌레 한 마리는 애벌레로 존재하는 열흘 동안에 2.9제곱센티미터의 잎을 먹었다. 그리고 128그루의 관목에는 22만 7082개의 잎사귀가 달려 있었다. 잎의 총면적은 1146제곱미터, 잎이 말랐을 때의 무게는 160.9킬로그램에 해당한다. 잎 표면의 2퍼센트만 갉아 먹히기 때문에, 21제곱미터 또는 무게로 3킬로그램 정도에 해당하는 그 비율은, 그곳의 관목들이 대단히 건강하다는 점을 고려하면 상대적으로 미미한 양이었다. 과학자들은 이미 일단의 연구를 통해 잔디를 깎는 것이 잔디의 성장을 촉진시키는 것과 마찬가지로 적정한 수준의 초식 동물은 식물의 성장을 촉진한다는 사실을 보여준 바 있다.

애벌레들이 복잡한 '녹색의 바다'를 항해할 수 있는 능력이 있는지를 알아보기 위해, 나는 애벌레들을 원래 붙어 있던 가지에서 떼어

내 관목 밑바닥 주변에 일정한 간격으로 내려놓는 실험을 해보았다. 애벌레들이 '고향'으로 돌아오는 데는 평균적으로 약 30분의 시간—30미터에 이르는 거리를 이리저리 헤매다닌 끝에—이 소요되었다. 원래의 가지는 약 2분 거리(2미터)밖에 떨어져 있지 않았는데 말이다. 이처럼 빈약한 길 찾기 능력은 만약 애벌레들이 복잡한 숲속에서 숙주 식물로부터 떨어져 나올 경우, 곧 죽고 만다는 것을 의미하는 것이었다.

섬 식물에 대한 두 번째 연구에서 나는 산호초에 서식하는 식물의 다양성과 번식 능력을 주로 살펴보았다. 이를 위해 나는 각 산호초의 중심부에다 1미터 간격으로 노란 막대기를 꽂고는, 관목을 한 뭉텅이씩 베어냈다. 모두 6개의 산호초에다 실험을 했는데 형성된 지 얼마 안 된(한 가지 종류만 서식하는) 곳도 있었고 상대적으로 오래된(여덟 가지 종이 있는) 곳도 있었다. 그리곤 매년 겨울과 여름에 그곳을 방문해 어떤 종이 더 번식했는지 기록하고, 다시 자란 곳의 밀도는 어떤지를 측정했다.

그러나 이 연구는 불행히도 3년 만에 중단되고 말았다. 3년째 되던 해에 샘플링의 인공성을 발견했기 때문이었다. 현장생물학 분야의 과학자들은 인공적 영향이 미치지 않는 시스템 위에서 실험을 설계하고 측정하기 위해 무척 애를 쓴다. 그러나 많은 경우 그렇게 하기가 쉽지 않고, 따라서 때로는 편향된 결과가 나오기도 한다. 나의 경우에는 실험을 위해 설치한 노란 막대기가 바닷새들이 내려앉기 좋은 자리가 되고 말았다. 바닷새들이 나의 실험 지역을 활용하는 것에 대해서는 개의치 않았지만, 새들의 배설물이 실험 지역 안에 상당량 유입되는 것에

산호초 군도에서의 식물 관찰. 키 큰 나무들을 주로 보아온 때문인지
나는 낮은 숲우듬지 혹은 숲우듬지가 별로 없는 곳을 관찰하면서 아주 즐거웠다.
간단하게 실험을 할 수도 있었고, 데이터 수집 방법도 한층 수월했다.
실험 구역을 표시하고, 이들 섬에서 식물의 입식(入植)과 초식 곤충을 관찰할 때
푸른얼굴얼가니새(Black-faced boobies)가 친구가 되어 주었다.
ⓒ David Lowman

는 마음을 쓰지 않을 수가 없었다. 그렇게 유입된 추가적인 영양분이 재생 중인 식물의 일부, 또는 전부에 공평치 못한 이익을 줄 수도 있기 때문이었다. 한마디로 나의 측정은 왜곡되었다. 새들이 넘보지 못할 막대기를 개발할 때까지 그 연구를 포기할 수밖에 없었다.

엄격한 조건 아래서 현장 연구를 수행해야 하는 데 따르는 어려움은 이루 말할 수가 없다. 그러나 유효한 실험을 수행하는 것, 그리고 결과를 왜곡시킬 수 있는 요인을 인식하는 것이야말로 과학자들의 가장 큰 책임이라고 할 수 있을 것이다. 타당하지 못한 샘플링이 이루어질 가능성은 단순한 관목이든, 복잡한 교목이든 똑같이 존재한다. 그러나 숲우듬지 연구는 여러 가지 위험이 수반되기 때문에, 혹시라도 어렵게 진행한 현장 작업이 허무하게 끝나는 일이 없도록 한층 세심하게 실험을 설계하지 않을 수 없다.

훼손되지 않은 생태계 안에서 연구를 진행하는 과학자들이 당면하는 또 하나의 무거운 과제는 생태계를 있는 그대로 보호해야 한다는 것이다. 섬은 대단히 예민한 생태계이다. 규모가 작고 본토에서 멀리 떨어져 있기 때문에 내부의 어떤 요소가 사라지거나 밖에서 어떤 것이 들어오면 그 영향이 극대화된다. 해충 한 마리가 침입하면 그 지역의 식물상 전체가 궤멸되는 결과를 초래할 수 있다. 마찬가지로 사람이 버린 온갖 찌꺼기들 또는 임의로 치워버린 것들도 자연적인 평형 상태, 즉 자연의 균형에 그와 똑같이 파괴적인 영향을 미칠 수 있는 것이다. 할은 해양생물학자들이 원트리섬을 탐사했던 초기 시절에 그가 준수했던 훼손 예방책들을 이렇게 밝혀 놓았다.

> 플라스틱 쓰레기통에 바닷물을 담고 그 위에 자동차 오일을 몇 센티미터 정도 두께로 덮은 뒤, 거기에다 온갖 음식물 찌꺼기와 빈 깡통들을 버렸다. 또 똑같은 통을 하나 더 만들어 변소로 썼다. 그리고 탐사 때마다 그 통들을 섬에서 가지고 돌아왔다. … 섬에 있는 동안엔 깡통에 든 음식만 먹었고, 따라서 새로운 식품들이 그곳의 벌레들에게 자양분을 제공하는 일은 일어날 수 없었다. 남은 음식물들은 다음 식사 때를 위해 저장하지 않고 자동차 오일이 담긴 통 속에 버렸다. 식사 때 사용한 도구나 식기는 식사가 끝난 뒤 바닷물에 씻었고, 식기를 씻은 바닷물 역시 통 속에 버렸다. … 어느 날 저녁 텐트 밖에서 가스등을 썼는데, 많은 수의 … 나방들이 주위로 모여들었고, 그중 다섯 마리가 가스등으로 뛰어들어 죽고 말았다. … 그 뒤 우리는 밖에서는 손전등을 사용했으며, 텐트 안에서 가스등을 사용할 때라도 텐트의 출입구를 단단히 잠궈서 벌레가 들어오는 걸 막았다. 가스등이 켜진 상태에서 텐트를 드나들어야 할 때는 출입구를 될 수 있는 대로 신속하게, 또한 사람이 간신히 지나다닐 수 있을 만큼만 열었다.
>
> - 해럴드 히트울, 〈한 산호초 섬의 생태 공동체: 그레이트 배리어 리프에 있는 원트리섬에 대한 연구Community Ecology of a Coral Cay, A Study of One Tree Lsland, Great Barrier Reef〉, 1981

1979년 나는 원트리섬에서 난생처음 가족들과 떨어져 크리스마스를 보냈다. 나를 포함한 네 명의 과학자가 깡통으로 지붕을 얹은 간이 거처에서 함께 생활하고 있었다. 우리는 아구시아 관목의 죽은 가지를 모은 다음 그 위에다 하얗게 변한 죽은 산호 조각들을 매달아 크리스마스트리를 만들었다. 전화도, 선물 꾸러미도, 편지도 없는 크리스마스였다. 우리들은 뜨거운 뙤약볕 아래서 애써 슬픈 가락의 캐럴을 몇 곡 부른 뒤 크리스마스 기념 잠수를 했다. 나는 크리스마스 이틀 전에 내 생일을 '축하'받았기 때문에 남들보다 외로움이 더했다. 대학원생 두 명이 고맙게도 조개 수프, 무늬바리, 미지근한 진토닉으로 생일상을 차려주었다.

식료품은 본토의 식료품 가게에서 박스로 포장된 채 원트리섬으로 들여왔다. 2, 3주 동안의 식단을 짜는 일은 쉽지 않았다. 예를 들어 종이팩째로 냉동된 우유는 조금씩 녹기 때문에 약 일주일밖에는 쓸 수 없었다. 깡통에 든 식품이 가장 믿을 만한 주식이었다. 음식물 찌꺼기들은 독가시치를 통해 재활용했다. (그곳에서 일했던 사람들은 모두 우리가 '시궁창'이란 애칭으로 불렀던 이 해변 지역을 잘 알고 있다. 한가롭게 스노클링할 수 있는 곳은 아니다.) 원트리섬에는 개미와 바퀴벌레가 창궐했으며, 사람들이 나타난 이후 갈매기의 수가 두 배로 불어났다. 동박새들은 부엌으로 쓰던 오두막에 들어와선 호시탐탐 설탕이 든 통을 어떻게 쓰러뜨릴까 노렸다. 그 새들의 전 세대들은 한 번도 시도한 적이 없는 방법이었다. 그러나 전체적으로 보아 섬의 식물과 암초들은 비교적 훼손되지 않은 편이었다. 정부는 과학자들에게 최소한의 생존만 유지하는 선에서 연구를 허락했고, 동시에 과학자들은 책임감 있게 생태계를 보호 관리했기 때문이었다.

낮은 숲우듬지를 연구하며 무엇을 배웠던가? 애벌레들은 숙주식물의 가지 위 또는 근처에서 절대로 떨어져서는 안 된다. 숲속에 사는 풍뎅이 애벌레들은 새들이 날아오를 때, 또는 바람이 잎을 흔들어 댈 때 숲우듬지에서 우수수 떨어져 내리기도 한다. 이런 경우 자신들이 원래 머물던 곳으로 돌아갈 능력이 없는 수천 마리의 애벌레들은 결국 죽고 만다. 애벌레들은 일반적으로 나뭇가지나 잎에 붙어서 산다. 따라서 우연한 사건에 따른 추락은 치명적이라고 할 수 있을 것이다.

숲에서건 산호초에서건 초식 곤충들은 햇빛에 노출되는 잎보다 그늘진 곳의 잎을 더 좋아한다. 여기에는 여러 가지 이유가 있을 수 있다. 그늘진 곳의 잎이 더 부드러워서일 수도 있고, 초식 곤충들에게 해로운 성분이 적어서 그럴 수도 있고, 영양분이 더 많아서일 수도 있다. 또 햇빛이 잘 드는 곳에 있으면 적들에게 잡아먹힐 확률이 더 높기 때문일지도 모른다. 혹은 햇볕이 내리쬐는 가운데 먹이를 먹으면 몸이 쉽게 건조해지고 염분이나 바람에 잘 노출되기 때문에 그늘진 곳에서 먹이를 먹을 때보다 몸이 상할 위험이 커서일지도 모른다. 아마도 그러한 모든 요인이 전체적으로 애벌레들의 행동 양식에 영향을 미친다고 보아야 할 것이다.

매우 단순한 조건(외딴 산호초 위에 사는 저지 관목)에서도 곤충과 식물의 상호 작용은 대단히 복잡하다. 우리가 생태계라 부르고 있는 그 복잡한 시스템의 단서를 찾아내고 신비를 벗기기 위해서 과학자들은 탐정이 되어야만 한다.

4

연구와 출산

야생 세계 없이 살아갈 수 있는 사람들도 있고
그렇지 못한 사람들도 있다. 야생 세계는 진보로 인한
파괴가 시작되기 전까지는, 바람이나 일몰이 그런 것처럼 늘
우리 곁에 있는 것으로 생각되었다. 지금 우리는 더 높은 생활 수준을
위해 야생적이고 자유로운 어떤 것들을 희생시켜도 되는가 하는
물음에 직면했다. 우리 소수파 사람들에게는 텔레비전보다
기러기를 볼 수 있는 기회가 더 고귀하며, 할미꽃을 감상할 수 있는
기회가 언론의 자유만큼이나 소중한 권리이다.

알도 레오폴드, 《모래 군의 열두 달*A Sand county Almanac*》, 1949

—

숲속에서 삶과 죽음의 신비를 캐내는 와중에도 나의 생물학적 시계는 의연히 째깍째깍 흘렀다. 1985년 첫아들 에드워드가 태어나자 나는 일과 가정 사이에서 한층 고난도의 곡예 기술을 익히지 않으면 안 되었다. 자기 일을 열심히 하면서, 동시에 양육과 가사도 온전히 해낸다는 것, 그러나 나는 그러한 생활이 가져올 어려움에 전혀 준비되어 있지 않았다. 지금도 나는, 생물학 분야에 여자 선배가 한 명이라도 있어 내가 좀 더 현명한 선택을 할 수 있도록 도와주었더라면 하는 생각을 한다. 그러나 내가 알고 있는 한, 1970년대와 1980년대 호주에는 식물학 교수로 재직하고 있는 여성 과학자가 단 한 명도 없었다.

—

1984년 나는 임신을 했다. 호주 사람들의 표현을 빌리면 '오븐에다 빵을 집어넣은' 상태가 된 것이다. 임신은 은연중에 느끼고 있던, 내 일에 대한 시가 식구들의 우려 섞인 눈길을 상당히 누그러뜨려 주지 않았나 싶다. 나는 내 임신이 과학 정신보다 높게 평가되지나 않을까 걱정했다. 임신이 압도적으로 더 중요하게 평가된 것은 앞으로 일어날 일들을 암시하는 전조였을까. 아니면 임신 기간 중의 호르몬 작용으로 마음이 심란해져서 그런 불안감이 든 것이었을까.

혹시 임신한 게 아닌가 하는 생각이 처음으로 든 것은 노스 퀸즐랜드의 그린볼야자black bean tree(*Castanospermum australis*) 숲우듬지에 올라가 있을 때였다. 당시 나는 비행기를 타고 CSIRO의 우림 탐사단 본부인 아서턴에 날아와, 그린볼야자 한 그루에다 망루를 세우고 그걸 이용해 생물계절학 연구를 진행하는 과학 스태프 한 명을 도와주던 중이었다. 보통 때 같았으면 튼튼한 탑 위에 올라 숲우듬지 작업을 하는 것은 로프에 매달려 흔들거리며 일해 온 나에겐 진짜 즐거운 일이었을 것이다. 그러나 그땐 이상하게 머리가 어지럽고 속이 메슥거렸다. 신체 반응이 여느 때와 달랐다. 증상이 아무래도 미심쩍길래 나는 그날 저녁 남몰래 구멍가게에 가서 임신에 관한 책을 한 권 샀다. 임신과 관련된 것으로는 그 가게에 딱 한 권 있던 책이었다. 그때의 탐사에 참여한 과학자 가운데 나 말고는 모두 남자였기 때문에 마땅히 물어볼 사람이 없었다. 나는 침대 위에 걸터앉아 손전등 불빛으로 책을 읽었다. 책에 나오는 모든 설명이 나의 증상과 같았으나, 확실한 결론을 내리기 위해선 왈차로 돌아갈 때까지 기다려야 했다. 그런데 그 탐사 여행에는 나한테 도움을 받고 있던 미네소타 대학의 대학생 한 명이 동행했었고, 나는 그녀에게 임신한 것 같다고 털어놓았다. 우리 둘은 요즘도, 호주의 오지에서 소곤소곤 나의 첫 임신에 관한 이야기를 주고받던 때를 떠올리며 웃곤 한다(1994년 그녀가 첫애를 낳았다는 소식을 듣고 나는 감개무량했다). 그로부터 10년이 지난 지금, 그녀는 나와 달리 대학원 안에서 그런 일들을 의논할 조언자를 찾을 수 있으니 참으로 기쁘다.

2주일 뒤 왈차로 돌아온 나는 병원에서 임신 사실을 확인했다. 내 몸에 일어난 미세한 변화를 제대로 알아맞힌 셈이었다. 워낙 오지여서 초음파 검사 같은 건 할 수 없었으나, 나는 아이가 아들임이 분명하다고 생각했다. 임신 기간 중 몸무게가 거의 22.7킬로그램이나 늘어나 나의 가냘팠던 몸은 마치 버섯처럼 뚱뚱해졌다. 마지막 3개월 동안 아이가 끊임없이 움직이며 배를 발로 차곤 했기 때문에, 나는 덩치 큰 우리 아이가 배 밖으로 나올 날만을 학수고대했다. 약간의 융통성을 발휘하긴 했으나 9개월에 걸친 임신 기간 내내 나는 야외 조사를 손에서 놓지 않았다. 숲우듬지에 올라가야 할 때면 로프와 멜빵을 사용하는 대신 이동식 크레인을 이용하는 호사를 누렸다. 나의 현장 조수인 웨인 히긴스는 정말 좋은 사람이었다. 나를 배려해 바구니를 아주 부드럽게 조종해 주었으며, 소변이 잦아져 자주 밑으로 내려갔다 와야 했는데 조금의 불평도 없이 나를 편하게 해주었다. 마지막 두 달 동안엔 함께 바구니 안에 간신히 들어갈 수 있었다. 내 배는 만삭이었고, 웨인의 배는 술집에서 그가 퍼마신 맥주의 양을 증언해 주고 있었기 때문이었다. 또한 임신 기간에 나는 육체적인 활동을 줄이고 글쓰기에 더 많은 시간을 할애할 수 있었다. 내 체력의 한계를 잘 알고 있었으므로 나는 아이를 낳아 기르는 일과 연구자로서의 일을 양립할 수 있기를 빌었다.

초산이 대부분 그렇듯 아기는 예정일보다 늦게 태어났다. 나는 너무 일찍 병원에 가는 바람에 24시간 동안 격심한 진통에 시달리다 집으로 돌아왔다. 집으로 온 뒤에는 시어머니의 권유에 따라 중국 음식을 먹고 집 뒤의 울퉁불퉁한 밭고랑을 열심히 걸어 다녔다. 다음 날 아침 11시 나는 병원에 다시 갔다. 우리 집 뒤뜰에서 검은목황새—검은대머

또 하나의 유용한 숲우듬지 접근 수단인 이동식 크레인.
특히 임신을 했을 때 무척 도움이 되었다. 부른 배로는 하네스를
착용해야 하는 싱글 로프 기술을 사용할 수가 없었기 때문이다.
호주의 건조한 유칼립투스 사이에서 이 이동식 크레인을
이용해 널리 만연한 잎병을 연구했다.
ⓒ Barbara Harrison

리황새라고도 한다—를 100마리는 족히 본 뒤였다![21] 진통은 저녁까지 이어졌다. 아이는 엉덩이를 아래로 한 자세로 도무지 움직이질 않았다. 나는 거의 탈진 상태였으나 그 외진 병원에는 진통제도 없었다. 그러나 나는 의사를 신뢰했고, 그는 만약 문제가 있으면 비행 왕진 의사를 불러 도시의 병원으로 이송해 주겠다고 했다.

한밤중에는 내가 누워 있던 분만실의 분만대가 부서졌다. 다행히 앤드루가 트럭 안에 연장통을 싣고 있어서 임시로 수리를 했다. 오후 1시쯤, 의사는 기진맥진한 나를 보고는 욕을 하면 마음이 좀 편해진다며 욕을 하라고 했다. 힘이 없어서 그랬겠지만 내가 간신히 내뱉은 말은 그저 "이런 세상에"뿐이었다. 평상시에도 그런 말을 별로 하지 않는 데다가 그처럼 탈진한 상태에서 욕설을 개발할 여력도 없었다. (그 뒤 내가 내뱉은 '출산용 욕설'은 몇 달 동안 사람들 입에 오르내리며 웃음거리가 되었다!) 나는 아무것도 기억나지 않지만 어쨌든 에드워드 아서 버지스는 오후 1시 22분에 태어났다. 몸무게는 3.8킬로그램이 넘었다. 진통제도 없이 36시간 동안이나 고생을 한 뒤라 나는 아이를 낳자마자 곯아떨어졌다. 내가 잠든 사이 의사는, 그렇게 몸집이 큰 아이가 나오느라 찢어진 부위를 꿰매기 위해, 내 다리 사이에서 퀼팅을 했다고 말했다. 그러나 모든 일이 순조로웠고, 그 주에 다른 아이가 한 명도 태어나지 않은 덕분에 병

---

21) 서양에서는 우리나라의 삼신할머니처럼 황새가 애를 물어다 준다는 이야기가 있다.

원에 일주일씩이나 머물면서 몸조리를 할 수 있었다.

첫아이의 이름은 외증조할아버지와 내 남동생(둘 다 에드워드), 그리고 아이의 증조할아버지(아서 버지스) 이름을 따서 지었다. 나는 그 세 사람을 무척 좋아했다. 나의 할아버지는 어린 시절 나와 두 남동생에게 상냥하고 멋진 친구였다. 남편의 할아버지인 아서는 농장에서 나와 가장 친했던 분이라고 할 수 있다. 우리 둘은 자연에 대한 사랑을 함께 나누었다. 우리는 각자가 본 새, 눈에 띄는 꽃, 그도 아니면 계절의 변화에 대한 이야기를 주고받으며 함께 즐거워했다. 나는 오후의 티타임 때나 저녁 식사 때 그분을 자주 초대했고, 그분은 뭐라고 논평하느라 목소리를 높이는 법 없이 유칼립투스의 역사에 대한 내 이야기를 재미있게 듣곤 하셨다. 아이러니하게도 자연에 대한 그분의 생각은 당신의 아들이나 손자보다도 훨씬 진보적인 듯이 보였는데, 단순히 우리 둘 다 나무를 좋아했기 때문에 그렇게 느꼈던 것인지도 모르겠다. 그분은 루비힐의 풍경이 그동안 어떻게 변해왔는지를 이야기해 주셨고, 어린 시절, 그러니까 당신이 처음으로 걸어서 시드니에서 왈차까지 왔던 때며, 그 뒤 그곳에 정착해 살던 때를 더듬으며 놀랄 만큼 상세히 옛일을 기억해 내셨다. 그분은 에디가 태어난 뒤 얼마 되지 않아 돌아가셨다. 대를 이을 증손자의 탄생을 보고 가시느라 그때까지 살아 계셨던 것이라고 나는 속으로 생각했다. 이로 인해 나는 내 가장 믿음직한 친구이자 가족이었던 분을 잃었으며, 나아가서는 호주의 개척되지 않은 오지에 대한 사랑을 격려해 주던 분을 잃었다. 그분은 당신이 살던 집을 앤드루와 내게 남겨주셨고, 그 집에서 사는 동안 나는 하루하루 그분의 따뜻한 마음씨를 느끼며 살았다.

둘째 아들 제임스 브라이언 로우먼 버지스는 1987년, 열두 시간밖에 안 되는 진통을 겪고 태어났다. 경험이 풍부한 내 남편(그는 농장에서 양들이 새끼 낳는 걸 수도 없이 받아낸 사람이었다)은 이번엔 내가 밤새 진통하는 걸 지켜보며 서성대느니 잠을 자기로 결정했다. 그가 내세운 변명은 고도로 실용주의적이긴 했지만, 아내의 사랑을 받기는 힘든 것이었다. 그러나 이번에도 나는 문화적 차이라는 말로 받아들일 수밖에 없었다. (라마즈 분만 교실이나 출산 과정을 함께 하는 방법에 대한 책 같은 걸 보면 미국의 부부들은 임신 경험을 함께 즐기는 것처럼 보인다. 그와 달리 호주에서의 임신과 출산은 외로운 경험이었다.) 제임스의 이름은 100년도 더 전에 스코틀랜드에서 호주로 건너와 정착한 버지스가의 시조, 그리고 할아버지의 이름 브라이언을 따서 지었다. 시아버지는 농장을 솜씨 있게 관리하고 그 일에 심혈을 기울이시는 분으로 나는 그분의 그런 점을 사랑하고 존경했다. 양과 소를 다루는 그의 지혜로움은 그 지역에서는 타의 추종을 불허했다.

호주 오지의 커다란 농장에서 5대손을 대표하며 태어난 두 아들은 일에 대한 내 마음을 포기하라고 하는 것 같았다. 내가 원래 가지고 있던 철학과는 달랐지만 나는 결국 '이런 상황에서는 아이를 키우는 것이 내가 받아들일 수 있는 가장 바람직한 역할'이라고 판단했다.

꼬맹이 둘을 키우며 집에서 지내는 생활은 내 인생을 통틀어 가장 색다른 경험이었다. 모든 것이 다 난생처음 경험하는 일이었으며, 박사학위는 아기가 왜 우는지 알아맞히는 데는 아무짝에도 쓸모가 없었다. 네 식구 모두 정신이 없었지만, 새벽에 집을 나가서 저녁에 돌아오는 일과 덕분에 그나마 아기 아빠가 상대적으로 멀쩡한 편이었다. 울고 있는 아기보다는 차라리 양을 돌보는 게 나았을 것이라고 생각한다. 에디, 그리고 이어서 제임스가 좀 얌전해지고 상당히 긴 시간 동안 깨지 않고 잠을 자게 된 건 일곱 달이 지나 고형 음식을 먹기 시작하면서부터였다. 이런 이론 혹은 통찰력으로 설명하고 싶다. 우량아인 두 녀석은 태어난 다음 날부터 스테이크를 먹을 태세가 되어 있었는데, 엄마인 내가 그 사실을 깨닫지 못하는 바람에 그렇게 울어 젖힌 것이라고.

언제나 나를 믿고 도와주셨던 친정어머니는 첫째 때 뉴욕에서 무려 1만 6000킬로미터를 날아와 산후조리를 도와주셨으며, 제임스가 태어났을 때도 그렇게 하셨다. 어머니는 시차 적응으로 힘든 와중에도 아기를 안고 어르면서 내가 쉴 수 있도록 해주셨다. 그런데 어느 날이었다. 어머니가 에디를 유모차에 태우고 우리 집의 그 긴 비포장 드라이브웨이를 걷고 있던 중 무섭게 생긴, 반점이 있는 갈색뱀 한 마리가 유모차 바로 앞으로 기어 나왔다. 매우 놀란 어머니는 허둥지둥 몸을 돌려 집으로 돌아오고 있었다. 그런데 그때 마침 시아버지가 4륜 구동 트럭을 타고 들어오셨고, 어머니께 왜 그리 허겁지겁 가시느냐고 물었다. 어머니가 뱀의 생김새를 설명하자 시아버지는 재미있다는 듯이 껄껄 웃으시며 이렇게 일러 주셨단다. "한 번만 물렸더라도 90초 안에 돌아가

셨을 겁니다." 그 뱀은 호랑이뱀tiger snake이었는데, 매우 치명적인 독을 가지고 있는 데다 때때로 사람을 공격하는 뱀이었다. 그날 어머니는 그런 환경에서 아이를 낳아 기를 생각을 했다고, 마치 영원히 끝나지 않을 것처럼 딸을 향해 반어적인 존경의 말을 늘어 놓으셨다.

에디는 일단 배만 충분히 채워지면 나무랄 데 없는 아기였다. 노는 걸 좋아했고, 잘 먹고 잘 잤으며, 의사소통하는 방법을 금방 배웠다. 에디는 늘 나와 함께 붙어 다니는 친구이기도 했는데, 아장아장 걸을 때부터 나와 함께 숲으로 가 들것 모양의 채집함을 체크하기도 하고, 페퍼민트 묘목 위에 있는 풍뎅이를 헤아리기도 하고, 학교 가는 길에 동행한 적도 있었다. 에디는 돌이 채 되기도 전에 걸음마를 하고 말을 했다. 엄마가 항상 눈을 떼지 않았기 때문에 그렇게 조숙하지 않았나 하는 생각을 해보곤 한다. 외딴 농장에는 마음을 기댈 만한 것이 없었다. 전화벨은 자주 울리지 않았고, 피를 나눈 가족들은 모두 지구 반대편에 있었다. 케이블 텔레비전도 없었고, 보육시설도 없었다. 나는 학회에 참석하거나 토론회에 참석할 생각을 포기했다. 아기를 돌봐줄 사람이 없었기 때문이었다. 낮잠 시간을 이용해 글을 써보려 애를 썼으나 내 일은 대개 집안의 소소한 잡일들에 순서가 밀렸다.

나는 대학 사회의 지적인 동료들이 그리웠던 나머지 꿩 대신 닭으로 정원 가꾸기를 시도했다. 내가 물려받은 핏줄의 영예를 걸고 뉴잉글랜드 방식으로 그늘 정원을 만들어 보리라 결심하고는 열심히 정원을 가꾸었다(나는 호주의 뉴잉글랜드주에 살고 있었으므로 거기서는 영국산 식물들을 키울 수가 있었다). 나는 만병초, 양귀비꽃과 풀, 아네모네, 헬레보레스, 매발톱꽃, 아잘레아 등의 많은 묘목을 사들였다. 괭이로 땅을 파고, 흙을 고르고, 써레질을 하고, 거름을 뿌리고, 물을 주었다. 그러다 보니 힘도 매우 세졌다. 자갈을 골라낸 한구석에서는 은은한 빛깔의 장미가 피어났는데, 시고조할아버지가 스코틀랜드에 있는 버지스가의 고향에서 가지고 온, 여러 대로 내려오던 장미였다. 또한 나보다 앞서 그곳에다 정원을 꾸몄던 아이들의 증조할머니는 오래된 느릅나무의 멋진 그늘 아래에 뉴잉글랜드를 대표하는 여러 가지 관목들을 심어 놓으신 모양이었다.

에디는 나의 정원 조수이기도 했다. 흙을 집어 먹거나 온몸을 흙투성이로 만드는 훌륭한 작업을 하곤 했다. 에디는 꽃밭 여기저기로 호스를 끌고 다니면서 수도꼭지를 열었다 닫았다 하는 걸 좋아했다. 아이들이 정원 주변에서 기어 다닐 때면 나는 마음놓고 쉴 수가 없었다. 아주 가까운 거리에 온갖 종류의 독사들이 기어 다니고 있었기 때문이었다. 호주 뱀은 약 95퍼센트가 독을 가지고 있으며, 그중 대부분이 아직 해독제가 밝혀져 있지 않았다. 그런 걸 생각하면 도저히 마음을 놓을 수가 없었다. 어느 해 봄 갈색뱀 한 마리가 우리 집 헛간에다 둥지를 튼 걸 발견하면서 그런 불안감은 더 심해졌다. 다시는 그런 일이 생기지 않도록 한다고 새끼들까지 전부 없애 버렸으나 그건 우리의 희망사항일 뿐이었다. 에디가 태어난 뒤 첫 번째 여름을 맞던 해에 정원에서 갈색과 검은색의 뱀을 수도 없이 보았다.

몹시 더웠던 어느 날이었다. 공교롭게도 그날은 에디가 호스를 끌고 다니는 장난을 하기 전에 낮잠을 재웠다. 무척 좋아하는 놀이였지만 날씨가 너무 더워서 졸려 했기 때문이었다. 에디를 재운 후 나는 수도꼭지를 잠그기 위해 혼자 정원으로 들어갔다. 수도꼭지는 꽃밭 한가운데에 있는 파이프 위에 똑바로 솟아올라 있었는데, 꼭지가 손에 닿을 만한 거리에 갔을 때 언뜻 그 위치가 원래 있던 자리에서 60센티미터 정도 옮겨져 있다는 생각이 들었다. 순간 백일몽에서 깨어나듯 꼭지를 잠근다고 한 것이 공격할 태세를 갖춘 채 파이프 옆에서 머리를 꼿꼿이 세우고 있는 갈색뱀의 머리 근처에다 주먹을 들이민 것임을 깨달았다. 나는 번개같이 몸을 돌려 집으로 달려와 문까지 잠그고는, 에디가 수도꼭지를 잠그는 평상시의 임무를 완수하지 않고 잠든 것에 안도의 한숨을 내쉬었다. 호주의 현모양처들은 정원에 사는 독사는 반드시 죽이라고 배우기 때문에 나 역시 권총을 손에 들고 조금 전 그놈이 날 놀라게 했던 곳으로 조심조심 다가갔다. 그러나 뱀은 이미 사라지고 없었다. 총을 쓰는 게 꺼림칙했기 때문에 속으로는 오히려 기뻤다. 그 후 며칠 동안 정원에서 놀지 않았음은 말할 필요도 없다. 남편은 내가 그렇게 불안해하는 것을 보고는 한심하다는 듯 웃으면서 그런 아무것도 아닌 일에는 이제 좀 익숙해지라고 충고했다.

이웃 농장에 사는, 결혼한 지 얼마 안 되는 젊은 새댁들은 그전 세대의 호주 농촌 지역 여성들이 꿈꾸던 것과는 다른 것들을 꿈꾸었다. 그들은 자신들을 농장 경제로부터 독립할 수 있게 해줄 직업 또는 학위를 갖길 원했다. 그러나 후미진 지역에서 그런 목표를 달성하기는 쉽지 않았다. 농촌에는 일자리를 제공하거나 문화 행사를 열거나 사회 교육을 시행하는 대규모 주민 센터 같은 게 없었다. 20세기가 이룩한 수많은 업적에도 불구하고, 내가 알고 지내던 이웃 농장의 여성들은 그들의 삶이 어머니 또는 시어머니의 삶과 다르지 않을 거라는 생각에 고민하고 의기소침해 있었다. 그중에 극히 일부가 그나마 옷가게를 운영하거나, 학교에서 교사로 가르치거나, 민박집 같은 걸 열어 약간의 성취감을 맛보았다.

나도 그와 같은 선택을 했다. 우리 농장에다 민박집을 연 것이었는데, 살림에 보태 쓸 수입을 얻고 싶어서였다. 집과 연결된 예쁜 공간에다 연인들을 위한 특실을 꾸미고 양털 보관소 뒤에 있는 오두막에는 가족용 일반실 네 개를 꾸몄다. 나는 아무리 적은 액수일지라도 내 맘대로 쓸 수 있는 돈, 그러니까 생활비를 걱정하지 않고 아이들에게 책을 사줄 수 있는 그런 돈을 정말 벌고 싶었다. 또 민박집은 집안 살림도 하면서 함께 할 수 있을 것처럼 보였다. 새로운 직업은 나를 조직적인 사람으로 단련시켰다. 아침 7시 30분에는 은식기 세트를 쟁반에 담아 아침 식사를 제공해야 했고(아이들은 아직도 아기였기 때문에 나는 아이들이 울거나 소리 지르지 않기를 기도하곤 했다), 점심때는 야외에 나가서 먹을 도시락, 그러고 나서 저녁 7시에는 양초를 켠 정식을 준비해야 했다. (이때 역시 기도가 필요했다. 나는 아이들을 일찍 재우고는 제발 일이 끝날 때까지 얌전히 자 주기를 기도했다.)

아직 제대로 걷지도 못하는 아이들을 데리고 손님을 접대하는 어려움 속에서도 나는 민박이 두 가지 점에서 아주 괜찮은 일이라고 생각했다. 우선 그 일은 조직화의 원리를 배우고 그것을 살림에 응용하도록 만들었다. 식단을 미리 짜고, 식료품 저장고를 점검하고, 언제 먹고 언제 씻을 것인지 아이들과 어른들의 시간표를 제대로 정해 놓아야 모든 일을 원만하게 해치울 수 있었다. (이러한 훈련은 실제로 몇 년 뒤 내가 가장이 되어 혼자 힘으로 모든 일을 해결해야 했을 때 큰 도움이 되었다.) 둘째로 손님들 대부분이 자연에 관심이 많은 미국인이었기 때문에(그렇지 않다면 우리 동네처럼 그렇게 외딴곳을 찾아들지는 않았을 것이다) 마음이 맞는 친구들을 많이 사귈 수 있었다. 대부분의 경우 손님들은 안주인이 동포라는 걸 알고는 깜짝 놀랐다. 그 점은 사업상 아주 좋은 점이었다. 손님들은 욕실에서 쓰는 목욕용 타월(호주에선 쓰지 않는다)과 원두커피(호주 대부분의 가정에선 인스턴트 커피를 먹는다)를 보고 반색했고, 호주인들이 쓰는 속어를 번역해 주는 것도 좋아했다.

민박 손님들은 코알라, 캥거루, 그리고 농장 주변에 사는 야생 동식물들을 좋아했다. 그래서 나는 팸플릿을 가지고 다니면서 혼자 주위를 둘러보는 '자연 산책 코스'를 고안해 냈는데, 슬슬 놀면서 아름다운 꽃과 나무들을 둘러보는 방식이었다. 그에 대한 보답으로 손님들은 깊이 있는 삶의 지혜를 들려주거나 도덕적인 지지를 아끼지 않았으며, 또 미국적인 생활 방식을 돌이켜 보게 해주었다. 예를 들어 그들은 어떻게 이런 외진 곳에서 살 수 있느냐고, 또는 어떻게 시가 식구들과 바로 옆에서 살 수 있느냐고 물어보곤 했다. 오직 미국인들만이 그런 사적인 질문을 할 수 있을 만큼 호기심이 많았고 또 용감했다. 호주인들이 미국인들을 '참견쟁이'라 부르는 이유도 바로 이 때문인데, 물론 이 말은 미국인들의 호기심을 상당히 경멸스럽게 표현한 것이다. 그런 거리낌 없는 호기심에도 불구하고 그들이 보여주는 관심과 공감이 참 고마웠다.

내가 집안 살림하랴, 아이 키우랴, 건성건성 연구하랴 정신이 없는 동안, 잎병이 전국적으로 사람들의 관심을 끌기에 이르렀다. 할과 나는 어떤 출판사로부터 그에 대한 책을 한 권 써보라는 제안을 받았다. 집안일을 하면서 그런 큰일을 해낼 수 있을지 자신이 없었지만, 그 전에 책을 여러 권 써본 경험이 있는 할은 우리가 한 팀을 이루면 잘할 수 있을 거라고 자신감을 보였다. 실제로 그 일은 나한테 자신감을 심어 주었다. 나는 내가 맡은 부분을 거의 집에서 쓸 수 있었고, 대학 도서관에는 이따금만 들렀다. 우리는 각각 네 개의 장을 맡았는데, 글 쓰는 과정은 처음부터 끝까지 너무나 즐겁기만 했다. 자신의 전문적 식견을 나누어 주고, 내가 집안일을 하고 있음을 배려해 융통성 있게 일을 추진해 준 할에게 감사한 마음이 가득하다. 특히 교정쇄가 나왔던 날을 나는 잊지 못할 것이다. 제임스를 데리고 병원에 갔다가 막 집으로 돌아온 길이었고, 원고를 살피러 대학까지 또 가야 한다고 생각하니 숨이 턱 막히는 기분이었다. 그런데 할이 사정을 전해 듣고 우리 집까지 차를 몰고 와 내가 제임스를 간호하는 동안 옆에서 원고를 읽어 주었다. 우리는 정말 재미있게 그 일을 했으며, 교정쇄도 적절한 시기에 수정할 수 있었다.

출판사 측은 내가 잎병이 번진 지역의 한가운데에, 그것도 번듯한 농장에서 살고 있다는 걸 알고는 출판 기념식을 우리 농장의 양털 깎는 작업장에서 하면 어떠냐고 제안했다. 그리하여 출판 기념식은 이웃 사람들 모두와 시드니 출판업계의 많은 사람이 참석한 잔치가 되고 말았다. 시가 식구들은 책의 출판과 신문사와의 인터뷰, 후속 연구 활동 등등이 이어지는 동안 매우 협조적이었다. 그러나 지금 생각해 보면 내가 그런 학문적인 활동에 대해 싫증을 내기를 목이 빠지게 기다리고 있었던 것은 아닌가 싶다.

내 인생에서 가장 특별한 순간이 과학과 육아 사이에서 쩔쩔매던 그 기간에 일어났다. 제임스가 아직 태어나기 전의 어느 날, 에디와 함께 버스를 타고 퀸즐랜드로 가고 있었다. 나는 그곳에 가서 지구감시대의 숲우듬지 탐사단을 이끌어야 했다. 당시의 처지로는 보모를 고용하는 것이 경제적으로도 도덕적으로도 불가능했기 때문에, 어쩌다 있는 그런 탐사 여행 때면 늘 에디를 데리고 다녔다. 버스에 오르기 전 과자, 책, 그리고 어느 한 가지에 진득하게 매달려 있지 못하는 세 살짜리 아이의 관심을 끌 만한 갖가지 장난감들로 가방 하나를 꾸렸다. 그중에는 닥터 수스Dr. Seuss[22]의 신간 《초록색 달걀과 햄*Green Eggs and Ham*》도 포

---

22) 미국의 유명한 그림책 작가. 모든 미국 어린이는 닥터 수스를 읽고 자란다는 말이 있을 정도로 유명하다.

함되어 있었다. 에디에게 알파벳 읽는 법을 가르쳐 준 뒤, 나는 책을 아이의 손에 쥐어 주었다. 그런데 이 무슨 기적 같은 일일까. 에디가 책을 소리 내어 읽기 시작하더니 마침내 마지막 장까지 모두 읽어 내렸다. 아이는《초록색 달걀과 햄》을 독파했을 뿐 아니라 오라일리의 우림에 있는 여관에서는 밥 먹을 때마다 메뉴를 주르륵 읽어 내렸다. 그때 동행했던 동료들도 그 일을 나처럼 경외감을 느끼고 바라보았는지는 알 수 없지만, 나는 부모가 된다는 것과 과학을 한다는 것, 그 두 가지 모두를 할 수 있는 특권을 누리게 된 데 대해 깊이 감사드렸다. 나는 버스 안에서 아들과 함께 책을 읽었던 그 특별한 경험을 가능케 해준 것이 다름 아닌 과학이라는 내 일이었음을 잊지 않았다.

그만큼 특별한 일은 아니지만, 가엾은 에디는 식물을 연구하는 엄마를 둔 탓에 특별한 대가를 치르기도 했다. 앞에서 말한 바로 그 여행에서 붉은장미앵무crimson rosellas(*Platycerus elegans*)의 날카로운 부리에 귀를 물리고 말았던 것이다. 에디가 그 일로 말미암아 큰 새에 대한 공포감을 벗어나는 데는 6개월이 걸렸다. 또 에디는 우리 집 정원의 자연 세계를 탐험하다가 불독개미에게 두 번이나 물렸다. 그런 일들은 결과적으로는 과학자가 되고 싶다는 에디의 생각을 굳혀주는 역할을 한 것 같았다. (보통 사람들이 좋다고 생각하는 직업, 예컨대 회계사나 법률가 같은 걸 해보라고 에디를 부추기고 있지만, 에디는 지금도 여전히 엄마가 가는 길을 뒤따라 가고 싶어 한다.)

결혼을 통해 나를 속박하게 된 호주 문화가 과학을 탐구하는 나를 두고 무슨 비판을 하든, 나는 한 가지 대단한 일을 해냈다. 가문의 상속자이자 미래의 농부가 될 두 아들을 낳은 것, 그것은 호주인 남편에겐 대단한 자랑거리였다. 그러나 식물들과 마찬가지로 아이들도 성장하기 위해서 매우 특별한 환경 조건을 필요로 한다. 어린 시절에 내가 누렸던 소중한 많은 것들로부터 멀리 떨어져 있는 오지에서 나는 과연 아이들을 잘 키울 수 있을까?

5

지상 최대의 제비뽑기

숲은 새로운 종들이 생산되고, 시험되고,
결함이 발견되면 폐기되는 거대한 실험실과도 같다.
높이 솟은 부모의 발치 아래, 기대에 가득 차서 빽빽하게 돋아난 새싹들,
영양분을 제대로 공급받지 못해 연약하고 가느다란 나무들,
어느새 훌쩍 자라, 더 큰 키로 숲을 지배하고 있는 늙은 나무들과
어깨를 겨루며, 이젠 새롭고 더 진취적인 세대들에게
자리를 내놓을 때라고 조용히 말하는 중년의 키 큰 나무들.
이 모든 나무들이 햇빛 잘 드는 자리를 차지하기 위해
조용히, 그러나 쉼 없이 서로 다투고 있다.

알렉산더 스커치, 《코스타리카의 박물학자*A Naturalist in Coasta Rica*》, 1971

—

나는 숲우듬지에 오르는 사이사이, 숲 바닥에서 이루어지는 연구에도 꽤 밀접한 연관을 가지고 참여했다. 대학원 1년생일 때 나를 '찍은' 훌륭한 은사 조지프 코넬 덕분이었다. 조지프 코넬은 샌타바버라의 캘리포니아 대학에 재직하는 저명한 생물학자로, 생물학자와 환경론자가 이론적·실천적으로 다 같이 큰 관심을 기울이고 있는 '종 다양성'이라는 주제에 문제를 제기하기 위해 호주에 오게 되었다. 그는 현장 연구를 수행하기 위해 종 다양성이 매우 높다고 알려진 생태계 두 곳을 선별했는데, 바로 열대 우림과 산호초였다. 마침 퀸즐랜드가 두 종류의 생태계와 모두 가까운 거리에 있었다. 경험이 풍부한 해양생물학자인 조지프는 함께 연구할 열대식물학자를 구했다. 당시 시드니 대학에서 열대 우림 생태계를 연구하고 있던 사람은 나 혼자뿐이었던 까닭에 나는 아무런 경쟁도 거치지 않고 그 선망받던 자리를 차지하게 되었다. 조지프는 대학원 시절 내내 충실한 동지가 되어 주었고, 20년이 지난 지금도 우리는 종 다양성이라는 중요한 프로젝트를 함께 연구하고 있다.

조지프는 생태학 분야의 태두 가운데 한 사람이고, 전 세계적으로 많은 학생에게 영향을 미쳤다. 그는 1963년 이래로 일단의 조력자 그룹(나는 그와 함께 작업한 식물학자 가운데 레너드 웹, 제프 트레이시의 뒤를 이은 2세대였다)과 함께 호주에 있는 두 곳의 열대 우림 실험지를 방문해 그 안의 나무와 어린나무saplings, 새싹들의 수를 세고, 상태를 확인하고, 도표화했다. 이와 같이 장기간에 걸친 자료 축적의 결과, 이제야 비로소 어떤 나무가 꼭대기까지 자라고, 어떤 요인이 나무의 생존과 죽음에 영향을 미치는지에 대한 중요한 결과물이 나오고 있다. 전 세계에 있는 많은 과학자가 우리들이 수행하는 종 다양성 프로젝트를 돕기 위해 수십 년에 걸쳐 호주로 순례 여행을 다녀갔다. 질척거리는 열대 우림 실험지를 근거로 새로운 생태학 이론이 많이 등장했다. 그곳에서의 현장 조사에는 마치 어떤 비례 관계가 존재하는 것처럼 보였다. 우림의 바닥이 질척거릴수록 우리의 사색도 더 예리해졌던 것이다. 그 실험지에서 새싹을 세느라 바닥을 기었던 사람들 가운데는 오늘날 탁월한 과학자가 된 로버트 블랙, 피터 체슨, 하워드 초트, 로렐 폭스, 캐서린 게링, 피터 그린, 데이비드 램, 파트리스 모로, 도널드 포츠, 웨인 수자, 태드 테이머, 데이비드 월터 등등의 많은 이가 포함되어 있다. 이 장에서 쓴 '제비뽑기'란 표현에는 두 가지 뜻이 담겨 있다. 동료로서 조지프와 함께 일하게 된 나의 행운을 가리키는 동시에 우림 바닥에서 자라는 새싹들의 운명을 가리킨다.

숲우듬지에서 일어나는 변화의 대부분은 우리들 머리 위 높은 곳에서 이루어지지만 숲 바닥은 그 모든 변화가 잉태되는 곳이다. 한 그루의 우거진 나무가 탄생하기 위해서는 믿을 수 없을 만큼 치열한 경쟁을 거쳐야 한다는 사실을 알 수 있는 곳도 바로 그곳이다. 숲 바닥에서는 지상 최대의 제비뽑기가 이루어진다. 씨앗에서 새싹, 새싹에서 어린나무, 그리고 전생치수advanced regeneration[23]까지 성장 단계마다 숲속의

모든 숲우듬지 수종들이 제비뽑기에 참여한다. 경쟁이 너무나 치열하기 때문에 제아무리 재능이 뛰어난 도박꾼이라 하더라도 이 게임에는 섣불리 뛰어들지 못할 것이다. 우림 1헥타르 안에서는 매년 약 15만 개나 되는 새싹들이 새로 싹을 틔운다고 한다. 그 수많은 새싹 가운데 1퍼센트도 채 되지 않는 새싹들만이 키 큰 나무로 자랄 수 있다. 우리 실험지에는 1헥타르당 평균 748그루의 큰 나무(나무둥치의 지름이 10센티미터 이상 되는 나무)가 있었는데, 새싹들은 한 철에 2000개 이상씩 돋아났다.

이 중요한 생태학적 제비뽑기에서 새싹들은 자신들의 당첨 확률을 높일 수 있을까? 만약 그렇다면 어떤 요인들이 당첨자를 결정하는데 영향을 미쳐 숲의 꼭대기까지 자랄 수 있게 할까? 이 제비뽑기에서는 무엇보다도 우선 씨앗이 숲의 바닥, 즉 발아에 적당한 흙 속으로 무사히 도착해야 한다. 나무 꼭대기에 매달린 열매 속의 고향에서 수많은 줄기와 가지, 그리고 땅바닥에 쌓인 낙엽층을 뚫고 땅속에 도착하기까지는 수많은 난관이 도사리고 있다. 만약 씨앗 하나가 무사히 숲 바닥에 닿았다면, 적당한 조건을 갖춘 곳에서 당장 발아하거나, 아니면 나중에라도 발아하기 위해 종자 은행에 들어가야 한다(썩거나 먹히지 않고 땅속

—

23) 어린나무가 숲속에서 자라면서 주변 큰 나무와의 경쟁이 불리하게 되면, 스스로 광합성을 해서 얻는 에너지와 호흡을 통해 소비되는 에너지를 일치시켜 나무가 크지도 죽지도 않는 상태를 유지한다. 이 단계를 전생치수라고 말하며, 수십 년이 걸리기도 한다. 머리 위로 햇빛을 받을 수 있는 틈을 확보할 때까지는 지극히 미미한 성장을 한다.

에 묻혀 있어야 한다는 말이다).

발아를 위한 제비뽑기는 우리 아이들이 좋아하는 컴퓨터 게임과 다르지 않은데, 그 세계에서 승자가 되기 위해선 다양한 단계의 도전을 극복해야 한다. 닌텐도 게임을 예로 들면 마리오는 죽지 않으려면 끊임없이 장애물을 넘어야 하고 다른 길을 개척해야 한다. 숲우듬지에서 태어나 세상으로 퍼져나가기 위해서, 즉 씨앗들이 '당첨'되려면 5단계의 과제들을 성공적으로 완수해야 한다.

1. 숲 바닥까지 안전하게 떨어질 것
2. 발아에 성공할 것
3. 떡잎 단계를 무사히 넘기고 이후 전생치수 상태를 유지할 것
4. 숲우듬지 그늘 아래의 힘든 환경을 견뎌내고, 준숲우듬지subcanopy에서 더 튼튼하게 자라날 것(아교목亞喬木은 이 단계가 최종 목표이다)
5. 예기치 않게 찾아오는 기회를 통해 빛을 받음으로써 억압되었던 상황에서 마침내 벗어날 것, 그리고 숲우듬지의 나무로 자랄 것

음지에서도 어린나무로 자라 틈새를 노리는 종을 내음성 또는 음지내성이라 부른다. 우리가 표시해두었던 내음성 묘목들은 이제 35살이 되었는데도 겨우 12.7센티미터밖에 자라지 않았다. 그늘진 숲 바닥에서 살아남아 비집고 들어갈 틈새를 '기다리는' 그들의 능력은, 내 생각에는 식물 세계의 불가사의 가운데 하나이다. 그와 반대되는 종은

내음성이 없으며, 살아남으려면 반드시 햇빛이 있어야 한다. 이들의 새싹은 그늘진 숲 바닥에 싹을 틔울 경우에는 살아남지 못하지만, 양지바른 곳에 자리 잡으면 매우 빨리 자란다. 내음성이 없는 종들은 어렵게 확보한 양지 쪽에서 무럭무럭 자라나는 능력 때문에 개척자종 또는 정착종이라고도 불린다. 하지만 시간이 지남에 따라 내음성이 있는 종들이 음지에서 천천히 자라나 개척자종들을 앞지르게 되고, 숲우듬지 세계에 다음 세대를 향한 새로운 종 다양성을 탄생시킨다. 이 과정을 '천이succession'라 한다.

숲 바닥에서 이루어지는 제비뽑기의 1단계에는 씨앗이 나무 꼭대기에서 땅바닥으로 이동하는 과정이 포함되어 있다. 씨앗이 자신의 출생지인 열매 속에서 발아를 위해 저 아래 숲 바닥으로 떨어지는 과정을 단순히 중력에 따른 과정으로 볼 수도 있다. 하지만 그 여정은 험난하기 짝이 없는 것이다. 그 결과 나무들은 이 여정의 안정성을 높이기 위해 여러 가지 혁신적인 방안을 발전시켜 왔다. 씨앗은 크기, 무게, 구조, 퍼지는 시기, 씨앗을 퍼뜨려 주는 운반자들의 눈길을 잡는 방식, 나아가서는 씨앗이 아래로 떨어지는 동안 그 소중한 화물을 보호하기 위해 방출하는 화학 물질까지도 제각기 다르다.

꽃이나 열매는 대부분 나무의 윗부분에 피거나 열리며, 그곳이 성장이 가장 왕성한 곳이다. 하지만 특별한 예외도 존재해서 굵은 줄기나 나무둥치에 열매가 달리는 경우도 있긴 하다. 그런 식물을 '간생화cauliflory'라 한다. 초창기에 그것을 발견한 탐사자들의 눈에는 간생화가 워낙 낯설었다. 그래서 오스벡이라는 한 스웨덴 식물학자는 1752년 자바의 한 나무둥치에서 간생화를 보았을 때 자신이 새로운 종—잎이 없는 기생 식물—을 발견했다고 믿고 이런 코멘트를 남겼다. "길이가 손가락 남짓한 조그만 식물이 나무둥치 위에서 자라고 있다. 너무나 희귀해서, 이전엔 아무도 이것을 본 사람이 없었던 것 같다." 간생화는 쉽게 볼 수 없으며 호주의 인동덩굴honeysuckle(*Triunia youngiana*), 남미의 카카오나무chocolate(*Theobroma cacao*), 중미의 대포알나무cannonball tree(*Couroupita guaianensis*) 등이 이에 속한다. 내가 가르치는 학생들—아이들이든 어른이든—은 간생화 관찰을 아주 좋아했고, 그 모습이 나무둥치에 콜리플라워가 매달려 있는 듯하다고 생각했다.

씨앗이 숲우듬지에서 숲 바닥으로 떨어지는 걸 '씨앗비seed rain'라 한다. 온대림에서는 해마다 꽃이 피고 열매가 맺힌다. 참나무는 가을이면 도토리를 주렁주렁 매달고, 단풍나무는 봄이 오면 어김없이 시과翅果를 우수수 떨어뜨림으로써, 온대 지역 아이들이 학교 가는 길에 가지고 놀 수 있는 장난감 헬리콥터를 넉넉히 공급해 주었다.

그러나 열대림에서는 씨앗을 떨어뜨리는 일이 온대림보다 훨씬 불규칙적이다. 생물학자들은 열대의 숲우듬지 나무들 가운데 많은 수종의 개화 및 결실 패턴을 아직 제대로 파악하지 못하고 있다. 식물의 계절적 특성에 대한 연구는 장기간의 관찰이 필요하다. 일부 특이종의 경우, 경이로운 방식으로 종의 보존을 꾀한다. 예를 들어 남극너도밤나무는 주기적결실종자mast seeder[24]이다. 남극너도밤나무 숲우듬지에는 5년

마다 한 번씩 꽃과 열매가 달리며, 그 씨앗은 냉온대림 전역에 떨어진다. 따라서 종자가 떨어지는 해의 기후 조건은 남극너도밤나무의 발아에 매우 중요한 영향을 미친다. 이와 같은 특이한 생태 때문에, 때때로 남극너도밤나무의 새싹을 전혀 볼 수 없을 수도 있는데, 그렇다고 해서 남극너도밤나무가 줄어들고 있는 것은 아니다.

처음으로 남극너도밤나무를 연구하기 시작했을 때, 나는 새싹을 찾느라 호주 저산대 우림의 남극너도밤나무 숲우듬지 아래에서 많은 시간을 헛되이 낭비했다. 수년간 수천 제곱미터의 숲 바닥을 훑은 끝에 고작 두 개의 새싹을 발견했는데, 둘 다 한 나무고사리tree fern(*Cyathea leichardti*)의 쓰러진 줄기 위에서 싹을 틔운 것이었다. 나무고사리 줄기의 조직이 마치 스펀지처럼 주변의 습기를 빨아들여 흙보다 더 많은 수분을 머금어, 발아에 적당한 조건을 제공하고 있었다. 연구를 처음 시작할 때 나는 새싹이 거의 나지 않는 현상에 관심을 가졌다. 하지만 수명이 수천 년인 것으로 알려진 나무에게는 씨앗이 20년 또는 30년 동안 제대로 발아하지 못한다고 해서 그것이 그다지 위협적인 일은 아닐 것이다. 게다가 남극너도밤나무는 나무 줄기나 쓰러진 나무에서 뻗어 나온 뿌리순이나 싹을 통해서도 재생산할 수 있기 때문에 다음 세대를 이어나가는 너도밤나무의 능력에 대해서는 걱정할 필요가 없을 것이다.

—

24) 가끔씩 씨를 생산하는 식물을 일컫는다.

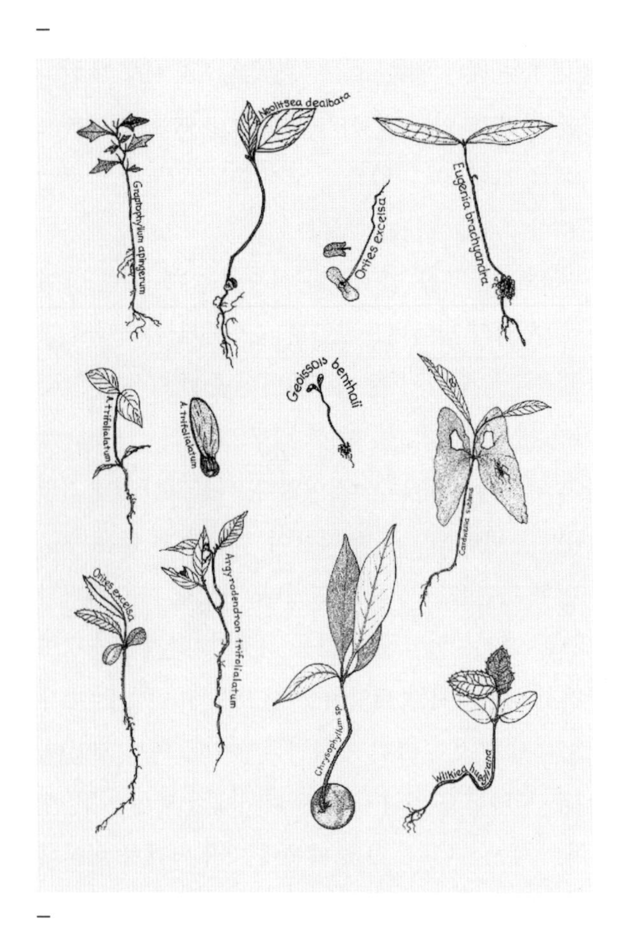

호주 우림에 돋아난 새싹들. 제각기 다른 모양과 크기로 돋아나 숲 바닥을 다채롭게 한다. 어떤 것이 마침내 큰 나무로 자랄 것인지 예측하는 건 거의 제비뽑기와 다름없다.
ⓒ Barbara Harrison

해마다 씨앗을 생산하는 것이 훨씬 덜 위험할 것 같은데 왜 주기적결실종자로 진화한 것일까? 이 역시 단순히 생산된 씨앗의 숫자를 둘러싼 문제가 아니다. 생물학자들은 씨앗 생산이 규칙적이지 않을 때, 씨앗들이 훨씬 더 쉽게 포식자들을 피한다는 걸 발견했다. 그리고 에너지학의 맥락에서 볼 때도 해마다 씨앗을 생산하는 것이 비용이 더 비싸게 먹힌다. 잎 또는 광합성을 통한 에너지 생산에 배분할 수 있는 에너지를 씨앗 생산에 빼앗기기 때문이다.

어린 소년들이 그렇듯이 나무의 씨앗도 그 크기가 천차만별이다. 중미의 대포알나무 열매처럼 지나가던 사람의 머리 위에 떨어질 경우 목숨을 위협할 정도로 큰 씨앗이 있는가 하면, 바람을 통해 넓게 퍼지는 거인가시나무처럼 현미경으로 봐야 할 정도로 작은 씨앗도 있다. 크기에 따라 특성도 다르다. 큰 씨앗을 생산하려면 당연히 부모가 더 많은 에너지를 투자해야 한다. 하지만 개별 씨앗이 살아남을 확률도 그만큼 더 커진다. 그와 반대로, 크기가 작은 씨앗은 상대적으로 힘을 덜 들이고 생산할 수는 있지만 그것들이 싹을 틔워 숲 바닥에 튼튼히 뿌리를 내리는 데 보탬이 될 만큼 충분한 에너지를 비축해 주지는 못한다.

씨앗이 작으면 떡잎도 작다. 그래서 작은 씨앗에서 돋아난 작은 떡잎은 숲 바닥에 사는 작은 생명체들처럼 손상되기가 쉽다. 작은 씨앗은 대부분 바람을 타고 퍼지기 때문에 그 결과 넓은 지역에 걸쳐 여기저기 싹을 틔운다. 씨가 작은 종들은 흔히 빛과 수분이 풍부한 틈새에서 발아한다. 저장해 둔 식량이 없기 때문에 그들은 뿌리를 내릴 수 있는 최적의 조건을 필요로 한다.

큰 씨앗과 작은 씨앗 중에 어느 것이 더 좋을까? 상황에 따라 각각 유리할 때가 있으므로 어느 것이 더 좋다거나 더 나쁘다고 일률적으로 말할 수는 없다. 호주의 우림 바닥을 살펴보면, 그린볼야자와 쿤두나무coondoo trees(*Planchonella euphlebia*)의 커다란 씨앗은 부모의 바로 아래에 떨어짐으로써 서서히 그 일대를 지배할 수 있는 여건을 조성한다. 다시 말해 새싹이 자라서 자기 부모들을 동일종인 자기 자신으로 대체하는 것이다. 레드애플red apple(*Acmena ingens*) 같은 일부 종들은 부모 밑에 모여 있는 대신 오히려 새나 작은 포유류들이 좋아하는 커다랗고 살이 많은 씨앗을 만듦으로써 숲 전역으로 씨앗이 퍼지도록 한다. 그밖의 작은 씨앗들은 바람을 타고 수백 수천 개씩 퍼져나가기도 한다.

우림의 열매들은 색깔이 매우 다양하다. 자주색, 붉은색, 오렌지색, 레몬색, 살색, 흰색, 검은색, 담자색, 분홍색, 진홍색, 복숭아색, 그리고 이 색과 저 색이 섞인 열매들도 있다. 현란한 색깔은 과육을 먹고 나서 배설물을 통해 씨앗을 여기저기 뿌려주는 역할을 하는, 앵무새를 비롯한 여러 포식자들의 눈길을 잡아끄는 데 이바지한다. 가장 극적인 예 가운데 하나가 무화과새fig bird(*Sphencotheres viridis*)인데, 무화과새는 자기가 앉은 여러 나무의 갈라진 부분에 무화과나무figs(*Ficus* sp.) 씨앗을 배설한다. 그러면 무화과나무는 흔히 생각하듯이 숲우듬지 쪽을 향해 줄기를 뻗어 올라가는 것이 아니라, 나무의 위쪽에서 발아하여 땅으로 뿌리를 뻗어내려 간다. 나무에 기생해서 싹을 틔우긴 하나 궁극적으로는 숲 바닥에다 뿌리를 내리기 때문에 이런 습성을 반半착생hemiepiphytic[25]이라 일컫는다. 내 생각으로, 위에서 아래로 내려가는 무화과나무의 성장 패턴은 우림에 사는 나무들 가운데서 유일무이할 뿐 아니라, 진화사적으로 가장 성공적인 사례가 될 것이다. 만약 10만 년 뒤에 이 지구상에 다시 돌아와 우림을 관찰할 수만 있다면! 햇빛이 잘 드는 지점을 확보한 다음 꼭대기에서 땅바닥 쪽으로 내려가는 그 획기적인 방법에 힘입어 무화과나무는 아마도 숲 전체를 지배하게 될 것이라고 예견한다.

무화과나무는 숲우듬지 위에 거점을 확보하는 독특한 생태를 가지고 있을 뿐 아니라, 나아가서는 숙주가 되는 나무를 감싸 죽여 궁극적 승리를 한층 굳건히 한다. 무화과나무는 뿌리를 땅 쪽으로 뻗어내려가는 과정에서 숙주 나무를 완전히 에워싸고, 숙주 나무가 죽어서 썩을 때까지 그것을 옥죄인다. 숙주 나무는 썩고, 그것을 껍질처럼 둘러싸고 있는 무화과나무만 계속 성장하기 때문에 교살자무화과나무는 많은 경우 가운데 부분이 비어 있다.

숲 바닥에 돋아난 새싹을 연구하려면, 현장에서 사람을 녹초가 되게 만드는 특정한 작업을 반복해야 한다. 예의 그 거대한 생물학적 제비뽑기를 연구하던 우리들은 그 작업을 '엎드려 기기'라 불렀다. 타고

---

25) 착생식물로 출발해서 땅 쪽으로 뿌리를 내려가는 식물. 마침내 뿌리를 내림으로써 착생식물로서의 성격이 끝난다.

—

—

숲 바닥을 '엎드려 기기'란, 이름표가 달린 새싹을 따라 기면서 모든 새싹을 하나하나 다 측정하는 것을 말한다. 이름표를 달고 있는 이 작은 쿤두나무는 1998년 야외 조사 때 30년이 넘게 자란 것으로 측정되었다.
그렇게나 더딘 성장은 우림에서의 성장과 세대교체에 대한 우리의 관점을 극적으로 바꾸어 놓았다.
ⓒ Joseph Connell

난 낙천주의자인 나는 앉았다, 일어섰다, 쭈그렸다를 수없이 반복하는 그 작업을 에어로빅 신체 단련 강좌, 그것도 값비싼 수강료를 들이지 않고도 할 수 있는 강좌에 비유하곤 했다. 우리는 새싹을 찾아내고 종류를 확인하고 표식을 다느라고 여러 날 동안 숲 바닥을 기어다니곤 했다. 우리의 임무는 실험지에 돋아난 모든 새싹 종류의 분포와 밀도를 측정하고, 이후 그것들이 어떻게 성장해 가는가를 추적하는 것이었다. 어떤 것이 죽었는가? 어떤 것의 수가 적은가? 자라기는 했으되 살아남지 못한 것은 어떤 것인가? 살아남았으되 성장하지 못한 것은 어떤 것인가? 그런 것들을 알아내려면 긴 시간, 그리고 수없이 많은 조그만 새싹 하나하나를 일일이 확인하는 참을성이 있어야 했다. 새싹에 다는 이름표는 영구적인 알루미늄판을 이용했는데, 그 수가 6만 개를 넘었다. 실험지의 숲 바닥을 바둑판 모양으로 세분해 지도로 만들고, 그 위에 새로 돋아난 싹을 표시하거나 또는 기록된 것들의 상태를 점검했다. 이 작업은 너무나 방대한 일이었다. 그러나 엎드려서 달팽이처럼 느릿느릿 숲 바닥을 기고, 9미터가량 '엎드려 기기'를 한 다음 짬을 내어 오레오 쿠키와 민티스 사탕(호주 사람들이 제일 좋아하는 사탕)을 먹는 동안 우리들 사이엔 너무나 자연스럽게 동지애 또는 협동 정신 같은 것이 생겨났다. 작업 자체가 워낙 집중력을 요구했기 때문에, 나와 함께 일한 파트너 가운데 한 사람은 새싹을 찾는데 너무 몰두한 나머지 눈에 거머리가 들어가는 사고를 당한 적도 있었다. 눈동자에 붙은 거머리를 빼내기 위해 우리는 결국 그를 병원으로 데려가지 않으면 안 되었다. 피를 빨아먹고 몸이 너무

빵빵해진 바람에 거머리가 눈 밖으로 기어 나오지 못했기 때문이다.

35년 동안 4헥타르의 호주 우림을 해마다 관찰한 결과, 새싹을 맡았던 우리 팀은 열대 나무들의 씨앗비, 발아, 그리고 성장 패턴이 굉장히 다양하다는 사실을 밝혀냈다. 이웃한 나무 사이에도 주기적결실 종자가 있는가 하면, 해마다 한 번씩 씨를 맺는 경우도 있고, 또 계절성 강우나 높은 조도 같은 환경 조건에 맞추어 간헐적으로 씨를 맺는 경우도 있었다. 분명히 다 자란 나무임에도 관찰이 진행된 35년 동안 한 번도 꽃을 피우거나 열매를 맺지 않는 종도 있었다. 예를 들면 지고기눔zygogynum(*Zygogynum semecarpoiders*), 로즈마라라rose marara(*Pseudoweinmannia lachnocarpa*), 갈불리미마galbulimima(*Galbulimima belgraveana*)는 다 자란 나무임에도 조사하는 동안 한 번도 그 나무의 새싹들을 발견한 적이 없었다. 그와 같은 종들은 아주 드물게—아마도 50년 혹은 그 이상에 한 번 정도—꽃을 피우는 나무의 대표가 아닐까 추정한다. 혹은 기후의 미세한 변화가 그들을 생식 불능의 상태에 빠트린 건지도 모른다. 끈기 있는 관찰만이 숲 바닥에서 이루어지는 저 위대한 제비뽑기의 비밀을 밝혀 줄 것이다.

새싹 관찰 작업에 참여한 뒤, 숲을 보는 눈은 더없이 예민해졌다. 수십 년이 지나는 동안 각각의 종들은 제각기 독특한 특성을 보여주었다. 수백 개의 새싹이 빽빽이 모여 돋아나는 사사프라스의 씨앗비를 보면 두려운 느낌이 든다. 또 새로운 덩굴식물(정체를 확인하기가 매우 어렵다)을 보면 몸을 움츠리게 된다. 아주 드물게 카우리소나무kauri pine(*Agathis robusta*)를 발견하거나, 또는 톱니 모양의 떡잎을 보고 정확히 정체를 알아맞힐 수 있는 가시투성이 초피나무prickly ash(*Orites excelsa*)를 마주치면 몸에 전율이 온다. 새싹은 모양과 무늬가 모두 매혹적이고 다양하며, 그들의 생태는 저마다 독특하다.

여성 현장생물학자로서 나는, 협동 연구 프로젝트에 참여하는 동안 남성 동료들에 비해 훨씬 난처하고 곤란한 문제를 겪어야 했다. 지금도 수유, 더러운 기저귀, 배탈 같은 골칫거리들과 씨름하고, 또한 숲 속에서 우유병 젖꼭지를 잃어버려 속상해하면서 어떻게든 생태학이라는 발판에서 발을 떼지 않기 위해 고군분투했던, 미칠 것 같았던 순간들이 떠오른다. 한번은 요람에서 자고 있는 에디를 들여다봤다가 에디가 덮고 있는 아기용 양털 담요에 구더기가 바글거리고 있는 걸 발견한 적도 있었다(말 그대로 구더기들이 담요 위를 기어다니고 있었다. 금파리들이 축축한 담요 위에다 알을 까는 바람에 이런 일은 자주 벌어졌다). 우리 집에는 세탁물 건조기가 설치되어 있지 않아서 빨랫줄에다 에디의 담요를 널었는데, 겨울철인데다 일주일 동안 비가 오는 바람에 제대로 마르지 않았던 것이다. 이런 일들을 겪으면서 나는, '내가 아무리 몸부림을 쳐도 오지에서 이렇게 살면서 과학을 한다는 것은 불가능한 일이 아닐까' 하는 두려움에 시달렸다.

호주 농촌에서는 남성과 여성의 역할이 전통적으로 뚜렷이 구분되어 있었다. 일단 아기가 태어나면, 여성은 자기 시간의 대부분을 육아와 가사에 바쳐야 했다. 그러나 나는 성인이 된 이후 대부분의 시간을 과학자가 되기 위한 열망으로 열심히 연구하는 데 바쳤고, 그러한 노력의 결과 박사학위를 소지하게 된 사람이다. 나로서는 그와 같은 불합리한 변화를 받아들일 준비가 되어 있지 않았다. 나는《우먼스 위클리 *Women's Weekly*》지 사이에다 학술지인《생태학*Journal of Ecology*》을 끼워 넣고는, 집안 장식과 관련된 최근의 유행을 들여다보는 척하면서《생태학》에 실린 과학 기사들을 훑어볼 수 있었다. (소신이 부족한 것처럼 보일 수도 있을 것이다. 그러나 피곤함에 절은 부모가 되면, 누구나 곧 곤란한 일들을 최소화하는 법을 익히게 된다.)

시어머니는 전통적인 여자의 길을 걸은 사람이었다. 시어머니는 자신이 유치원 교사 일을 중도에 접었다는 것, 그리고 그러한 희생은 목축업자의 아내로서 당연히 감내해야 한다는 점을 나에게 누누이 환기시켰다. 나는 파트타임으로 현장 연구에 참여하는 나를 시어머니가 좀 도와주길 바랐지만 그녀는 그러한 발상 자체를 완강히 거부하는 것처럼 보였다. 당신 자신의 과거, 이루지 못한 꿈에 대해 한이 맺혀서 그런 것은 아닐까 하고 생각해 보기도 했다. 아니면 단순한 세대차이였을까. 시어머니는 너무 바빠서 손자들을 돌봐줄 시간이 없었다. 그렇긴 해도 호주에는 의지할 수 있는 친정 가족 한 명 없는 형편이라 내가 거의 탈진 상태라는 사실만큼은 분명히 알고 있었다. 시어머니는 내가 학문 따위에 곁눈질하지 말고 아이들의 어머니라는 역할에만 전념해 주기를 바랐다. 나를 은연중에 몰아세우고 있는, 내 가장 가까운 이웃이라고도 할 수 있는 시어머니의 마음을 기쁘게 해드릴 방법이 없을까 고민하느라 나는 수없이 잠을 설쳤다. 너무나 간절하게 시어머니와의 우정을 기대했다. 그러나 불행히도 시어머니에게 너무 낙담한 나머지 마음을 접을 수밖에 없었다. 내가 미용실에 갈 때는 아이를 봐주겠다고 하면서도 대학 도서관에 가려 할 때는 그렇게 해주지 않는 경험으로 미루어 보면, 시어머니가 얼마나 나와 다른 철학을 가지고 있었는지를 알 수 있을 것이다.

1985년 11월, 에디가 4개월이었을 때, 나는 해마다 한 번씩 이루어지는 우림에서의 새싹 조사에 에디를 데리고 갔다. 나 말고는 아이를 봐줄 사람이 없어서 집에다 아이를 두고 갈 수가 없었다. 아이를 데려가려니 카메라나 노트, 줄자, 거머리 방지용 바지, 부츠, 비옷, 과학 장비 같은 내 소지품 외에 장난감, 기저귀, 이유식 같은 아이용 소지품을 더 챙겨 다녀야 했다. 그와 같은 고투를 보여주는 또 다른 예가 있으니, 나무 색인표와 우림 전집, 《귀여운 바니*Pat the Bunny*》, 《달님, 안녕!*Goodnight Moon*》 같은 책들이 뒤섞여 있는 내 서재다.

내가 새싹 프로젝트에 참여할 수 있었던 것은 오로지 미국에 있는 동료들과 친정 부모님의 눈물겨운 지원 덕분이었다. 그들은 과학에 헌신하고자 하는 나를 전폭적으로 밀어주었다. 어머니는 일이 있을 때마다 불원천리 저 먼 뉴욕 끝에서 날아와 나와 함께 우림 탐사대에 합류하셨고 곁에서 아이를 돌봐 주셨다. 우유를 먹이고, 잠을 재우며 에디를 돌봐준 어머니가 보답이라고 받은 게 있다면 우리들과 함께 여행하며 경험을 쌓고 모험을 즐기는 것이었다(그렇지만 과연 공평한 거래였는지는 모르겠다). 어머니가 외손주를 보려고 그렇게 먼 길을 마다하지 않고 왔으리라고 생각하지 않는다. 어머니는 그토록 오랫동안 매달려 온 과학으로 무언가 의미 있는 일을 하고자 하는 내 뜻을 헤아려, 나를 돕기 위해 그리하셨다. 그러다 에디를 유모차에 태우고 우림 속 오솔길을 산책하던 어머니가 비단뱀과 마주치는 봉변을 당한 적도 있었다. 어머니에게는 숲에서 있었던 다른 어떤 일보다도 끔찍한 경험이었다. 더욱이 외손자와 함께 가다 호주 뱀을 만난 것이 벌써 두 번째였다. 어느 해는 남동생 부부가 호주와는 딴판인 세상, 뉴욕에서 날아와 우림 속에서, 또 농장에서 보모 노릇을 해주기도 했다. 내 동생은 지금도 세 살짜리 에디가 외삼촌에게 온갖 새들의 울음소리를, 그것도 학명까지 언급하며 설명해 주던 이야기를 한다. 나는 새의 종류를 확인하기 위해 차 안에서 새 울음소리가 녹음된 테이프를 곧잘 틀어 놓았는데(자주 반복해서), 나와 함께 차를 타고 다녔던 에디가 나보다 더 빨리 새의 울음소리를 구별하게 된 것이었다. 나의 두 아이는 분명히 색다른 환경 속에서 자랐고, 그 때문인지 아장아장 걸을 때부터 과학에 대한 내 열정을 이해했다. 비록 지구 반대편에서 건너온 것이라 할지라도, 가족의 도움이 없었다면 도저히 가정과 일을 동시에 꾸려나갈 수 없었을 것이다.

육아와 일을 동시에 해나가는 데 익숙해지면서 나는 두 가지 일을 한 번에 해치우는 모성적 재능을 익히게 되었다. 사실 나는 내 머리가 둘로 나뉘어 있는 게 아닐까 하는 생각을 자주 한다. 한쪽이 아이를 생각하고 있는 동안 다른 한쪽은 기술적인 문제들을 처리할 수 있도록

내가 새싹들을 측정하는 동안, 동생 에드가 조카 에디를 등에 업고
우림의 신기한 모습들을 구경시켜 주고 있다.
ⓒ Beth Weatherby

말이다. 여성이라면 누구나 내 말에 공감할 수 있을 것이다. 새싹을 관찰하는 기간이면 나는 세 시간을 주기로 해서 작업을 하고, 쉬는 시간에는 곧바로 아이에게 달려가 젖을 주고 안아 주었다. 그리고 나서 커다란 컵에 든 물을 벌컥벌컥 들이마시고는 다시 원래의 자리로 돌아가, 내가 잠시 자리를 비운 사이에 발견된 새싹들의 종류를 확인하는 것이었다. 그렇게 해야 일과 육아를 함께 해나갈 수 있었다. 널뛰듯 정신없이 바쁜 생활이었지만 굴러갔다. 우리가 묵는 통나무집의 벽이 너무 얇았기 때문에 밤에는 에디를 내 침대에 함께 재웠다. 나를 깨우지 않고 에디가 우유를 먹을 수 있도록, 그리고 우는 일이 없도록 하기 위해서였다. 그 프로젝트에서 새싹의 종류를 확인해 주는 핵심적인 역할을 맡고 있었음에도 나는 항상 남자 동료들이 내가 아이를 돌보는 것에 불만을 품지나 않을까 눈치를 보았다. 요즈음은 거의 모든 분야에서 육아를 부모의 의무로 존중해 주고 있지만, 1980년대 초에는 일과 가정을 양립시키려 애쓰는 나를 향한 경멸의 시선을 이따금 느낄 수 있었다.

씨앗비와 그에 뒤이은 발아 이후, 새싹은 이제 유년기 동안 자신을 스스로 잘 지탱하지 않으면 안 된다. 떡잎이 나오고 이어 어린잎이 나온다. 이 시기에 새싹들은 대개 음지라는 억압된 조건 속에 살면서, 급속히 키를 키우는 법 없이 차분히 양분을 저장한다. 그리고 일반적인 건기와 가벼운 물리적 손상 등을 견뎌낼 수 있을 만큼 뿌리를 내리게 되면 전생치수의 지위를 확보하게 되는데, 인간의 성장 단계와 비교하면 청소년기와 비슷한 단계이다. 발아에서 전생치수에 이르는 단계 동안 어마어마한 수의 새싹들이 죽어간다. 넓이가 3.7헥타르인 호주 우림의 실험지에서 30년에 걸쳐 이름표를 부여받았던 6만 5000개의 새싹 가운데 6000개도 안 되는 새싹들만이 새싹 단계를 넘기고 살아남았다. (덩굴식물은 모두 기록하지 않았는데, 아마도 나무보다는 싹을 많이 틔울 것이다!) 이는 새로 돋아난 싹 가운데 10퍼센트도 안 되는 수만이 말라 죽거나 동물들의 발에 밟혀 죽거나 물에 떠내려가지 않고 몇 주 이상 생존한다는 뜻이다. 그리고 그렇게 살아남아 전생치수가 된 나무들 가운데 1퍼센트도 안 되는 나무만이 아교목 또는 아름드리나무로 자라날 것이다. 우리 실험지에서는 60만 개 이상의 새싹이 발아하는 것으로 추정되는데, 우리들은 그 대부분의 새싹들에게 이름표도 달아주지 못했다. 해마다 한 번, 한 달 동안 하는 조사 사이의 11개월 동안 대부분 죽어 버리기 때문이다.

그런데 숲속의 무뢰한들은 새싹의 한 세대 전체를 몇 시간 만에 요절내 놓기도 한다. 한번은 호주숲칠면조들이 먹이를 찾느라 숲 바닥을 파헤쳤는데, 그 잠깐에 1년 된 일단의 새싹들이 짓밟히고 말았다. 또 칠면조 수컷 한 마리가 '흙집'(둥지를 일컫는다)을 짓느라 많은 수의 새싹들(이에 더해 우리가 붙인 이름표까지)을 마구 긁어모은 걸 본 적도 있다. 퀸즐랜드의 래밍턴 국립공원 안에 있는 칠면조의 한 흙집에서 우리는 멀리 떨어진 곳에서 긁어모아 온 수백 개의 새싹 이름표들을 찾아냈다. 호주숲칠면조의 집은 3~4톤에 이르는 흙과 나뭇가지, 돌멩이 같은 걸로 만들어지며, 흙 속의 것들이 썩으면서 열을 내기 때문에 알에겐 특급 부화실 역할을 한다. 수컷들은 집만 짓는 것이 아니라 알이 부화할 때까지 집을 관리한다. 아버지가 새끼를 돌보는 특이한 경우다. 숲속에 사는 칠면조에 불과하긴 해도, 어쨌든 남성이 집안일을 돌본다는 건 호주에선 보기 힘든 기이한 일이었다.

또 다른 침략자들로는 숲 바닥에 돋아난 어린잎을 먹고 사는 유대류, 즉 긴꼬리왈라비pretty-faced wallaby(*Macropus parryi*), 덤불쥐bush rat(*Rattus fuscipes*), 희귀종인 잡는꼬리쥐prehensile-tailed rat(*Pogonomys mollipilosus*) 같은 동물을 들 수 있다. 또 호주꼬리치레log runner(*Orthonyx temminckii*)나 화식조cassowary(*Casuarius casuarius*) 같은 새들도 먹이나 맛난 요깃거리를 찾느라 흙과 새싹들을 파 뒤집는다. 몸집이 좋은 현장 조수들마저도 퀸즐랜드 북부의 실험지에서 화식조를 보고는 무서워 몸을 움츠렸다. 화식조는 세상에서 가장 위험한 새로 알려져 있으며, 다리를 이용해 다른 동물을 공격한다. 전생치수 단계까지 살아남은 새싹들은 그밖에도 오랜 가뭄, 초식 곤충들의 공격, 혹은 위에서 굴러 내려와 줄기를 부러뜨리는 바위 같은 극단적인 상황에 부닥칠 수 있다.

제비뽑기의 마지막 단계로 접어들면, 이제 숲 바닥의 새싹들은 성장할 수 있는 물리적 공간, 즉 빛을 받을 수 있는 틈새를 확보해야 한다. 내음성이 있는 종들은 그늘에서 수십 년을 생존하기도 한다. 그러나 숲우듬지 나무가 되려면 궁극적으로는 빛이 있어야 한다. 내음성이 없는 종들은 직접 빛을 받지 못하는 응달에서는 싹을 틔우지 않는다. 우림에는 빛이 드는 틈새가 여기저기 흩어져 있다. 커다란 나무가 쓰러지거나, 가지 하나가 부러지거나, 혹은 손바닥만한 잎이 하나 떨어지기만 해도 땅에 와 닿는 빛의 세기가 현격히 달라진다. 그 결과 숲 바닥의 환경 조건이 상당히 다양해지는데, 그것이 종의 다양성을 촉진한다. 새싹 개체수를 조사한 35년 동안, 빛이 들어오는 숲속의 공간을 조사해 기록한 것이 있는데, 새싹들의 성장 발달을 이해하는 데 큰 보탬이 되었다. 빛이 들어오는 공간을 확보한 새싹과 그렇지 못한 새싹을 비교해 보면, 급속한 수직 성장을 이루기 위해선 어떤 계기로든 반드시 빛이 들어오는 틈새를 확보해야 한다는 사실이 확연히 드러난다. 빛이 들어오는 틈새가 없으면, 일부 새싹들은 수십 년 동안을 아주 조금밖에 자라지 못한 채, 언젠가 빛이 들어올 기회를 고대하며 억압된 조건 아래 남게 된다. 우리 실험지에 있는 전생치수 단계에 오른 일부 새싹들은 30번째 생일을 보내고도 아직 키가 12.7센티미터밖에 안 된다. 이처럼 억눌린 조건 속에서 음지의 새싹들은 과연 얼마나 버틸 수 있을까? 앞으로의 연구를 통해 그에 대한 답이 나오기를 기대한다.

그러면 새싹들의 탄생과 죽음, 성장에 관해 35년 동안 쌓아온 자료는 어떻게 되었을까. 우리는 일단 그것을 컴퓨터의 데이터베이스에 저장한 다음, 패턴화할 수 있는 것과 없는 것으로 평가·구분했다. 임의의 관찰을 통해 수백 종에 이르는 나무들의 패턴을 예측한다는 건 불가능했다. 어떤 종들은 다 자란 나무는 있는데 몇 살을 먹었든, 자식이라곤 전혀 거느리고 있지 않은 경우도 있었다. 예를 들어 로즈마라라와 덤불터펜틴scrub turpentine(*Rhodamnia rubescens*)은 숲 바닥에서 새싹을 찾기가 이름을 발음하기만큼이나 어려웠다. 다 자란 나무도 있고 어린나무도 있지만 새싹은 극히 드문 종도 있었다. 유창목lignum vitae(*Premna lignum vitae*)이 그런 경우였다. 대단히 희귀해서 연령을 불문하고 개체수가 극소수인 종도 있었다. 갈색너도밤나무brown beech(*Pennantia cunninghamii*)와 터커루나무twin-leaf tuckeroo(*Rhysotoechia bifoliolata*)가 그렇다. 이들 종의 나무에게는 앞으로 어떤 일이 일어날까? 현존하는 부모 나무들이 어느 날 갑자기 씨앗을 생산할까? 혹은 우리가 사는 동안 국지적으로 멸종해 버릴까? 오늘날엔 흔하디흔한 종인 사사프라스와 부용booyong도 언젠가는 희귀종이 될까? 흔한 종이든 귀한 종이든 모두 함께 얽히고설켜 빚어내는 성장과 생존의 패턴이 이곳 숲우듬지의 미래를 결정할 것이다. 그리고 그 비밀을 밝혀낼 책임은 장기 관찰자의 몫이다.

우리는 새싹 개체수 조사는 해마다 하고, 다 자란 나무 점검은 5년에 한 번씩 한다. 수십 년 동안 자료를 축적한 끝에 이제 특이종의 결실과 관련한 현상을 예측할 수 있다. 하지만 숲 바닥에서 이루어지는 복잡한 제비뽑기의 확률을 충분히 계산하기 위해서는 수 세기가 소요될지도 모른다. 고작 35년 동안 자료를 축적한 것에 불과하기 때문에 모든 의문에 해답을 찾기를 바랄 수는 없지만, 이제 우리는 씨앗의 크기와 퍼지는 방식, 계절적 양상, 포식자와 병원체, 그리고 확률 등을 비롯해, 숲우듬지의 다양한 성장 발전에 기여하고 있는 메커니즘들을 이해하기 시작했다. 우리는 12.7센티미터밖에 안 되는 작은 나무가 35살이나 먹었음을 알 수 있게 되었는데, 이는 우림의 보존에 관한 우리의 견해를 확실하게 변화시킬 수 있는 중요한 사실이다. 나는 어린것들의 유아기와 성장기에 대해 많은 것을 배웠다. 새싹과 아이들, 그 둘은 기쁨과 시련을 선사하며 내 삶을 풍요롭게 해주었다.

6

하늘로 가는 길

자작나무를 타듯이 살고 싶네.
눈처럼 하얀 둥치를 타고 올라 검은 가지까지
하늘을 향해, 나무가 더 견디지 못할 만큼 높이 올라갔다가
가지 끝을 늘어뜨려 다시 땅 위로 내려오듯이,
올라가는 것도 돌아오는 것도 모두 좋으리.
어쩌면 삶은 자작나무를 타는 것보다 더 나쁠 수도 있으니.

로버트 프로스트, 《자작나무*Birches*》, 1916

—

어린 시절 우리는 나무를 사랑하는 법을 배운다. 나무를 기어오르고, 큰 가지 위에 요새를 짓고, 나무 밑 풀밭에 몸을 누이고, 바람에 흔들리는 가지들을 쳐다보고, 민첩하게 나무를 타는 원숭이와 새를 부러워하고, 썩어가는 나무둥치 속에서 살아가는 조그만 동물들에게 마음을 빼앗긴다. 그중에서 가장 기이한 것은, 극히 제한된 시야밖에는 가질 수 없는 공간인 땅 위에 서서 경외감으로 나무를 쳐다보며 많은 시간을 보낸다는 사실이다. 위쪽을 쳐다보며, 관찰하기 쉽지 않은 이리저리 복잡하게 뒤얽힌 가지와 잎들을 구별하느라 애를 쓴다. 우리 손이 닿지 않는 저 갈라진 틈 사이에는 대체 어떤 생명체들이 살고 있을까 궁금해한다.

호주에서 돌아와 윌리엄스 대학의 생물학과 교수로 일하게 되었을 때, 나는 숲우듬지 세계의 놀라움을 열성적인 생물학도들과 나누고 싶었다. 이를 위해 나는 연구용 '나무 집'을 지었는데, 나무 집은 학생들에게 숲우듬지의 경이로움을 직접 느낄 수 있도록 해주는 나무랄 데 없는 수단이 되었다.

—

태평양을 횡단하는 여행은 영원히 끝나지 않을 것만 같았다. 특히 어린아이 둘을 데리고 탄 경우에는 말이다. 그전에도 이미 두 번씩이나 아이 둘을 데리고 오간 적이 있는 여정이었고, 이번에는 그나마 아이들이 제법 컸다는 사실이 나를 위로해 주었다. 에디는 다섯 살, 제임스는 세 살이었다. 나는 아이들을 번갈아 화장실로 데려가고, 주스와 물과 과자를 챙겨 주며, 닥터 수스를 반복해서 읽어 주고, 14시간이 걸리는 태평양 횡단 여행이 얼마나 더 있어야 끝나는지를 계산하며, 아이들이 짜증 내거나 지루해하지 않도록 화려한 종이로 신경 써서 포장해 온 선물 꾸러미들을 수도 없이 개봉하느라, 밤을 꼴딱 새웠다.

우리는 아침 9시에 로스앤젤레스에 도착했다. 공사 중인 입국장의 복도를 따라 걷는 긴 걸음이 처음 도착한 입국자들에게 꽤나 실망스러웠을 것이다. 입국심사장에 도착하니 드넓은 홀 여기저기에 이리저리 뻗어나간 강줄기처럼 사람들이 구불구불 길게 줄을 서 있었다. 그러나 미국 땅에 도착했다는 안도감이 밀려와서 그런 것쯤은 아무렇지도 않았다. 내 차례가 되어 심사대 앞으로 다가서자 젊은 직원이 내 눈을 똑바로 바라보며 말했다. "고국에 오신 것을 환영합니다." 나는 그 말에 그만 울음을 터뜨리고 말았다. 정서적으로 매우 불안한 가운데 힘든 여행을 해서 그런 모양이었다. 비로소 이 여행을 준비하면서 보낸 지난 몇 달 동안 몸과 마음이 지칠 대로 지쳐 있었음을 깨달았다.

아이들과 우리 농장에서 출발해 시드니까지 내려오고, 태평양을 건너고, 그런 다음 다시 아메리카 대륙을 가로지르느라 36시간을 줄곧 비행기에서 보내야 했다. 신체 건강한 성인들에게도 고된 여정인데, 하물며 어린아이 둘을 거느린 엄마에게는…. 이런저런 속상한 일들 끝에 앤드루와 나는 당분간 떨어져 살기로 했다. 나는 과학에 대한 애착을 다시 한번 저울질해 볼 수 있게 되었다. 나는 정말 과학 분야에서 일하고 싶어하는가? 아니면 그것은 불가능한 꿈에 지나지 않는 것일까?

윌리엄스 대학 생물학과로부터 6개월 동안 방문 교수로 일해 달라는 전화를 받았던 1989년 5월의 그날을 평생 잊지 못할 것이다. 너무 기뻐서 펄쩍펄쩍 뛰고 싶었다. 그러나 시가 식구들이 그것을 싫어하고 마땅찮게 여길 것이라는 데 생각이 미치자, 뿌듯함은 침울함으로 변하고 말았다. 시어머니가 보는 앞에서 남편이 "그 제안을 받아들여도 좋다"고, 그러나 그건 더 이상 "학문 타령"을 하지 못하게 하기 위해서라고 무뚝뚝하게 말하던 순간도 평생 잊지 못할 것이다. 비록 내가 하는 일은 우스운 것이 되었지만, 마지못해서나마 남편이 새로 일을 시작하려는 내 편을 들어서 얼마나 기뻤는지 모른다. 시어머니는 훌륭한 아내는 남편을 침대에 혼자 내버려 두고 떠나지 않는 법이라고 겁을 주었다. '훌륭한' 결혼이 무엇인가에 대해 시어머니와 나는 결코 의견이 일치하지 않으리라는 사실을 다시 한번 슬프게 절감했다. 시어머니가 나를 현모양처가 될 수 있도록 도우려 했다는 것을 믿어 의심치 않는다. 그러나 나는 전통적인 여성의 역할에만 만족할 수 없었고, 내 자아에 충실하고 싶었다. 나는 6개월간의 떨어져 있는 기간을 통해 우리 모두가 좀 더 객관적이 되고, 자신과 다른 견해에 열린 태도를 가질 수 있기를 빌었다. (미국으로 떠나기 전 짐을 챙기고 겉보기엔 아무렇지도 않은 척하는 과정에서 있었던 가슴 아픈 이야기들은 영원히 내 가슴에만 담아둘 생각이다.)

아이들과 나는 로스앤젤레스 세관을 통과한 다음, 우리를 저 건너편 땅으로 날라다 줄 비행기가 올 때까지 4시간을 대기했다. 나는 힘든 수련 과정을 거쳐 마침내 전문 직업인으로서의 길로 들어서게 되었다는 사실에 조금 우쭐해졌다. 몇 가지 결점이 있기는 했다. 이제 혼자 아이를 길러야 했다. 또 소지품의 대부분을 지구 반대편에 두고 왔으며, 상태가 어떤지도 모르는 집을 한 채 빌려 놓은 처지였다. 어린 두 아들을 이제까지와는 전혀 다른 새로운 문화 속에서 길러야 했고, 아이들은 이 새로운 나라의 말조차 제대로 알아듣기 힘들어했다. 또 얼마간의 임금을 받게 될 것이지만 그 돈이 너무 적을 경우 구호용 식량카드를 받아야 할지도 몰랐다. 그러나 사실 이런 걱정거리는 우리가 뒤에 남겨두고 온 것들에 비하면 대수롭지 않은 것처럼 느껴졌다. 우리는 무사히 미국에 도착했고, 미국은 기회의 땅이 될 것이었다.

태평양을 건너는 장시간의 여행을 마친 뒤, 아이들은 며칠 동안 밤낮이 바뀐 생활을 했다. 밤에는 깨어 있고 낮에는 내내 잠을 자더니, 마침내는 적응을 했다. 1990년 10월 초 우리가 매사추세츠주에 도착했을 때, 뉴잉글랜드 지방은 아름다운 인디언 썸머였다. 나는 아이들이 아빠를 그리워하지 않을까 걱정했으나 아이들은 새로운 나라에서 새로운 것들을 보고, 듣고, 만지고, 냄새 맡느라 여념이 없었다. 타고난 낙천주의자인 에디는 웃으며 이렇게 말했다. "이제 우리 가족은 여섯 명이네." 나와 에디, 제임스, 그리고 외할아버지와 외할머니, 외삼촌 에드(에디는 태어나서 처음으로 외가 식구들과 가까이 지내게 될 것이었다).

나는 현물을 보지도 않고, 안식년 휴가 중이라는 한 교수로부터 대학 캠퍼스 근처에 있는 집을 빌려 놓은 상태였다. 알아볼 시간이 별로 없었던 데다 가구 일체를 갖추고 있다고 했기 때문에 현실적으로 그럴 수밖에 없었다. 집세가 내 임금을 넘어설 만큼 비싸서 집 상태가 어떤지에 대해서는 신경 쓸 여유가 없었다. 게다가 그 좁은 시내에서는 시간강사가 이것저것 조건을 내걸 수 있는 여지가 없었다. 나는 당시만 해도 세상 물정에 너무 어두워서 임금을 협상해서 결정한다는 사실도 모르고 있었다. 그 집은 부동산 임대업자들의 꿈, 다시 말해 '손재주 있는 사람에게 무궁무진한 가능성을 제공하는' 그런 종류의 집이었다. 하나밖에 없는 현관문은 바람만 불면 열리고, 창문에는 플라스틱 가리개 몇 개를 빼고는 변변한 커튼이나 덧문도 달려 있지 않았다. 매사추세츠주의 겨울 냉기를 생각하자 집의 모양새에 화가 치밀었다. '가구 완비'에 대한 집주인의 개념은 우리가 생각한 것과는 전혀 딴판이었다. 침실에 침대가 구비되어 있기는 했다. 그러나 침대라는 게 맨바닥 위에 놓인 매트리스를 말하는 것이었다. 다른 무엇보다 끔찍했던 것은 틈이란 틈마다 먼지 뭉치가 가득 들어 있어서 아이들이 코를 달고 사는 것이었다. 고맙게도 부모님이 사흘 동안이나 집 전체를 털고 닦고 씻어 주셨지만 큰 효과는 없었다. 또 부엌세간에는 그간 어떤 요리를 해먹었는지 알 수 있을 만큼 찌든 때가 덕지덕지 앉아 있었다. (나중에 나는 집주인의 아내가 이 부엌에서 직접 음식을 조리해 내다 팔았다는 사실을 알고 아연실색하고 말았다.) 게다가 아이들이 새로운 세계에 편안히 적응할 수 있도록 하기 위해 울며 겨자 먹기로 그릇이며 담요, 얼마간의 가구들을 사들일 수밖에 없었다.

에디와 제임스는 예의 쾌활하고 장난을 좋아하는 성격대로 그 괴상하고 무질서하며 추운 집을 사랑했다. 외할머니가 세발자전거 한 대씩을 사주셨는데, 가구나 깔개가 별로 없는 덕분에 복도며 거실이 더할 수 없이 훌륭한 놀이터가 되어 주었다. 곧 미국산 싸구려 장난감들이 쌓이기 시작했고, 우리는 그것들을 플라스틱 우유 상자에 담았다. 플라스틱 우유 상자는 잘 쌓기만 하면 아이들 방을 꾸미는 알록달록한 가구가 되었다. 밤늦게 배관이나 전기 때문에 몇 번 전쟁을 치르기는 했지만 잘 살아남았다.

교수나 학자들은 인간 종족 가운데서 좀 별종이라고 할 수 있다. 그들은 세상에서 가장 지적이고 재능이 많은 사람들로서, 젊은이들의 사고력을 키우는 중요한 과제를 수행하고, 미래를 향한 혁신적 아이디어를 내놓음으로써 깊은 신뢰를 받는다. 그러나 다른 한편으로 그들은 보통 현실성이 결여되어 있다. 그 때문에 상대적으로 개인적인 불행을 당하는 경우가 많아서, 불안한 결혼생활을 하거나 평범치 않은 조건 아래 살아간다. 또한 고장 난 냉장고 문을 테이프로 닫을 수는 없을까 등 어설픈 상상에 마음을 빼앗기며, 도서관과 셀프 세탁소 사이를 오가며 살아가는 경향이 있다(세탁기를 살 형편이 되는 사람들조차도 학생 시절의 엄격한 마음가짐을 그대로 가지고 있다). 언젠가 학자들의 생활 방식에 대한 책을 한 권 쓰게 될지도 모르겠다. 아마도 무척 흥미진진할 것이다. 나 역시 학자로서는 그와 같은 기벽에서 자유롭지 못하다. 그러나 부모로서는 내 기준을 더 높이 끌어올리고 싶다. 아이들이 나를 보고 따라 배울까 싶어서다.

노동 인구에 새로 편입된 한부모로서 가장 먼저 해결해야 할 큰 과제는 제임스를 맡길 보육시설을 찾아내는 일이었다. 여러 종류의 보육 프로그램에 대한 평판이 어떤지 아는 바가 거의 없고, 입학하려면 상당한 경쟁을 거쳐야 하는 새로운 동네에서 그 임무를 완수하기란 쉬운 일이 아니었다. 가장 바람직한 곳은 대학 보육센터였으나 대기자가 너무 많았다. 일단 제임스의 이름을 대기자 명단에 올려놓고 다른 곳을 알아보러 다녔다. 교회에서 운영하며, 아침 7시에 문을 열고, 시간이 없거나 혹은 형편이 안 돼서 아이들에게 아침밥을 먹일 수 없는 경우에는 아침밥까지 제공하는 곳을 하나 찾아냈다. 게다가 집에서 멀지 않아 금상첨화였다. 바닥에는 항균 리놀륨이 깔려 있었고, 운동장은 큰길이 내려다보이며 나무 한 그루 없는 좀 삭막한 곳에 있었다. 하지만 당장이라도 제임스를 받아줄 수 있었다. 정 안 되면 여기에 보내면 되겠다고 접어두고, 일단 다른 곳을 좀 더 알아보기로 했다.

한편 에디는 초등학교 1학년에 입학시킬 준비를 했다. 에디는 호주에서 유치원을 졸업했고, 1학년을 몇 달 다니다 왔으며 책을 읽고 이해하는 능력은 4학년 수준이었다. 호주에서는 집안의 이런저런 갈등을 보이고 싶지 않아 에디를 일부러 일찍 학교에 입학시켰었다. 윌리엄스타운에서도 1학년으로 편입시키는 게 합당할 것 같았다. 호주의 부모들은 아이를 다섯 살에 입학시키는 걸 별로 꺼리지 않았는데, 미국인들(특히 대학가의)은 가능한 한 적령기를 꽉 채워서 여섯 살 혹은 일곱 살

때 학교에 보내는 걸 선호하는 듯했다. 아마도 경쟁 때문에 그러는 것 같은데, 그맘때는 나이가 꽉 찰수록 학업 성취도가 높은 모양이다. 에디는 다섯 살이라 자기 반 친구들에 비해 상당히 어린 편이었다. 그래서 교사들과 상담한 뒤에 에디를 유치원에 다시 보내 또래과 어울리게 하자고 결정했다. 에디는 읽고 쓰기보다는 문화적이고 정서적인 뉘앙스들을 익히며 1년을 보냈는데, 에디에게 꽤 긍정적인 경험이 되었다.

처음 몇 달 동안 에디가 도시락을 먹지 않고 집으로 돌아오는 날이 많았다. 이유를 물었더니 다른 아이들이 이런저런 단어나 문장을 발음해 보라고 해서 그것 때문에 너무 바빴다는 것이었다. 반 친구들이 에디의 호주식 악센트 듣기를 좋아했던 것이다. 에디가 유치원에 다니기 시작하고 일주일쯤 지난 뒤 나는 호박을 사서 여러 가지 모습을 조각했다. 엄마가 해주는 이야기를 들었을 뿐, 핼러윈데이를 한 번도 경험한 적이 없는 호주 꼬마들에게 이 행사는 너무 신나는 일이었다. 나는 인근에서 가장 뛰어난 호박 조각가가 되었다. 우리는 고양이며 도깨비, 마녀, 해 모양 등 온갖 모양을 다 만들어 쌓아 두었다. 엄마밖에 없다는 생각에, 옆에 없는 아빠 몫까지 다해 줄 마음으로 두 배의 사랑을 주려는 나 자신을 깨닫곤 했다. 다행히 아이들은 결핍을 느끼기는커녕 아낌없는 헌신과 사랑 속에 무럭무럭 자라 주었다. 무엇보다 중요한 건, 우리 집에는 이제 갈등이나 다툼이 없었다.

아이들은 둘 다 문화적으로 비교적 수월하게 적응했다. 제임스가 처음으로 유치원 운동장에 가보았던 날에는 울면서 매달렸다. 나무로 만든 미로며 미끄럼틀, 고난도의 놀이기구로 빼곡하게 들어차 있는 운동장을 보고 겁을 먹었던 것이다. 그때까지 제임스는 그만큼 크고 복잡한 장난감을 한 번도 본 적이 없었다. 그러나 육체적으로나 정신적으로 큰 변화를 치른 한 달 동안 제임스가 눈물을 보인 것은 그때 이후로 한 번도 없었다. 둘 다 잘 먹고 잘 잤으며, 낙엽 더미 속으로 몸을 던지는 법과 축구를 배웠다. 피자와 수제 아이스크림, 갖가지 종류의 시리얼, 통째로 먹는 싱싱한 옥수수, 호박파이에 입맛을 들이고, 새로 보는 물건들의 이름을 이것저것 익혔다. 에디는 호주에 있을 때 눈을 깜박이는 버릇을 가지고 있었으나 미국에 온 지 얼마 되지 않아 그 신경성 버릇이 없어졌다.

그리고 정말 뜻밖에도 대학 보육센터에 빈자리가 생겨 제임스가 들어갈 수 있게 되었다. 미국 생활을 시작한 지 얼마 안 되었을 때 제임스의 선생님은 제임스를 '교장선생님'이라고 불렀다. 제임스는 친절하고 부드러운 방식으로 아이들, 심지어는 어른들까지도 통솔했다. 제임스가 미국까마중nightshade plant을 식별할 줄 아느냐고 묻던 선생님의 긴급한 전화는 결코 잊지 못할 것이다. 그렇다고 하자, 학교에서는 아이 하나를 급히 병원으로 데려가 위를 세척시켰다고 했다. 아마도 그 아이가 보육센터의 운동장 울타리를 따라 심어 놓은 미국까마중 열매를 몇 개 따 먹은 모양이었다. 선생님들은 아무도 그것이 무엇인지를 몰랐는데, 마침 제임스가 그건 독이 있는 거라고 알려 주었고, 덕분에 제임스는 동네 영웅이 되었다.

집 안에 먼지가 많은 탓인지 에디는 늘 누런 코를 흘리고 다녔다. 그래서 전체적으로 건강 검진을 받아 보기 위해 병원에 데려갔다. 호주에서는 한 번도 본 적이 없는 디지털 장치로 신속하게 검사를 마친 뒤, 의사는 에디의 귀에 물이 차서 청력이 35퍼센트 정도 감소했다고 말했다. 불쌍한 에디! 아빠 말을 귀담아듣지 않는다며 남편이 에디를 몇 번이나 벌주었던 일이 떠올랐고, 남편이 생각했던 것처럼 아빠를 무시해서가 아니라 귀가 잘 안 들려서 그랬다는 사실에 마음이 몹시 아팠다.

아이들은 호주에 있는 아빠와 이따금 통화를 했다. 주로 한밤중에 전화했는데, 시차 때문이기도 했지만 그는 날이 밝은 동안에는 대부분의 시간을 가축들과 보냈기 때문이었다. 에디와 제임스는 새로 다니게 된 학교, 친구, 장난감, 그리고 매사추세츠에서 경험한 온갖 흥미로운 일들을 신이 나서 늘어놓았다. 내가 이곳으로 와서 우리와 함께 잠시 지내다 가면 안 되겠냐고 물으면 그는 미국에 올 마음도, 나를 보러 오고 싶은 마음도, 윌리엄스타운을 보고 싶은 마음도 없다고 했다. 별거를 일시적인 것으로 여긴 내가 바보였는지도 모른다. 아니면 우리 사이에 놓인 문화적 차이가 부부로서의 유대감보다 더 컸던 것인지도 모른다.

교수로서 내가 맡은 첫 번째 일은 직접 주제를 선택해서 '겨울학기'를 진행하는 것이었다. 나는 열대 우림의 보존을 둘러싼 논쟁, 즉 열대 우림 관리 정책이 가져올 사회적·경제적·정치적 결과를 포함한 각종 의제를 강의 주제로 선택했다. 대부분의 수업은 우리 집 거실에서 진행되었는데, 학생들이 마음 편하게 토론할 수 있는 환경을 제공하고 싶기 때문이었다. 이듬해에는 플로리다로 답사하러 가서 해안 및 해먹 생태계hammock[26]를 탐방하는 과정을 포함한 현장생물학을 강의했다. 학생들은 매사추세츠의 추운 날씨에서 벗어나는 걸 너무나 즐거워했다.

대학생이었을 때 나는 겨울 학기를 가장 좋아했다. 겨울 학기는 초점을 맞춘 한 가지 주제를 고르고, 그 주제에 완전히 몰입하고, 교수 한 분이 학생들에게 완벽하게 집중하며 소규모 수업으로 진행했다. 호주에 있는 동안에도 호주의 생태계를 주제로 윌리엄스 대학 학생들의 겨울 학기를 진행한 적이 있었다. 열다섯 명의 학생들이 비행기를 타고 태평양을 건너와서는 우림에서 1주, 산호섬에서 1주, 농촌 오지에서 1주를 각각 보냈다. 그 기간은 학생들에게 굉장한 현장 학습이었고, 내게는 현장생물학을 가르치는 데 전념할 수 있었던 좋은 기회였다. 또한 우리 아이들에게도 특별한 경험이었다. 열다섯 명의 덩치 큰 형 누나 들에게 '입양'되어 그들과 함께 산호섬과 우림을 누비고 다녔던 것이다. 아이들을 현장 탐사에 데려가기 위해선 늘 특별한 계획을 추가로 짜야 했지만, 그 덕분에 제임스와 에디는 자연과의 특별한 만남이 있는 풍요로운 유년기를 보낼 수 있었다.

윌리엄스 대학에서 학생들을 가르치는 일은 힘들지만 보람 있

---

26) 약간 높은 지대에 숲이 존재하는 생태계로, 주로 습지와 같이 더 습한 생태계에 둘러싸여 있다. 플로리다에서 볼 수 있다.

는 일이었다. 학생들은 진취적인 질문을 던졌고, 간혹 집으로 전화하는 경우도 있었지만 나는 토론을 위해 수업 외의 시간을 내는 걸 주저하지 않았다. 오히려 학생들이 주는 그런 자극을 반겼고, 내가 그러한 학구적 공동체의 일원임을 즐거워했다. 불과 몇 달 전만 해도 호주의 농장에 처박혀 헛된 공상처럼 여겼던 생활이 눈앞에 펼쳐지고 있다는 게 믿어지지 않았다. 내 꿈은 절대 헛되지 않았다. 이제 삶의 한순간 한순간이 내가 상상하던 대로 지적인 자극으로 가득했다.

그리고 윌리엄스타운에 살기 시작한 첫 달에 유명 작가 두 명을 만나게 되었다. 먼저 1990년 12월 4일에는 생물 다양성 분야의 세계적 전문가인 에드워드 윌슨Edward O. Wilson이 이끄는 하버드 대학 생물 다양성 그룹으로부터 초대를 받았다. 호주 숲우듬지에 대한 내 연구를 주제로 한 토론회에 참석해 달라는 내용이었다. 그처럼 저명한 생물학자를 만나 함께 이야기를 나누다니 대단한 영광이었다. 특히 그의 집필 습관은 나에게 큰 감명을 주었다. 그의 제자들이 전해준 바에 따르면, 그는 매주 월요일마다 글자로 가득 찬 수첩을 연구실로 가져오고 비서가 그걸 받아 대신 입력해준다는 것이었다.

두 번째는 질 커 콘웨이Jill Ker Conway와의 만남이었는데, 《쿠레인에서 오는 길*The Road from Coorain*》이라는 제목의 베스트셀러 회고록을 출간한 사람이었다. 질은 그 책에서 호주의 양 목장에서 자라며 겪었던 일들을 솔직하게 서술해 놓고 있었다. 쿠레인은 우리 농장이 있던 루비힐에서 그다지 멀리 떨어져 있지 않은 지역이었다. 그리고 20여 년 전 그녀가 겪었던 일들은 호주에서 내가 경험한 일들과 너무나 비슷했다. 그녀는 호주의 성차별 문제를 이야기했고, 여성학자로서 지적 자유를 찾기 위해 마침내 호주를 '탈출'한 경험을 적어 놓고 있었다. (호주를 떠나온 뒤 그녀는 스미스 대학의 총장이 되었다.) 나는 책을 읽고 너무나 공감한 나머지 감사의 편지를 썼다. 그 책이 호주 오지에 사는 여자 친구들과 나에게 얼마나 큰 도움이 되었는지, 윌리엄스 대학의 방문 교수로 오라는 제안을 받아들일 때 내게 얼마나 큰 의지가 되었는지를 적어 보냈다. 그녀는 곧바로, 이혼을 고려해 보고 농장에 다시는 발을 들여놓지 말라는 조언을 담은 답장을 보내 주었다. 나아가 매사추세츠주 애머스트에 있는 자신의 여자 변호사 이름을 알려 주기까지 했다. 나는 그녀의 확고한 신념에 감탄했고, 그녀가 보내준 공감과 연민에 기운을 얻었다.

자연의 역사에 대한 에드워드 윌슨의 탁월한 설명, 그리고 호주 생활에 대한 질 커 콘웨이의 생생한 묘사를 읽으면서 처음으로 내 이야기를 책으로 써볼 생각을 하게 되었다.

나는 환경학개론(수강생이 100명이 넘었다)과 식물생태학(약 스무 명의 생물학 전공자들을 위한 실험 과목)을 강의했다. 어떤 1학년생이 《숲속에서 똥 누는 법*How to Shit in the Woods*》을 선택해 환경 문학 리포트를 써낸 재미있는 일도 있었고, 여학생들이 어떤 교수가 성희롱을 했다고 들고 일어나는 다소 정치적인 사건들도 있었다. 그러나 자그마한 학문 공동체 안에서의 삶은 아이디어와 창의성, 갖가지 프로그램으로 충만했고 행복했다. 농촌 오지에서의 삶과는 극단적으로 대비되는 것이어서 이젠 그곳에서의 생활이 아득히 먼 곳의 이야기처럼 느껴졌다.

육아와 과학 사이에서 균형을 잡으려 애쓰던 시절을 돌이켜 볼 때, 가장 아쉬웠던 점을 한마디로 딱 잘라 말한다면 나를 위한 시간이 너무 부족했다는 것이다. 아이들도 무럭무럭 자라고 경력도 다채로워졌지만 개인적인 생활을 누리거나 한두 가지 취미를 즐길 시간은 거의 없다고 봐야 했다. 나는 그러한 개인적인 공허감에 대해서는 좀 더 늙은 뒤에 응답하기로 하고 그 생활을 감수했다.

2월이 되자 남편은 대학과의 계약을 파기하고 3월이 가기 전 호주로 돌아오라고 요구했다. "그만하면 됐어." 하지만 그건 너무 단순한 결정이었다. 아이들과 나는 새로운 환경에서 행복했으며, 나는 계약을 잘 완수해서 학기를 마치고 싶은 마음이 확고했다. 그러나 계약을 채우고 가겠다는 결심은 호주 식구들의 동의를 받지 못했다.

그 어려운 결정을 기념하는 한편, 이후에 전화로 오간 가슴 아픈 일들을 잊기 위해 나는 짧은 휴가를 계획했다. 뉴잉글랜드 사람들이 으레 그렇듯이 우리도 2월 말까지는 거의 집에 틀어박혀서 지냈다. 플로리다로 여행을 가서 언 몸도 녹이고, 아이들에게 해안 생태계를 보여주면 좋을 것 같았다. 역시나 아이들은 새니벌섬의 딩달링 보호구역에 있는 악어와 진홍저어새roseate spoonbills, 코크스크류 습지의 황새 무리, 캡티바섬 근처를 헤엄치고 다니는 매너티manatee를 보고 무척 좋아했다. 매사추세츠의 대학 도시도 물론 좋지만, 겨울에는 플로리다의 따뜻함보다 더 좋은 건 없다.

윌리엄스 대학으로 돌아오자 생태학 수강생들을 데리고 현장 학습을 떠나고 싶은 마음이 들었다. 조금 알아보았더니 매사추세츠 주립대학이 낸터킷섬에 현장 실습지를 가지고 있었고, 흥미로운 해안 및 섬 생태계가 곳곳에 있었다. 그 과감한 구상이 실행에 옮겨진 것은 오랜 친구 한 명이 에디와 제임스의 보모로서 탐사대에 따라가겠노라고 나선 덕분이다. 4월의 상쾌한 주말, 우리는 연락선을 타고 낸터킷 해협을 건넜다. 탁 트인 바다의 정경과 내음이 원기를 북돋워 주었다.

낸터킷섬과 가까운 케이프코드는 진드기를 통해 감염되면 만성적으로 극심한 피로감에 시달리는 라임병의 진원지 가운데 한 곳이다. 섬에서의 두 번째 날, 진드기가 자꾸 마음에 걸려 한밤중에 잠을 깬 걸 보면, 혹시 아이들한테 진드기가 달라붙으면 어떻게 하나 내심 굉장히 걱정되었던 모양이었다. 나는 침대에서 일어나 손전등을 들고 조용조용 제임스의 침대로 갔다. 제임스는 평화롭게 잠들어 있었다. 곧바로 제임스의 오른쪽 귀 뒤쪽 머리 부분에 손가락을 가져다 댔다가 진드기 한 마리가 피를 빨고 있는 걸 발견했다. 엄마로서의 본능이었을까, 아니면 그저 운이 좋았던 걸까? 어떻게 해서 그런 육감을 발휘할 수 있었는지 나로선 알 수가 없었지만, 함께 갔던 제자들은 그 일을 굉장히 숙연하게 받아들였다. 진드기가 있거나 말거나 우리는 낸터킷의 생태계를 탐사하며 멋진 시간을 보냈다.

학부 교수로 재직하는 동안, 숲우듬지에 오를 때 쓰는 싱글 로프 기술이 나를 곤혹스럽게 하기 시작했다. 내가 대학원에 다닐 때는 로프를 이용한 접근법이 가장 이상적이고, 돈이 적게 들고, 상대적으로 장비를 휴대하기도 간편한 기술이었다. 그러나 교수로서 강단에 서고 보니 로프를 이용한 방법으로는 학생들과 함께 숲우듬지에 오를 수가 없었다. 로프를 탈 줄 아는 학생이 딱 한 사람밖에 없었다. 생태학 실습을 위해 학생들에게 나무 타는 법을 가르치고, 함께 이런저런 장비를 구입하기도 했으나, 로프 기술은 수업용으로 쓰기엔 한계가 너무 많았다.

숲우듬지 연구가 아직 초창기였던 1980년대에는 숲우듬지에 접근하는 수단이 기본적으로 혼자 하는 방식, 즉 싱글 로프 기술, 사다리, 타워 같은 것들로 제한되어 있었다. 집단 연구를 가능하게 하는 수단 몇몇이 개발 단계였을 뿐, 아직 존재하지 않았다. 검토되고 있던 방법 가운데 가장 가능성이 높았던 것이 프랑스에서 만든 비행선 라도데시메Radeau des Cimes(7장 참조)와 건설용 크레인(8장 참조) 같은 것들이었다. 물론 서너 명의 과학자들이 협동 연구를 할 수 있도록 해주는 이 수단들은 홀로 할 수 있는 수단보다 비용이 훨씬 많이 들었다.

그런데 어느 날, 마치 하늘에서 선물이 뚝 떨어지듯이 애머스트 인근에 사는 바트 보르시우스Bart Bouricius라는 수목관리 전문가가 내게 편지를 보내왔다. 그는 나무 위에 시설물을 짓고 그 위를 걸어 다니는 데 전문가였을 뿐 아니라 열대 우림의 보존에 대해 확고한 신념을 가지고 있는 사람이었다. '그와 힘을 합치면 어떨까?' 하는 생각과 함께 온갖 아이디어들이 머리를 어지럽혔다. 나무 위의 집, 나무 위의 다리, 나무 위의 플랫폼, 연구 장비들을 설치할 수 있는 시설물…. 한 번 만나본 적도 없는데 이 사람이 숲우듬지 접근 수단과 관련된 나의 돈키호테 같은 생각을 들으려고 할까?'

그는 내 이야기를 기꺼이 들어주었다. 우리는 1991년 1월 30일 오전 9시에 만났고, 그렇게 '하늘로 가는 길'에 대한 구상이 공식적으로 탄생했다.

바트와 나는 매사추세츠주 북서부에 있는 윌리엄스 대학의 연구림 홉킨스숲에다 온대 숲우듬지temperate-canopy 통로를 세우느라 몇 달 동안 머리를 쥐어짰다. 우리는 환경 문제에 관심이 있는 지방의 한 재단으로부터 소액의 지원금을 받았다. 예산은 약 2500달러였고, 그 돈으로 75개의 가로대를 가진 다리 한 개, 그것과 연결된 두 개의 플랫폼, 학생들을 위한 안전시설들을 설치했다. (우리의 노동력은 무료로 제공했다.) 웬만한 현미경 하나 값보다도 더 적은 돈을 들여 만든 그 통로는 과학의 발전을 위한 탁월한 투자로 판명되었다.

숲우듬지 통로는 더욱 안전하게, 상시적으로 숲우듬지를 연구할 수 있는 수단이 된다. 그 덕분에 로프로는 불가능한 장기간의 협동 연구가 가능해졌다. 우리는 다른 숲에도 우리가 한 것과 같은 방식으로 숲우듬지 통로를 설치할 수 있도록 하자는 취지에서, 다리와 플랫폼을 한 단위로 묶어 값을 매긴 조립식 시스템을 고안했다. 수목관리 전문가 출신의 건축가와 함께 일하면서 내 안목은 엄청나게 넓어졌다. 내 사전에는 새로운 어휘들이 수없이 추가되었다. 아이볼트, 심블 아이레그, 강철 항공기 케이블, 아연 도금 철판 슬리브, 시징 와이어, U-볼트, 슬링 링크 등등. 이 모든 것들은 바트가 견고하고 영구적이며 안전한 숲우듬지 구조물을 세우는 데 사용한 부품 일부였다.

건축물은 1991년 5월에 완성되었다. 날씨는 화창했고, 눈 내리는 계절이 완전히 끝난 건 아니어서 손가락이 계속 얼어 있었다. 바트가 주요 작업을 모두 했고 나는 땅 위에서 거들기만 했다. 우리들은 몇 주 동안 주말의 휴일을 숲에서 보냈다. 첫 작품인 만큼 모든 것들을 꼼꼼하게 점검하고, 비용을 세심하게 계산해 두었다. 바트는 그 지역의 건축용 철물 대리점 사이에서 꽤 얼굴이 알려지게 되었는데, 부품 하나하나를 엄청 까다롭게 골랐기 때문이다.

까다로움은 만족할 만한 성과를 낳았다. 25개의 가로대를 가진 다리, 그와 연결된 두 개의 플랫폼이 약 4주 만에 완성되었다. 우리는 숲 속에서 명명식을 열었다. 숲우듬지 과학자이자 사진작가인 하버드 대학의 마크 모펏Mark Moffett이 나무둥치 위에서 샴페인을 터뜨리고, 사다리에 올라 리본을 잘랐으며, 그 자리에 참석한 생물학 교수 및 학생들을 향해 간단한 연설을 했다. 우리는 숲우듬지에 접근할 수 있는 새로운 수단이 생긴 것을 경축했으며, 올라갈 방법만 있었더라면 훨씬 친숙했을 온대림의 저 높은 꼭대기를 빨리 탐험하고 싶어 안달이 날 지경이었다.

만약 내 제자들이 그 구조물을 이용한 연구에서 큰 성과를 거두지 못했더라면 우리들의 구조물은 나무 위에 그럴듯하게 지어 놓은 집 이상이 되지는 못했을 것이다. 내가 맡고 있던 생태학 강좌에는 열렬한 숲우듬지 애호가 학생들이 많았는데, 그중 몇이 우리들의 '녹색 연구실'에서 여름 내내 현장 조사를 위한 프로젝트를 기획했다. 학생들은 23미터 높이의 '횃대' 위에서 잎의 성장, 숲우듬지의 계절적 변화, 숲우듬지에 서식하는 소형 포유류, 곤충의 종류, 나무의 성장, 나아가 산성비까지 연구했다.

특별히 한 연구가 윌리엄스 대학의 숲우듬지 통로를 유명하게 만들었다. 피터 테일러Peter Taylor와 알렉산드라 스미스Alexandra Smith는 함께 소형 포유류를 생포하는 작업을 했다. 피터는 제이 말콤Jay Malcolm의 논문들을 읽었는데, 그는 브라질의 열대 숲우듬지에 소형 포유류를 생포할 수 있는 특수한 덫을 만들어 단 사람이었다. 제이의 고안품은 도르래를 이용해 3단으로 된 덫을 숲우듬지 속에다 설치함으로써 매일 나무꼭대기를 오르내리지 않고도 숲우듬지 샘플링을 반복할 수 있도록 한 것이었다. 피터는 온대림에도 그와 같은 장치를 설치해야겠다고 마음먹고는, 나한테서 차를 빌리고 동네 철물점에서 목재와 못 등의 재료들을 샀다. 온종일 톱질과 못질을 한 끝에 그는 살아 있는 포유류를 잡을 수 있는 최신식 덫 네 개를 만들어냈다.

덫은 썩 훌륭했다. 두 학생은 사슴쥐white-footed mice(*Peromyscus maniculatus*)를 생포했을 뿐만 아니라 하늘다람쥐flying squirrels(*Glaucomys volans*)까지 손에 넣었다. 더욱이 그 하늘다람쥐는 예상과 달리 북부하늘다람쥐가 아니라 남부하늘다람쥐였다. 이 작은 포유동물은 그때까지 매사추세츠 북부의 숲에서는 한 번도 발견된 적이 없었는데, 일반적으로 하늘다람쥐는 이 지역에서 그다지 보고된 적이 없었다. 이러한 결과가 의미 깊었던 것은 하늘다람쥐의 주식이 매미나방gypsy moths(*Lymantria dispar*)이라고 알려져 있기 때문이었다. 학생들이 뉴잉글랜드주의 매미나방들을 먹어치우는 중요한 천적을 새로 발견했다고 볼 수 있었다. 피터는 이 결과에 너무 흥분한 나머지 그 문제를 규명하는 것을 자신의 졸업논문 주제로 잡았다.

한 계절을 더 샘플링한 다음, 피터는 하늘다람쥐가 대학의 연구림에 있는 참나무 및 단풍나무 숲우듬지에 상대적으로 많이 서식한다는 것, 그리고 지표면보다는 숲우듬지에 있는 매미나방 번데기가 잡아먹히는 비율이 훨씬 높다는 사실을 알아냈다. 매미나방 번데기의 개체수가 적절한 수준일 경우, 하늘다람쥐가 숲을 병들게 하는 이 해충의 수를 좌우하는 주된 포식자임이 드러난 것이다. 매미나방을 연구하느라 그간 수백만 달러가 들었지만, 누구도 소형 포유류를 포획하거나 1.8미터 이상 높이에서 매미나방 번데기를 가지고 실험하지 않았었다. 피터는 말하자면 선구자였다. 그는 뉴잉글랜드 삼림의 숲우듬지 꼭대기에서 소형 포유류를 샘플링한 최초의 사람이었고, 그 결과 그동안 잘 알려지지 않았던 서식지에서 새로운 발견을 해냈다. 현장 생태학은 우리에게 이러한 가르침을 준다. 우리는 우리 집 뒤뜰(이 경우엔 온대림)에 대해선 모르는 게 없다고 생각할지도 모른다. 하지만 우리는 그 위쪽에 있는 것들에 대해서는 아직 아무것도 알지 못하고 있는지도 모른다.

나는 강의에 온 힘을 기울였고, 내 강의를 듣는 학생들에게 유명

—

—

내가 생물학과 교수로 재직할 당시 윌리엄스 대학의 연구림 홉킨스숲에 설치한
북미 최초의 숲우듬지 통로. 이 새로운 접근 방법 덕분에 학생들은
독창적인 연구를 진행할 수 있었고, 그중 몇몇은 연구 결과를 출간했다.
ⓒ Paul Clermont

한 과학자들을 직접 만나는 기회를 줄 수 있었다. 저 멀리서 날아와 일주일가량 머물다 떠나는 것이 아니라 오랜 기간 미국에 발을 붙이고 사는 것은 실로 오랜만이었기 때문에 많은 미국인 친구가 나를 보러 왔다. 그들은 대부분 호주로 돌아가지 말 것을 권유하려는 목적을 가지고 찾아왔다. 호주에서는 과학을 탐구하면서 살아가기가 어려울 것이라는 생각이었다. 친구들의 숨은 의도야 어쨌든 제자들과 함께 그들을 만나는 건 신나는 일이었다. 초식 곤충과 식물의 스트레스를 연구하는 파트리스 모로Patrice Morrow, 유명한 잎 화학자이자 매미나방 전문가인 잭 슐츠Jack Schultz, 잭 슐츠의 아내이자 모충생리학 전문가인 하이디 아펠Heidi Appel, 나의 바다뱀 지도교수이자 함께 잎병을 연구했던 해럴드 히트울, 곤충학자이자《내셔널 지오그래픽*National Geographic*》지의 사진 작가인 마크 모펏, 백악관 환경 문제 담당 변호사 데이비드 커팅엄David Cottingham 등이 모두 그렇게 날 찾아준 사람들이다. 옛날에 함께 윌리엄스 대학을 다녔던 동창들도 찾아와 강의실에서의 토론에 참여해 주었다. 환경보호청의 존 콜John Cole, 환경 법률을 집행하는 얀 골드만Jan Goldman, 곡물에 번식하는 해충을 연구하는 도널드 웨버Donald Weber가 그런 친구들이다. 제자들뿐만 아니라 아이들도 집으로 찾아온 이들 흥미 만점의 손님을 좋아했다. 손님들과 자기들이 좋아하는 벌레와 각종 희귀 동물들에 대한 이야기를 나누는 걸 크게 기뻐했다.

계절마다 변하는 온대의 숲은 사시사철 푸른 호주의 우림 연구지와 극명한 대비를 이루었다. 나는 거의 40년 가까이 산 끝에 마침내 온대적 선입견을 바꿀 수 있었다. 호주에서 12년을 보내면서 상록성 숲우듬지가 낙엽성 숲우듬지보다 훨씬 보편적임을 체득하게 되었던 것이다. 하지만 철 따라 변하는 매사추세츠의 숲이 지닌 단순함은 큰 위안이 되었다. 나뭇잎은 10월이면 생명이 다하고, 따라서 초식 곤충들이나 잎에 대한 데이터 축적은 1년 안에 끝이 났다. 열대림에서와는 달리 잎의 나이 따위는 따질 필요도 없이 연간 비교가 가능했다. 더욱이 초식 곤충들의 개체수는 알다시피 겨울철엔 제로 수준으로 떨어졌다가 짧은 여름철에만 급격히 증가했다. 열대의 숲우듬지에서는 무척추동물의 종 다양성이 이루 말할 수 없을 정도였는데, 6월 한 달 동안 참나무 숲에서 이루어지는 애벌레들의 폭발적 증가 역시 대단했다. 온대림에 서식하는 곤충들은 모든 활동이 짧은 기간에 집중적으로 이루어지는 까닭에 개체수가 규칙적인 기복을 보였다. 그에 비해 열대림의 곤충들은 1년 내내 활동하고, 잎이 자라는 기간에만 다소 주춤한다.

내가 가르친 학생 가운데 한 명인 에번 프라이서Evan Preisser는 온대의 숲우듬지와 그 아래에 서식하는 곤충들의 종류와 개체수를 서로 비교해 보았다. 소형 포유류에 대한 연구와 마찬가지로 온대림에서는 이러한 비교 역시 현대적인 숲우듬지 접근법을 통해 제대로 진행된 적이 없었다. 에번은 온대 낙엽수림에서는 바닥에 가까울수록 곤충들의 개체수가 더 많다는 사실을 밝혀냈다. 그런데 스미스소니언 박물관의 곤충학자 테리 어윈은 열대림에서는 숲우듬지 쪽에 훨씬 많은 종류의 곤충이 서식한다는 걸 밝혀낸 바 있었다. 온대림의 경우, 바람이 많고 살아가기 힘든 숲우듬지 쪽에 비해 바닥 쪽이 상대적으로 생존에 유리하고 쾌적한 기후 조건을 제공하기 때문에 그런 것이 아닐까 생각된다. 그에 비해 열대림의 바닥은 너무 어두워서 다양한 종류의 곤충이 살기 어려운 반면, 숲우듬지 부분은 여러 생명체를 끌어들일 수 있는 충분한 빛과 높은 수준의 생산성을 가지고 있다. 각각의 숲, 그리고 각 숲의 어떤 층에서 생명의 다양성이 가장 높게 발현되는지를 충분히 파악하기 위해서는 앞으로 그에 대한 비교 연구가 더 진행되어야 할 것이다.

상황은 더욱 분명해졌다. 호주에서 온 친구들이 시어머니가 나를 대신할 사람을 찾아냈다는 사실을 알려 주었다. 앤드루의 인생에 새로 등장한 그 여성은 두말할 필요 없이 내가 되지 못했던 존재였다. 자기 일에 대한 애착보다 가정을 절대적으로 우선시할 줄 아는 그런 존재. 그에 더해 전화로 전해지는 냉담한 분위기는 호주의 농장으로 돌아가는 것이 바람직하지 않다는 내 생각을 더욱 굳혀 주었다. 그 결정에 매듭을 짓기라도 하듯 윌리엄스 대학 쪽에서 이번에는 완전 월급제로 1년 동안 계약을 연장하자는 제안을 해왔다. 내가 담당할 강의는 환경학과 생물학의 경계를 오가는 내용이 될 예정이었으며, 내가 꿈꾸어 오던 내용이었다. 며칠 뒤 나는 마음을 정했다. 아이들은 행복해했으며, 나는 조금 결연한 마음이었다. 앤드루는 부모가 추구하는 가치와 잘 융합할 수 있는 새로운 인생을 찾아 나가고 있었고, 따라서 우리 모두 스트레스를 덜 받을 것이었다. 물론 모든 게 다 만족스럽지는 않았다. 나는 아이들에게 아빠가 있기를 바랐고, 내게도 반려자가 있기를 원했으며, 또 앤드루는 당연히 아들들을 보고 싶어 할 것이었다. 하지만 우리가 원하는 것을 모두 다 충족시킬 방법은 없어 보였다. 나는 나 말고 누군가 다른 사람이 수표를 기입하고 펑크 난 타이어를 갈아 끼워 줄, 농장의 아늑한 집으로 정말 돌아가고 싶었다. 그러나 그만큼이나 절박하게 과학에 대한 내 사랑을 존중받고 싶었다. 어쩌면 1년이란 시간이 우리 모두에게 서로를 더 잘 이해할 기회를 줄지도 몰랐다. 혹은 이번에도 역시 너무 순진하게 생각하는 것인지도 몰랐다. 그럴 경우 그 1년은 문화적으로나 정서적으로 아이들 아빠와 더욱 멀어지게 할지도 몰랐다.

숲우듬지 통로라는 개념은 이제 교육 및 연구의 수단으로서 북미 전역에 널리 대중화되었다. 바트와 나는 그 뒤 온대림 연구지 몇 군데에 숲우듬지 통로를 더 건설했다. 매사추세츠주 애머스트의 햄프셔 대학에는 철새 연구용으로, 뉴욕주 밀브룩의 밀브룩 학교에는 중등학교 학생들의 숲우듬지 연구용으로, 노스캐롤라이나주의 코웨타 수자원 보호구역에는 조지아 대학 생태연구소의 초식 동물 연구용으로, 플로리다주 새러소타의 셀비 식물원에는 일반 시민 교육용으로 각각 숲우듬지 통로를 설치했다. 우리는 모듈 설계 구상을 완수했으며, 우리가 세운 구조물은 거의 10년 가까이 비바람을 견디고 있다. 또한 벨리즈, 보르네오, 에콰도르 프로젝트를 통해 열대 우림까지 설치 지역을 확대했으며, 코스타리카와 멕시코에도 또 다른 구조물을 세우고 있다.

1996년 나는 오지 마을을 위한 숲우듬지 통로 설계를 돕기 위해 서사모아의 사바이섬을 방문했다. 섬사람들은 민족식물학자인 폴 콕스 Paul Cox의 지도 아래 생태 관광용 숲우듬지 통로를 세우려 하고 있었다. 그로부터 나오는 얼마간의 현금 수입을 새로 생긴 학교(정부로부터 위탁받은 건물)의 운영자금에 보태기 위해서였는데, 그들은 벌목해서 돈을 모으는 대신 그와 같은 방법을 선택했다. 섬사람들은 자신들이 살고 있는 우림의 생태에 대단히 민감했고, 자식들이 있는 그대로의 우림을 물려받기를 원했다. 우림을 지키려는 그러한 사명 의식은 남태평양에 있는 우림의 미래를 밝혀 주었다.

숲우듬지 통로 네트워크는 해마다 더 넓어지고 있다. 이제는 호주, 사모아, 북미, 중미, 남미에서 비교 연구가 가능해졌다. 아직 방문할 행운을 얻지는 못했지만, 아프리카 우간다의 한 연구지에도 숲우듬지 통로가 설치되었다. 나는 다음 10년 동안에도 학생들이 숲우듬지 생물학 분야에서 더 많은 비교 연구를 해나가기를 바란다. 숲우듬지 플랫폼과 통로는 그들에게 한층 수월하고 안전하게 숲우듬지에 올라갈 수 있는 방편이 되어 줄 것이다.

7

세계의 지붕

그러나 그 모든 것은 호기심 많고 감탄을 금치 못하는
박물학자의 손이 닿지 않는 곳에 있다. 바로 내리꽂히는 햇빛을
그대로 받고 있는, 저 거대한 녹색 돔 바깥에서 꽃들은 피어난다.
나무가 그처럼 많아도 100피트 이하의 높이에서는
단 한 송이의 꽃도 찾아볼 수가 없다. 이 숲의 위용을 온전히 보려면
꽃들이 만발해 굽이치는 저 위쪽을 풍선을 타고 천천히
날아다녀야만 할 것이다. 그러한 멋진 경험은 아마도
미래의 여행자들을 위해 남겨질 것이다.

앨프리드 러셀 월리스, 《아마존 여행*Travels on the Amazon*》, 1848

—

현장생물학자로서의 내 삶은 때로 동화 같다. 언젠가 지구감시대 자원봉사자 한 명이 다음과 같은 글귀를 담은 카드를 보낸 적이 있었다. "당신이 어떻게 생각할지는 모르지만 제 삶은 실화랍니다!" 평범치 않은 일을 하는 사람이라면 누구라도 그런 생각을 해보았을 것이다. 물론 나 역시 그러했다. 친구들은 내가 일하면서 경험하는 일들에 대해 놀라움을 금하지 못하는데, 때로는 나 자신도 그들과 같은 마음이 되곤 한다. 1991년 아프리카 열대 지역에서 진행된 라도데 시메(나무 꼭대기 위에서의 래프트)는 정말 꿈같은 일 가운데 하나였다. 어린 시절의 열망이 실현되는 순간이었다. 오즈의 마법사에 나오는 도로시처럼 마법의 여행을 했던 것이다!

—

아이들을 데리고 호주를 떠나 매사추세츠주의 한갓진 곳에 자리를 잡았을 때 나는 좀 더 평범한 생활을 기대했다. 그러나 최고 수준의 교양학부 대학에서 생물학을 가르치면서 혼자 아이들을 키워야 하는 엄마, 즉 연구에 대한 욕심과 수업 계획서, 왕성한 지적 탐구심으로 끊임없이 질문해대는 학생들, 가끔씩 호주에서 전화를 걸어와 아직도 포기하지 않았는지를 확인하는 남편까지. 그 사이에서 균형을 잡으려 애쓰던 내게 그건 불가능한 일이었다. 그런데 전혀 예상하지 못한 일이 또 하나 있었다. '열대의 부름'이 다시 찾아온 것이다.

1991년 5월, 《사이언스*Science*》 지에 난 조그만 광고 하나가 내 시선을 사로잡았다. "숲우듬지 탐사회가 새로운 숲우듬지 래프트 계획을 알려 드립니다. 이 계획은 1991년 9월과 10월로 예정되어 있으며, 아프리카 우림에서 실시될 것입니다. 여러 분야의 학문 활동에 참여하고 싶은 과학자들께서는 담당자에게 연락을 주십시오. …"

프랜시스 할레Francis Halle가 고안한 숲우듬지 래프트와 비행선에 대한 이야기를 들으면 누구나 나무 타기와 풍선에 관련된 어린 시절의 추억을 떠올릴 것이다. 아이들은 누구나 한 번쯤 풍선을 타고 여행하는 꿈을 꾸기 마련이고, 할레 박사 역시 예외가 아니었다. 차이가 있다면 그는 자신의 꿈을 현실로 옮겼다는 것이다. 자기 자신뿐만 아니라 다른 많은 과학자를 위해 그는 나무 꼭대기 위를 항해할 수 있는 탐사용 열기구, 즉 비행선과 숲우듬지 꼭대기에서 샘플링할 수 있도록 해주는 공기 팽창식 플랫폼(래프트라고 불림)을 고안해냈다. 이 두 가지 고안품은 라도데시메 우림 프로젝트에서 하나로 묶여 활용되었고, 그 결과 전례가 없는 우림에서의 협동 연구를 가능케 했다. 이에 대해서는 뒤에 더 자세히 말하겠다.

나는 6월 1일 신청서를 제출했으며, 7월 2일 참여를 허락하는 답장을 받았다. 그 꿈같은 소식을 실감하는 데 몇 주가 걸렸다. 카메룬… 아프리카! 비아프라 콩고 분지… 말라리아… 독사… 존과 테레스하트 부부의 연구 지역(두 분 모두 내가 매우 존경하는 생물학자였다)… 군대개미… 〈아프리카의 여왕*African Queen*〉과 험프리 보가트… 에볼라 바이러스… 자이르[27]의 음보나무… 서식하는 곤충들에 관한 기록은 물론이거니와 숲우듬지 자체의 생태적 특성에 관한 기록이 전무하다시피 한 미지의 숲우듬지. 아이들을 돌보고 수업을 해야 하는 빠듯한 일정 속에서 나는 간신히 짬을 내 다가올 모험에 관한 준비를 할 수 있었다.

나는 탐사대 가운데서 숲우듬지에 서식하는 초식 동물 분야를 담당하는 책임자였기 때문에 두 명의 조력자를 데리고 갈 수 있었다. 하버드 대학의 곤충학자이자 탁월한 사진작가인 마크 모펏이 초식 곤충들의 종류를 확인 및 촬영하기 위해 동행하기로 했다. 또 뉴욕주 밀브룩에 사는 열성적인 중학교 과학 교사 브루스 링커Bruce Rinker가 잎면 측정 및 고등학교 생물 수업을 위한 숲우듬지 커리큘럼 개발을 돕기 위해 함께 가기로 했다.

넉 달에 걸쳐 세부적인 사항들을 점검한 뒤, 마침내 모든 준비가 완료되었다. 배낭은 현장의 여러 상황에 대처하기 위한 갖가지 준비물로 미어터질 듯했다. 필름, 유아등, 그물망, 배터리, 물약, 모기장이 붙어 있는 해먹, 벌레 방지용 스프레이, 또 필름, 노트, 알코올, 취침용 해먹에서도 쓸 수 있는 요강(밤중에 다니기엔 화장실이 너무 멀 때를 대비해서), 구급상자, 또 필름, 잎의 경도를 재는 경도계, 그래프용지, 말린 자두(비상용), 오레오 쿠키(육체적으로 힘을 많이 써야 하는 현장 조사에 참여할 땐 기운

---

27) 콩고민주공화국. 자이르는 1971년부터 1997년까지 쓰인 국명이다.

을 내기 위해 간식으로 먹곤 한다), 전지가위, 핀셋, 폭우가 내릴 때 읽기 위한 현장 안내서 및 관련 복사물들, 또 필름.

아프리카에서 작업하려면 꼭 맞아야 하는 일련의 예방주사들은 여행을 포기하고 싶은 맘이 들게 했다. 하지만 어떤 주사를 맞아야 하는지 확인하고, 학교와 집에서 처리해야 할 일들에 쫓기면서도 시기를 놓치지 않고 때맞춰 주사를 맞고, 주사를 맞은 뒤의 고통스러운 후유증들을 참고 견디는 것은 이후의 현장 작업을 위한 일종의 훈련이 되었다. 탐사에 참여하는 사람들은 다음과 같은 예방 조치들을 반드시 취해야 했다.

1. 항말라리아제(경구 투약)
2. 황열병 예방주사
3. A형 간염 백신(이 주사는 매우 아팠다!)
4. B형 간염 백신
5. 장티푸스 백신(한 달 간격으로 두 번 주사. 이때 나는 내가 주사를 좋아하지 않는다는 사실을 깨닫기 시작했다)
6. 파상풍 예방주사(오지로 여행을 떠날 경우 꼭 맞아야 한다)
7. 콜레라 예방주사(한 달 간격으로 두 번 주사. 이때 나는 내가 주사를 좋아하지 않는다는 사실을 분명히 알게 되었다!)

12일 동안 체류하기 위한 준비치고는 너무 과해 보일지도 모르지만, 아프리카에 가서 병에 걸릴 위험을 무릅쓰고 싶은 사람은 아무도 없을 것이다. 마침 그 얼마 전 자이르에서 치명적인 에볼라 바이러스가 나타났었기 때문에, 열대 지역에서 '탈출한' 새로운 질병이 있을지도 모른다는 우려가 전 세계적으로 일고 있을 때였다. 1995년까지만 해도 에볼라 바이러스에 대한 치료법이 전혀 없었다. 에볼라 바이러스는 체액을 통해 전염되는데, 감염된 사람의 80퍼센트가 사망한다. 자이르 키크위트에서의 발병 경로는 명확히 밝혀지지 않았으며, 다만 원숭이가 매개체가 아닌가 추정된다. 현장생물학자들은 헌신적으로 작업하긴 하지만, 열대에서 일할 때는 누구라도 그러한 질병들에 걸릴 것을 속으로는 두려워하지 않을까 싶다.

직업으로 인한 딸의 어려움을 기꺼이 대신해 주는 부모님의 도움이 없었더라면 그 모험에 참여하지 못했을 것이다. 나는 아내에게 직업 선택의 자유를 허용하지 못하는 남편, 그리고 그러한 가치관을 조장하던 사회에 몸담고 사는 남편과 결혼했었다. 그래서 미국에 돌아와 부모님의 지원—심지어 존경까지—을 얻게 되자 정말 꿈만 같았다. 일반적으로 젊은 여성들은 지적으로 가장 왕성한 시기에 가장 무거운 '짐'을 지게 된다. 아이들, 융자금, 갚아야 할 학자금, 연로하신 부모, 일반적으로 가정 밖으로 나가려는 여성들을 그다지 좋아하지 않는 배우자…. 아프리카 여행은 아이들 없이 혼자 떠난 최초의 탐사였다. 호주에서 탐사 여행을 할 때는 늘 아이들, 그리고 아이들을 돌봐줄 친정 식구들을 대동해야 했다. 쉽지 않은 일이었지만 유일한 타협책이었다. 12일 동안

딴 데 신경 쓰지 않고 오로지 현장 조사에만 전념할 수 있다고 생각하니 가슴이 벅찼고, 부모님께 고마울 따름이었다.

부모님은 내가 멀리 떨어진 열대의 정글 속으로 가는 걸 전혀 반가워하지 않았지만, 모든 부모가 흔히 그렇듯 자식에 대한 어쩔 수 없는 애틋함으로 현실을 받아들이셨다. 두 분은 모두 교사로 일하셨는데, 그때 당신들이 학교에서 당할 수 있는 가장 위험한 일은 식당에서 학생들이 장난치다 던진 샌드위치에 맞는 것 정도였다. 두 분 모두 뉴욕주 엘마이라에서 태어나셨고, 결혼한 뒤에는 지금 사는 돌로 지은 집에서 한 번도 이사하지 않고 평생을 살아오셨다. 그렇게 보수적이고 평범한 부모 밑에서 어떻게 열기구를 타고 아프리카 정글 위를 나는 나 같은 딸이 태어났을까? 우리 집안의 영원한 수수께끼로서, 지금도 풀리지 않은 채 남아 있다. 부모님은 과학적 탐구에 대한 열정에 공감하지는 않으셨지만, 내가 그러한 가치관을 가지게 된 데에는 당신들의 책임도 있다고 인정하시고 탐사 여행 때마다 나를 도와주셨다. 참 감사한 일이었다. 외손주들을 끔찍이 사랑하셨던 부모님 덕분에 아무 걱정 없이 편안한 마음으로 아이들을 맡겨두고 떠날 수 있었다. 우리 가족들과 한 식구처럼 지낼 보모를 구할 수도 없었고, 그렇다고 시간제 보모에게 아이들을 맡기고 떠날 수도 없는 형편이었는데 말이다. 나는 종종 전화 연락도 되지 않는 곳에 있었으므로, 아이들이 걱정될 상황이었다면 현장 조사에 정신을 집중하기가 어려웠을 것이다.

아프리카는 내가 다녀본 곳 가운데서 가장 험난한 곳이었다. 나는 마음을 단단히 먹고는 고액의 생명보험에 가입하고, 은행에 있는 나의 귀중품 보관함을 아버지가 열 수 있도록 연대 서명을 하게 했다. 그것으로 저 먼 오지로 떠나기에 앞서 엄마로서 해야 할 모든 준비를 끝마친 셈이었다.

11월의 화창한 아침, 동료인 브루스가 밀브룩에서 도착했고, 우리 둘은 셔틀버스를 타고 올버니 공항으로 갔다. 또 한 사람의 멤버인 마크는 보스턴에서 출발해 우리와는 파리에서 만나기로 되어 있었다. 공항으로 가는 길에 나와 브루스는 한동안 못 먹을 서양 요리로 최후의 만찬을 즐겼다. 슈퍼마켓의 빵집에서 끈적거리는 설탕빵을 세 개 산 것이었다. (과학을 빼고 내가 인생에서 탐닉하는 게 또 하나 있다면 단것이다.)

우리들의 출국 검사는 현장생물학자들이라면 누구나 겪는 시련의 연속으로서 많은 시간과 참을성을 요구했다. 외국으로 나가는 여행짐에다 전선이 달린 자외선 램프(그것도 두 개씩이나), 하강기 혹은 커다란 정원용 스프레이 살충제 같은 걸 넣어 가는 사람은 올버니 공항 역사상 우리 말고는 없었을 것이다. 철저한 검색, 수많은 질문, 자세한 설명이 이어진 뒤에야 우리는 심사대를 통과했다. 우리가 탄 파리행 비행기는 조그마한 직행 비행기였는데, 비행기 하중 문제 때문에 가방 네 개를 내리지 않으면 안 되는 일이 벌어졌다. 모자에 이름 적은 쪽지를 넣고 짐을 내려놓아야 할 운 없는 승객을 뽑았는데, 우리 둘의 이름이 마지막까지 나오지 않은 것이 기적처럼 느껴졌다.

미지의 세계 아프리카를 향한 이 모험은 도무지 알 수 없는 것들로 가득 차 있었다. 그렇게 큰 땅덩어리가 어떻게 그토록 알려지지 않고 탐험되지 않은 상태, 과학적 발견의 진공 지대로 남아 있을 수 있을까? 탐험을 준비하는 4개월 동안 우리들은 비아프라 콩고 우림 지대에 관한 문헌을 거의 발견할 수 없었다. 카메룬 남부에 있는 캄포 식물 보호지역은 지도상에서는 그저 하나의 작은 점에 불과했지만, 열대 세계에서 가장 현란하고 다채로운 곳 가운데 하나였다. 제럴드 듀렐Gerald Durrell이 1950년대에 카메룬의 야생 동식물의 특징 및 자신의 여행기를 풍부하게 묘사해 둔 게 있었으나, 그밖에는 출간된 자료가 거의 없었다.

나는 제3의 대륙 아프리카를 다른 두 곳(인도 말레이시아 지역과 신열대구)의 열대 우림 지역과 비교할 수 있게 되기를 고대했다. 대륙 간 비교 연구는 평생의 염원 가운데 하나였기 때문이다. 10년이 넘는 동안 구세계 열대 우림 수종의 숲우듬지에 서식하는 곤충들을 주의 깊게 기록해 왔는데, 그 결과 음지에 있는 어린잎이 양지에 있는 늙은 잎에 비해 훨씬 많이 떨어진다는 것을 알게 되었다. 또 어떤 잎들이 곤충들에게 더 많이 혹은 더 적게 먹히는지 알아보기 위해 잎 조직상의 특성을 관찰해 왔다. 이제 바야흐로 다른 대륙에도 그러한 경향이 적용되는가를 확인할 기회가 온 것이었다.

첫 번째 기착지는 파리. 우리는 카메룬행 연결편을 기다리며 그곳에서 12시간을 보냈다. 12시간의 단기 체류 동안 우리는 경제 수업을 받았다. 루브르 박물관으로 가는 택시를 탔는데 그만 요금을 더 많이 낸 것이었다. 프랑을 달러로 잘못 환산한 우리는 영문도 모른 채 지극히 즐거운 마음으로 웃돈을 지불했다. 우리가 실수를 알아차린 것은 박물관 안에 들어와서였는데, 그땐 이미 입장료 낼 돈도 남아 있지 않았다. 어처구니없는 실수에도 우리는 여행자 수표 얼마간으로 입장료를 치르고 〈모나리자〉를 비롯한 주옥같은 작품들을 맘껏 감상했다.

구경하다 지친 우리는 공항으로 돌아와 우리가 타고 갈, 카메룬의 산업도시 두알라행 저녁 비행기를 기다렸다. 기다리는 동안 우리는 우리들이 곧잘 하는 게임, 즉 '과학자를 찾아라' 놀이를 했다. 팩스를 통해 우리는 우리 외에 적어도 두 명의 다른 과학자들이 같은 비행기를 탈 것이라는 사실을 알고 있었다. 그래서 과학자의 필수품이라 할 자루같이 헐렁한 바지, 끈을 묶는 낡은 갈색 신발, 더러운 등짐 같은 단서를 찾아 승객 하나하나를 유심히 관찰했다. 게임은 실패로 끝났지만 우리들은 좋아라고 비행기에 올라탔다.

두알라 국제공항에는 가까이 왔다는 걸 알 수 있게 해주는 불빛 같은 것이 전혀 없어서 나는 비행기가 아프리카의 외딴 사바나에 착륙하는 줄 알았다. 때는 아침 6시였으나 사방이 깜깜했다. 열대의 겨울이었다. 군 장교들이 우리 짐을 검사했고, 이른 아침인데도 날씨는 후덥지근했다. 열대 지역의 관문 도시들이 흔히 그렇듯이 두알라 역시 여자 혼자 올 만한 곳은 아닌 듯했다. 대기실은 군인들 천지였다. 다른 사람들이라곤 우리 짐을 옮겨주겠다고 열심히 매달리거나 비공식 요금으로 택시를 태워 주겠다는 사람들뿐이었다. 우리들은 책임자로부터 누구를 쳐다보지도, 누구와 이야기를 나누지도 말고, 항상 소지품에서 손과 눈을 떼지 말라고 주의를 단단히 받은 바였다.

우리 셋은 탐사단의 스폰서인 엘프오일 사에서 제공한 미니버스를 타고 시내의 어떤 빈민가를 지나갔다. 납작한 판잣집, 공장 문밖을 도는 얼룩무늬 옷차림의 경비들, 쓰레기통에 코를 박고 킁킁대고 있는 들개들은 이 산업도시의 불안한 상태를 말해 주고 있었다. 군부가 실권을 장악하고, 정부는 바람 앞의 촛불처럼 흔들리는 등 카메룬은 정치적 격변기를 겪고 있었다.

새벽에 견고한 담으로 둘러쳐진 어떤 집에 도착한 우리들은 다음 비행기로 미국으로 돌아갈 예정인 연구자들이 깨어나기를 기다렸다. 놀랍게도 내 친구인 이브즈 바셋도 거기 끼어 있었다. 그는 몇 년 전 대학원생 시절에 호주의 우림에서 나한테 나무 타는 법을 배운 적이 있었다. 다른 대륙에서 온 사람들을 계속 만나게 되는 걸 보면 해가 갈수록 과학계가 좁아지고 있는 것 같다. 우리 과학자들을 하나로 연결시키는 지적 네트워크가 점차 모습을 갖추어 가고 있는 것이다. 오늘날에는 컴퓨터만 있으면 이메일을 통해 신속하고 빈번하게 커뮤니케이션을 주고받으며, 손쉽게 네트워킹을 할 수 있다. 앞으로는 협력하기 위해 서로 꼭 만나야 할 필요가 없어질지도 모른다. 생물학자들은 연구실 바깥으로 나가지 않고도 현장에서 함께 일할 방법을 발견할지도 모른다(8장에 나오는 원격 조정 카메라 등을 사용해서). 그러나 이러한 기술적 진보는 경험을 공유함으로써 얻을 수 있는 신뢰감 따위의 소중한 가치를 없애 버릴 것이다. 외딴곳에서 나란히 함께 일하는 것은 동료들 사이의 개인적 유대를 강화해 주며, 오지의 정글에서 한솥밥을 먹으며 함께 생활해야 한다면 누구나 신중에 신중을 거듭해 현장 동료를 선택할 것이다. 컴퓨터를 통한 네트워킹은 편리하고 효율적이긴 하지만 개인적인 교류를 약화시키며, 과학자들 사이에 완전히 새로운 형태의 관계를 만들어낼 것임이 분명하다.

정글로 떠나기 전 몇 시간을 기다려야 했다. 두알라의 공장들은 아홉 달 넘게 간헐적인 파업을 겪고 있다고 했다. 사람들은 토요일에만 일했다. 그래서 거리는 조용했고 되는 일이 하나도 없었다. 우리가 탄 차를 몬 로랜드는 운전기사이자 숲우듬지 탐사의 물자보급 담당자였는데, 캠프를 위해 완수해야 할 일이 한둘이 아니었다. 하지만 그는 파업 때문에 미칠 지경이었다. 전화교환원들이 아무도 나오지 않아 팩스를 보낼 수도, 전화를 걸 수도 없었고, 사람들을 래프트(두 번째 날 작동이 중지되었다)까지 들어올릴 때 쓰는 신형 의자를 수리해야 하는데 전자부품을 살 수 없었으며, 말라리아 약을 집에다 두고 온 건망증 심한 과학자들을 위해 약도 사야만 했다. 그러나 파업으로 마비된 도시에서는 도무지 불가능한 일들이었다. 우리는 죄수처럼 집 안에 갇혀 담장 너머에서 들려오는 소리, 아이들이 길거리에서 뛰노는 소리, 남자가 낡은 차를 고치는 소리, 여자가 바닥을 쓸거나 빨래를 내다 거는 소리 들을 들으며 하릴없이 앉아 있었다. 도시에 사는 새들의 지저귐도 들렸다. 대개는 찌르레기였고, 동박새도 몇 마리, 미국의 들새 관찰자들이 휘파람새와 비슷하다고 CFWconfusing fall warbler라 부르는 새들과 빛깔이 비슷한 이름 모를 새도 몇 마리 있었다.

캠프로 가는 길은 믿을 수 없을 만큼 '현저한 대조'의 연속이었다. 짐과 사람으로 꽉 들어찬 미쓰비시의 현대식 4륜 구동 지프차가 고속도로를 시속 140킬로미터로 달리는 모습은 퍽 으스대는 것처럼 보였을 것이다. 그런데 도심지 빈민가의 불안한 분위기를 벗어나자마자 이번에는 도시 외곽에 사는 극빈층 사람들이 모습을 나타냈다. 사람들은 고속도로를 인도처럼 걸어 다녔고, 길을 따라 걸으면서 길가의 온갖 것들을 주워 담았다. 바퀴가 두 개 달린 조그만 수레에다 땔감, 나뭇가지, 각종 부스러기를 주워 모으고 있었다. 차 양편으로 사람들이 떼 지어 걸어 다니는 길을 최저 시속 100킬로로 달린다는 건 정말 끔찍한 일이었다. 해 질 무렵이 되자 이번에는 학교를 파한 아이들이 길가의 사람들 대열에 합류했다. 경로에는 모두 여섯 군데 경찰 검문소가 있었다. 로랜드는 여자가 앞자리에 앉으면 경찰들이 체면상 우리를 공연히 붙들거나 하지 않을 거라며 나더러 조수석에 앉으라고 했는데, 예상한 대로였다. 오지에서의 현장 연구 때 내가 여성이라는 사실이 도움이 된, 몇 안 되는 경우 중의 하나였다.

해변 휴양지인 크리비에서 우리는 좁은 비포장도로로 접어들었고, 거기서부터는 길가의 정경이 목가적으로 바뀌었다. 집집마다 촛불이 켜져 있었고, 차창을 통해 저녁밥을 먹기 위해 둘러앉은 사람들의 실루엣을 언뜻언뜻 볼 수 있었다. 촛불에서 나오는, 조그맣게 깜박거리는 불빛 때문에 차창 밖의 풍경은 신비스럽기까지 했다. 어떤 사람들은 집 밖의 탁자에 촛불을 켜놓고 식사를 하고 있었는데, 그들의 여유로움이 축축한 공기 속으로 퍼져 내게도 전해지는 것 같았다.

마침내 우리는 캠프에 도착했다. 탐사 캠프 역시 빛을 환하게 밝히고 있었으나 조용한 촛불이 아니라 시끄러운 가솔린 발전기에서 나오는 빛이었다. 숲속의 벌목지에 자리 잡은 초가집들은 정글 영화를 생각나게 했다. 우리가 도착했을 때는 캠프가 운영된 지 두 달째였다. 그날 밤엔 거의 50명 가까운 사람들이 북적대고 있었는데, 그 가운데 열 명은 다음 날 떠날 사람들이었다. 그 때문에 우리들은 서로 어깨를 부딪쳐 가며 오두막의 지붕 아래에다 길게 일렬로 취침용 해먹을 설치해야 했다. 내가 해먹을 설치하자 옆자리의 씩씩하게 생긴 근육질 프랑스인은 깜짝 놀랐다. 그는 강도 높은 이 나무 타기 모험에 여자가 끼어든 것을 달가워하지 않는 게 분명했으나 다행히 나는 그가 프랑스어로 빠르게 내뱉는 당황스런 코멘트를 알아들을 수가 없었다. 아프리카 적도의 정글 한가운데서 사람들이 그렇게나 다양한 언어로 떠드는 걸 들으니 기분이 묘했다. 프랑스어, 독일어, 일본어, 영어…. 그들을 하나로 묶는 유일한 끈은 숲우듬지 과학에 대한 탐구심이었다.

취침용 해먹에서 보낸 첫날 밤은 남학생 사교클럽의 입회식과 비슷했다. 어떤 사람들은 무난히 치러낼 수도 있는 무득점 연습 경기였다. 나는 11시 30분, 12시 30분, 1시 30분 등 한 시간 간격으로 깨어나 시계를 들여다보며 콘서트를 감상했다. 해먹에 매달려 잠자는 56명의 남자가 일제히 코를 골며 연주하는 독특한 교향곡을 말이다. 모두들 모기장을 가져온 덕분에 해먹 주위에 벌레는 거의 없었다. 나 말고 세 명의 여성이 더 있었는데, 모두 그다음 날 아침에 떠났다. 나는 이후의 2주 동안 홍일점 신세가 되고 말았다.

밤의 아프리카 숲에서는 멋진 소리들이 들려왔다. 쏙독새, 개구리, 매미, 정체를 알 수 없는 갖가지 벌레들의 울음소리 등. 아침이 되자 요란하게 퍼드덕거리는 날갯짓 소리와 함께 코뿔새의 목쉰 울음소리가 들려왔다. 코뿔새는 아프리카 열대 우림 생태계에서 아주 중요한 역할을 한다. 아프리카 서부 우림에 사는 나무의 70퍼센트 이상이 속살이 흐물흐물한 열매를 맺는데, 그 대부분의 나무가 사람 눈을 끄는 이들 코뿔새를 통해 씨를 퍼뜨린다. 공진화共進化했을 거라는 예상과 달리, 한 종류의 코뿔새가 일정한 크기의 특별한 열매만을 먹는 것은 아니다. 오히려 코뿔새는 매우 기회주의적이어서 흔히 서너 종의 코뿔새가 같은 이롬바나무cardboard tree(*Pycnanthus angolensis*)의 숲우듬지 위에서 함께 어울려 익은 열매를 먹어치운다. 코뿔새는 부리가 매우 커서 여러 가지 열매를 부리에 모은 뒤 수풀 속으로 날아가 거기서 그동안 축적한 노획물을 먹어치운다. 이 새들은 즙이 많은 과육, 즉 과육이 풍부한 열매만을 소화시킨다. 따라서 씨는 손상되지 않은 채 장을 통과하여 새들의 배설물과 함께 흙 속에 묻히는 것이다.

캠프에서 먹는 식사도 코뿔새의 식사와 그다지 다르지 않아서 굉장히 무질서하고 소란스러웠다. 음식은 말할 수 없이 다양했으며, 음식의 질은 보급차가 다녀간 지 얼마나 되었느냐에 따라 달라졌다. 주말이 가까워지면 우리는 대개 감자를 넣고 함께 끓인 정체불명의 고기를 먹었다. 어느 날 밤엔 울퉁불퉁한 동물의 혀가 들어 있는 걸 알아차렸는데, 그 혀가 과연 어떤 동물의 것인지는 알 수가 없었다. 우리가 또 어떤 부위를 먹었는가를 둘러싸고 구구한 추측이 오갔지만 대개는 물증 없는 심증뿐이었다(적어도 그러길 바랐다). 하지만 보급차가 도착하면 마늘 바른 새우구이라든가 아보카도를 곁들인 스테이크 같은 우아한 요리들이 나왔다. 요리사들은 디저트를 잘 만드는 요리사는 아니었다. 초콜릿 푸딩을 만든다고 했다가 결국은 컵에다 달고 진한 코코아 한 잔씩을 돌리는 것으로 끝난 적도 있었다. 미국인 의사들은 우리더러 양상추 또는 물에 씻겨진 것들을 먹지 말라고 충고했으나 우리들은 그러한 유혹을 참을 수가 없었다. 샐러드는 너무나 맛있었고, 그곳에서 나는 양상추는 보스턴양상추의 맛을 능가했다. 나는 다행히 그곳 물로 씻은 음식을 먹은 데 뒤따르는 징벌을 용케 피할 수 있었지만, 모든 사람이 다 그렇게 운이 좋을 수는 없었다. 아프리카의 열대 오지에서 배탈을 만난 과학자들은 한동안 해먹에 누워 쉬면서 뻔질나게 변소를 들락거리는 수밖에 없었다. 연구지에서의 제한된 시간을 그렇게 보내는 건 유쾌한 일은 아니었다.

나는 벌레에 물릴까 봐 아주 신경을 써서 긴 소매 옷을 입고 다니며 수시로 벌레 퇴치용 스프레이를 듬뿍 뿌리곤 했다. 그런 예방 조치들이 질병을 옮기는 파리, 모기, 그 밖의 각종 UFO(미확인 비행 물체

Unidentified Flying Object)의 쉼 없는 공격을 막아주길 바랐다. 하지만 재수 없게도 해충들의 공격에 가장 취약한 순간, 즉 샤워하는 동안에 그만 노란눈대목등에붙이yellow-eyed deer fly라고 불리는 파리에게 두 번이나 물리고 말았다. 그 파리는 사람을 무기력하게 만드는 열대성 질병 가운데 하나인 회선사상충증river blindness[28]의 매개체였다. 하지만 동료들은 그 파리의 절반 정도만 병원균을 가지고 있다며 나를 안심시켰다. 그나마 한가닥 위로가 되었다.

수많은 남자들 가운데 여자라곤 오직 나 혼자뿐이었기 때문에 나는 곧 목욕하는 것이 대단한 난제임을 알게 되었다. 벌레 때문에도 그랬지만 스태프들의 엿보기 때문에도 그랬다. 그곳의 피그미족 현장 보조원들에게 나는 아마도 미국 여성의 해부학적 구조와 목욕법에 관한 최고의 교사였을 것이다. 동료들은 내가 수건을 들고 간이 샤워실로 향할 때마다 현장 스태프들이 은근히 내 뒤를 따라가는 것을 재미있게 구경하곤 했다. 뜨겁고 얇은 지붕 위로 올라가 물 공급용 호스를 점검하는 척하면서 틈서리를 통해 내가 있는 간이 샤워실 안을 들여다보는 게 그들이 가장 즐기는 놀이였다. 한번은 그들이 마체테를 들고 와서는 샤워실 바로 앞의 풀을 베겠다고 나섰다. 그들이 들고 온 10여 개의 칼은 너

28) 강에 사는 일부 파리의 기생충을 통해 감염되는 열대 피부병으로, 사람의 눈을 멀게 할 수도 있다.

무 무디어서 제대로 쓸 수도 없는 것들이었다.

그러고 나서는 또 '속옷 사건'이 일어났다. 세상에, 내 속옷이 날이면 날마다 없어지는 것이었다. 우리는 틀림없이 인근 마을 아줌마들이 그 속옷들을 입고 있으리라 짐작했다. 나는 사실 그러기를 바랐고, 또 그들이 내가 고른 속옷을 좋아하길 빌었다. 그런데 마지막 주에 재미있는 일이 벌어졌다. 커다랗고 후줄근한 여성용 팬티 두 장이 내 해먹에 놓여 있는 것이었다. 아마도 캠프 안의 어디 다른 곳에서 발견되었는데 내 것이라고 생각하고 갖다 놓은 모양이었다. 아마도 피그미족의 아내들이 너무 크다고 퇴짜를 놓은 모양이었고, 캠프 안의 이 해먹 저 해먹으로 돌아다니다가 결국 나한테 온 것이었다. 캠프 안의 남자들은 이 일을 두고 킬킬거리며 박장대소했다.

인근 마을의 피그미족들은 머리 위에다 나뭇짐을 아주 솜씨 있게 이고는 날마다 우리 캠프를 지나다녔다. 아프리카 열대 우림이 인류의 발생지일지 모른다는 이론이 있음에도 이 지역에는 지금으로부터 1000년 전까지도 사람들이 별로 살지 않았다. 아프리카 서부에는 이동경작과 화전이 비교적 늦게 도입되었고, 따라서 식물의 역사에 거의 영향을 미치지 않은 것으로 추정되었다. 피그미족은 식량을 주로 수렵에 의존하고 있었다. 덫, 화살, 창 같은 것들이 무기였다. 사실 우리는 현지 가이드 없이는 숲속 길로 다니려 하지 않았다. 우리 서양인들의 눈으로는 숲 여기저기에 감추어져 있는 덫을 알아차리기가 어려웠기 때문이다. 숲은 그들에게 과일, 견과류, 양념, 섬유, 약재는 물론이거니와 훌륭한 사냥터를 제공했다.

아프리카의 민족식물학을 밝히려는 그동안의 시도들은 중미나 남미에서 이루어지는 대규모 조사에 비하면 매우 제한적이었다. 하지만 1900년대 초, 스코틀랜드 출신인 의사 겸 식물학자 댈지얼이 서부 아프리카에서 900종 이상의 활용 가능한 식물들을 확인했다. 약재 및 기타 용도로 쓸 수 있는 각종 식물에 대한 전통 지식은 앞으로도 아프리카 사람들의 소중한 자산이 될 것이다. 카메룬에 있는 약용 식물 연구 센터에서는 약용 식물 조사 목록을 작성하고 있다. 말라리아나 에이즈 같은 악성 질병들이 창궐하는 아프리카에서 열대식물을 이용한 치료제는 앞으로 의학적 과제들을 푸는 결정적인 해결책이 될지도 모른다. 예를 들어 많은 아프리카인과 방문자를 감염시키는 메디나충은 콤브레툼 무크로나툼*Combretum mucronatum* 관목의 잎으로 만든 습포를 바르면 박멸할 수 있다.

캠프 인근의 피그미족 가운데 몇몇이 말라리아를 앓고 있었다. 별로 할 일이 없었던 캠프의 의사 프랑수아 음그렐은 그들에게 약을 나누어 주고 그 지역 전체에서 신망을 얻었다. 한 아이는 림프종을 앓고 있었는데, 그는 파리에 있는 외과의사에게 도움을 구하기 위해 필요하니 종양 사진을 찍을 수 있도록 해달라고 가족들을 설득했다. 사진은 피그미족 사이에서는 매우 민감한 쟁점이었다. 결혼한 여성이 사진을 찍으면 출산 능력이 없어진다는 말이 있어 기혼 여성들은 사진 찍는 게 금지되어 있었다.

시간이 너무나 남아돌던 나머지 의사는 그럴싸한 배드민턴 코트를 만들어 놓고, 누가 오더라도 기꺼이 배드민턴 게임을 즐겼다. 원래 구경하는 걸 좋아하는 동네 사람들은 백인들이 가냘픈 플라스틱 '작은 새'를 주고받으며 노는 모습을 무척 재미있어했다.

캠프 요리사 가운데 나와 친구처럼 지내던 사람이 한 명 있었다. 피그미족들의 문화와 처지를 더 잘 이해할 수 있게 해줄 요량으로 하루는 그가 나를 인근 피그미 마을로 데려갔다. 그런데 알고 보니 그는 동네 사람들에게 자신의 새로운 소유물(바로 나!)을 자랑할 속셈이었다. 다행히 나는 보호자로 함께 가줘야 한다며 다른 남자 동료들을 꼬드길 수 있었다. 마을은 양편으로 오두막이 늘어서 있었고, 그 가운데로 흙길이 나 있었다. 마을 중심부에는 학교와 조그만 가게가 자리 잡고 있었다. 학교에 있던 아이들은 내가 사진을 찍어 주자 아주 좋아했고, 선물 삼아 가져간 사탕과 연필을 고마워했다. 우리는 교실 세 개를 다 둘러보았는데, 선생님이 들어올 때면 모두 공손하게 자리에서 일어섰다. 교실 바닥은 맨땅이었고, 딱딱한 긴 의자에 수업 도구라곤 칠판과 분필 몇 조각뿐이었다. 갖가지 시설과 장식품을 갖춘 서구의 교육 현장과는 극적으로 대비되었다. 그 어린이들이 아침 9시에서 정오까지, 그리고 다시 오후 2시에서 5시까지를 학교에서 보낸다니 믿을 수가 없었다. 연필을 좀 더 많이 가져올 것을 하고 아쉬워했지만, 닌텐도나 레고 없이 지내는 그 아이들의 생활이 조금은 부럽기도 했다.

프랑스 연구자들이 설계한 라도데시메. 지금까지의 숲우듬지 접근 수단 가운데
가장 혁신적이며 화려한 것이라고 할 수 있다.
카메룬에서 숲우듬지 최상층의 초식 곤충들을 관찰할 때
이 비행선과 숲우듬지 슬레드(sled, 비행선 아래 매달린 것)를 이용했다.
ⓒ Margaret D. Lowman

기구는 날씨와 건강이 허락하는 한 매일 아침 6시에 이륙했다. 이착륙장은 숲속에 이미 만들어져 있었는데, 그 거대한 풍선이 받을 충격을 줄이기 위해 플라스틱 방수포가 덮여 있었다. 승선자들은 맨발로만 방수포 위에 올라갈 수 있었다. 프랑스인들은 뜻밖에도 놀라운 조직력을 보여주었다. 만약 미국인 식으로 명령을 내리고 서로 감 놔라 배 놔라 했더라면 있었을지도 모를, 소란과 스트레스가 전혀 없이 모든 일을 끝냈던 것이다. 조종사인 대니가 비행선 바로 밑에다 조그만 불꽃을 피워 올리는 동안 두 명의 아프리카 사람이 앞에서 로프를 잡고 있었다. 또 바람의 상태를 살피기 위해 항상 작은 풍선을 먼저 띄웠다. 고난도 기술과 원시적 기술의 행복한 결합이었다. 마침내 이륙! 알록달록 화려한 풍선이 벌목지 가장자리에 서 있는 우산나무umbrella trees(*Musanga cecropioides*) 위로 조용히 떠올랐고, 이어 광대한 녹색 바다 위로 나아가기 시작했다.

아프리카 열대 우림에 대해선 알려진 것이 거의 없다. 인섹트 포깅Insect fogging[29]은 절지동물의 종 다양성을 조사할 때 가장 널리 쓰이는 방법으로서 많은 지역에서 실시되고 있었으나, 아프리카의 적도림에서는 한 번도 실시된 적이 없었다. 아프리카는 섬 대륙인 까닭에 특정 지

---

29) 곤충 채집용 분무기를 이용해 살충제를 숲우듬지에 살포한 뒤 떨어져 죽은 곤충 등을 채집해 연구하는 방식.

역에만 서식하는 고유종의 고립지대, 다시 말해 안전지대로 알려져 있다. 그러나 아프리카에서 열대림이 줄어들면서 그러한 고유종의 보고가 위협을 받게 되었고, 그에 따라 그것들이 사라지기 전에 아프리카 열대림을 연구해야 할 강력한 필요성이 제기되고 있다.

우리의 숲우듬지 탐사는 아프리카 적도 지역에서 이루어진 최초의 협동 프로젝트였다. 우리들이 밝혀낸 것들의 대부분은 의심할 바 없이 과학상의 새로운 발견으로 기록될 것이었다. 그러한 사명감은 설사병, 편의시설(전깃불, 선풍기, 얼음)의 부재, 장비 고장, 열대의 축축한 열기 속에서 로프를 타고 오르느라 녹초가 되는 탐사의 어려움을 사소하게 만들면서 과학자들의 사기를 드높여 주었다.

캠프 주변의 숲길을 그저 따라 걷는 데만 해도 엄청난 양의 에너지가 소비되었다. 몇 분 동안만 걸으면 제아무리 체력이 튼튼한 사람도 땀으로 목욕을 하다시피 했다. 내가 가지고 온 오레오 쿠키는 식사와 식사 사이에 내 체력을 지켜 주었는데, 바싹 구운 빵과 블랙커피로 이루어진 프랑스식 아침 식사가 나의 신진대사와는 너무나 궁합이 맞지 않는다는 것이 밝혀진 이후에는 특히 그러했다. 래프트는 캠프에서 약 2킬로미터 떨어진 곳에 있는 큰 나무들의 꼭대기 위에 얹혀 있었다. 우리는 첫날에는 그곳까지 걸어서 갔다. 가서 보니, 맨 꼭대기 가지 위에 놓여 있는 빨갛고 노란 구조물은 잘 보이지 않았다. 너무 높은 곳에 있어서도 그랬고, 걸어오느라 흘린 땀 때문에 안경이 너무 뿌옇게 흐려졌기 때문이기도 했다. 땀 때문에 서린 물방울들을 닦아내자, 나무 사이로 뱀처럼

–

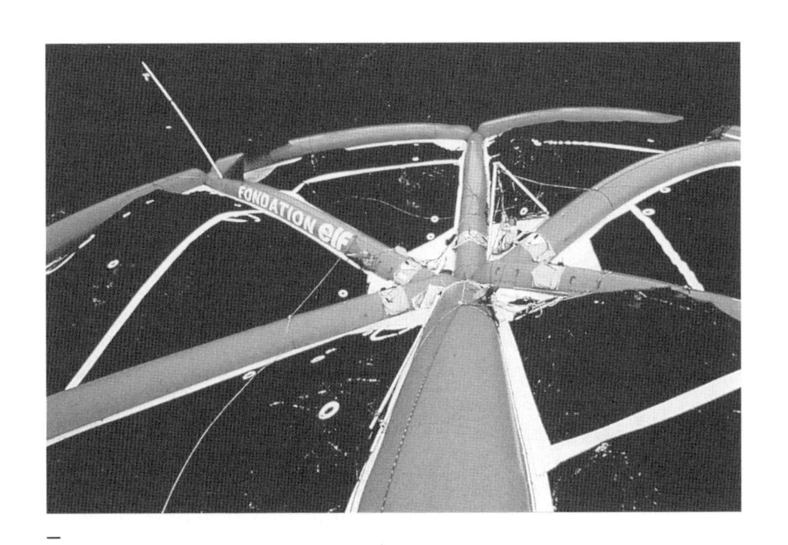

–

숲우듬지 래프트. 비행선으로 들어올려져 여러 나무의 숲우듬지 위에 놓이며, 마치 우주정거장과 같은 역할을 하면서 반 상시적으로 숲우듬지에 접근할 수 있도록 해준다. 중앙 우측에 로프를 타고 올라온 내 모습이 가까스로 보인다. 곤충으로 인한 잎 손실을 관찰하기 위해 숲 바닥에서 로프를 타고 래프트까지 올랐다. 앞의 사진에서 보여준 숲우듬지 슬레드는 이 거대한 래프트의 한 부분일 뿐이다.
ⓒ Bruce Rinker

기다란 로프가 드리워져 있었다. 우리를 저 높은 곳으로 인도해 줄 통로였다.

로프의 길이는 55미터로, 땅바닥에서 꼭대기에 있는 래프트까지의 거리였다. 마크가 맨 먼저 올라갔다. 무거운 카메라를 지고 오르느라 너무나 숨이 찬 나머지 그는 눈 앞에 펼쳐진 장관을 보고도 탄성조차 지르지 못했다. 다음엔 내 차례, 얼마나 힘이 들었는지 영원히 끝나지 않을 것처럼 느껴졌다. 아프리카 벌집을 지나고, 몇 개의 리아나(아프리카 덩굴식물)를 지나고, 그 와중에도 도저히 그냥 지나칠 수 없어 잎을 샘플링하면서 관목림을 지나고, 마침내 숲우듬지 꼭대기에 있는 래프트의 구멍을 통과했다. 18층짜리 건물의 높이와 맞먹는 거리를 오른 뒤, 완전히 녹초가 된 나는 래프트의 그물 바닥 위에 그대로 쓰러졌다. 그리고 아래쪽에서 올라오는, 한 가닥 시원한 바람에 몸을 식히며 몇 분 동안 누워 있었다.

래프트는 바람을 불어넣어 만든 거대한 배처럼 보였고, 느낌 또한 그러했다. 바람이 불면 삐걱거렸고, 로프와 선박용 클리트(밧줄걸이)를 갖추고 있었다. 튜브 위에는 솜씨 있게 설계한 주머니가 달려서 장비를 넣어둘 수 있었고, 우리가 도구를 래프트 밖으로 떨어뜨리는 일이 없도록 방지해 주었다. 세 번째로 올라온 브루스는 가벼운 고소 공포 증상을 보였는데, 숲우듬지에 처음 올라와 본 사람에겐 흔히 있는 일이었다. 마크와 나는 탄력 있는 구조물 여기저기를 통통 뛰어다녔으나, 브루스는 한곳에 가만히 앉아만 있게 했다. 브루스는 벌레의 분류와 라벨링을 위한 집배 센터 역할을 해주었다. 숲우듬지 위의 기온은 38도를 훨씬 넘었다. 우리는 아침나절을 버틸 수 있을 만큼 물도 가지고 오지 않아 결국은 모두 심한 탈수 상태에 이르고 말았다. 나는 메스꺼움과 심한 두통을 특징으로 하는 열사병을 앓았다. 그래서 그날 오후에 해먹으로 돌아와 물과 오레오 쿠키를 먹으며 몸을 회복시켜야 했다.

숲우듬지 최상층은 동물이나 식물 역시 살기 힘든 곳이었다. 이브즈 바셋은 숲우듬지 곤충을 샘플링하는 과정에서, 숲우듬지 안쪽과 비교해 볼 때 위쪽에는 서식 곤충의 종류나 수가 극히 적다는 사실을 알아냈다. 또한 세계의 지붕이라 할 그곳에는 새나 포유류는 거의 한 마리도 살고 있지 않았다. 꼭대기 부분의 잎들은 햇빛, 바람, 끊임없이 폭풍이 몰아치는 가혹한 환경 조건에 훌륭하게 적응해 있었다. 잎은 대단히 단단했고 크기는 작았으며, 독일에서 온 동료 라이너 로슈가 측정한 바에 따르면 광합성률도 높았다. 그와는 대조적으로 음지에 있는 잎들은 낮은 조도로 말미암아 광합성률이 낮아서 나무 전체의 에너지학에 기여하는 바가 적었다. 그러나 벌레들은 음지의 잎들을 훨씬 더 좋아하여 음지 잎들은 초식 곤충들이 갉아 먹은 자국으로 온통 구멍투성이였다. 실제로 숲우듬지의 잎(양지의 잎)은 같은 나무의 잎이지만 아래쪽의 잎(음지의 잎)과는 외관상으로나 생리학적으로 완전히 다른 수종의 잎보다 더 다른 경우가 많았다. 음지 잎들과 비교해 보면 양지의 잎은 크기가 작고, 더 단단하고, 수분 함량이 낮고, 더 연한 초록색을 띠고 있으며, 광합성률이 높고, 수명이 짧다.

벌레들은 왜 양지의 잎보다 음지의 잎을 좋아할까? 음지의 잎이 더 연하고 맛있기 때문일까? 아니면 단순히 잎을 갉아 먹고 사는 곤충들이 숲우듬지 위쪽보다는 아래쪽에 더 많이 살기 때문일까? 래프트와 같은 혁신적인 장비들이 숲우듬지에 대한 접근을 한층 쉽게 한다면 과학자들은 그와 같은 중요한 의문들, 나아가서 앞으로의 숲우듬지 연구가 제기하게 될 또 다른 의문들에 답할 수 있게 될 것이다.

래프트에서 아래로의 하강은 짜릿했다. 말할 수 없이 힘들었던 등정을 거친 뒤라서 싱글 로프를 타고 내려오는 일은 신속하고 힘도 들지 않았다. 특히 하강기를 사용한 덕분에 몇 분 만에 숲 바닥으로 부드럽고 안전하게 '정박'할 수 있었다. 날씨가 선선해지고, 머릿속에는 멋진 만찬 파티가 오락가락했기 때문에 우리는 고꾸라질 듯 비틀거리며 샤워실로 향했다. 뜨거운 뙤약볕이 내리쬐는 숲우듬지 위에서 긴 하루를 보낸 뒤였고, 온몸이 나무껍질 부스러기와 부식토, 곤충들의 배설물로 뒤범벅이 되어 화끈거렸음에도 샤워기의 차가운 물줄기 아래로 발을 내딛는 것은 여전히 꺼림칙했다. 육안으로 확인할 수 없는 수원水源에서 끌어올려져, 소독되지 않은 채 나오는 물이라는 사실이 더욱더 나를 주저하게 했다. 하지만 현장생물학자들은 그러한 위험에 익숙해 있었고, 또 샤워하다가 무심코 오염된 물을 한 모금 꿀꺽 삼킬 수 있다는 가능성은 샤워할 때의 시원함을 능가하지 못한다는 사실도 익히 알고 있었다.

나는 잎을 분석하느라 며칠 동안 현장 연구소에서 오후 시간을 보냈다. 우리는 아프리카 오지 열대 우림의 원시적인 환경을 견뎌낼 수 있는 휴대용 기술 장비들을 이용해 잎면, 길이, 무게, 경도 등을 측정했다. 현장 연구소가 잎면을 디지털화 할 수 있는 선SUN 사의 최첨단 미니 컴퓨터는 물론 우리들을 위해 그것을 운용해 주는 상근 기술자까지 갖추고 있으리라고는 꿈에도 생각지 못했는데 말이다. 컴퓨터와 기술자는 탐사 기간 내내 과학자들에게 매우 큰 도움이 되었다. 외딴 지역에서 그처럼 복잡한 데이터를 수집해 본 적은 한 번도 없었다.

현장의 조건이 허락되지 않은 탓에 더욱 정교한 장비들을 제대로 활용하지 못해서 프로젝트 수행에 차질을 빚은 사람들도 있었다. 독일의 막스플랑크 연구소는 숲우듬지 상공의 대기를 연구하기 위해 값비싼 장비를 포함해 무려 1300킬로그램에 이르는 짐을 배편으로 가져왔다. 그런데 그 장비는 통관을 위한 소정의 서류 절차(혹은 뇌물)를 거치느라 두알라 세관에 묶여 버렸다. 그 짐이 도착한 것은 독일 과학자들이 떠나야 할 날을 불과 며칠 남겨 두고 있을 때였다. 그런데도 그들은 전선, 눈금판, 가스 병, 기계 장치들을 텐트 가득히 쌓아두고는 자기들만의 분석실을 만들어냈다. 그것은 이론적으로는 흥미진진한 일이었지만 실제로는 부러진 부품과 독일어 욕설로 가득 찬 악몽이었다. 그들의 노력은 초인적이었고, 숲우듬지 상공의 대기에 대한 그들의 연구 작업은 극적이면서도, 전례가 없고, 더없이 귀중한 개척자적 연구의 표본이었다.

래프트 위에서의 두 번째 날은 첫 번째 날에 비해 훨씬 고생이

덜했다. 어떤 일이 기다리고 있을지를 잘 알고 있었기 때문이었다. 브루스는 캠프에 머무르면서 음지에 있는 잎을 담당하기로 했다. 나는 체력 유지를 위해 6개씩 묶인 물병 두 팩에다가 사랑해 마지않는 오레오 쿠키를 가지고 갔다. 또 마크와 나는 숲우듬지 속의 초식 곤충들을 샘플링하기 위해 다양한 종류의 도구들도 휴대했다. 포충망, 비팅트레이beating tray,[30] 유리병, 핀셋, 그리고 곤충 분무 기구. 우리는 미니포깅minifogging이라는 새로운 기술도 고안해 냈는데, 그것으로 래프트에 인접한 가로세로 반경 1미터 내의 잎들을 샘플링했다. 미니포깅 과정은 엄밀히 말하면 미스팅misting이라 하는 게 더 정확할 것인데, 분무되는 입자의 크기가 포깅 때 흔히 사용하는 것보다 크기 때문이었다. 우리가 확보한 샘플은 이전에 우리가 표준 지상 수집 방식으로 얻은 것보다 훨씬 적었으나 반복 끝에 우리는 다양한 지점에서 생태학적으로 비교가 가능한 샘플 단위들을 얻을 수 있었다.

우리는 전에 한 번도 본 적이 없는 수종들에서 샘플을 채취했다. 디알리움 파키필룸*Dialium pachyphyllum*과 사고글로티 가보엔시스*Sacoglottis gabonensis*가 그 지역의 우점종이었다. 두 종류의 나무는 모두 가장자리가 톱니가 없고 미끈했으며, 가늘고 긴 타원형의 잎과 비교적 단단한 후벽조직, 그리고 잎에 뾰족한 끝 부분이 있다. 이 부분은 비가 많이 온 뒤에

30) 위쪽에 있는 잎이 흔들릴 때 곤충들을 받아낼 수 있는 도구.

잎 표면으로부터 빗물이 흘러내리게 함으로써 잎면을 빨리 마르게 해주는 역할을 하는 것으로 여겨진다. 그렇게 하여 잎 표면 위의 부착 생물의 성장을 최소화하고, 동시에 빗물이 아래 뿌리 쪽으로 흘러내리는 것을 쉽게 하는 것이다. 연구하는 열흘 동안, 우리는 28가지 종류의 서로 다른 수종을 샘플링했으며, 200장 이상의 잎사귀를 측정했다. 하버드 대학 비교동물학 박물관 내의 연구소로 돌아간 마크는 채집한 초식 곤충들의 종류를 일일이 조사하고 분류했다.

탐사 덕분에 뜻밖의 개인적 성과를 거두었는데, 방광이 강해진 것이었다. 믿을 수 없는 일이었지만 단 한 번도 한밤중에 깨서 변소를 다녀올 필요가 없었다. 아기를 출산해 본 경험이 있는 여성이라면 누구나 알겠지만, 출산 뒤 나의 방광은 도무지 오줌을 참을 줄 몰랐었는데 말이다. 그때의 여행에서 생리학적 성과를 거두게 된 데에는 대략 세 가지 정도의 중요한 원인이 있지 않았나 싶다. 고온다습한 찜통더위로 말미암아 배설되어야 할 체액의 대부분이 땀으로 쏟아져 나왔고, 해먹에서 웅크리고 자다 보니 방광에 가해지는 압력이 최소화되었고, 게다가 깜깜한 길을 오가다 사나운 아프리카 군대개미driver ants(*Dorylus* sp.)(행동양태가 신열대구의 군대개미와 흡사하다)를 밟으면 어쩌나 하는 두려움이 한밤중의 배뇨 욕구를 완전히 가시게 했다. 해 질 무렵이면 화장실을 향해 줄지어 달리고 있는 그 약탈자 개미 군단을 흔히 목격할 수 있었다. 아마 저녁거리를 위해, 구덩이를 파 만든 그 변소를 공략하는 모양이었다.

아프리카 군대개미는 아프리카 밀림의 경이 가운데 하나였다.

그들은 매우 빨리 이동하는데, 거의 미친 듯이 목적지를 향해 달려가곤 했다. 흔히 서너 개의 줄을 이루어 나란히 돌격하며, 한 줄이 나머지 줄의 앞장을 서서 각기 다른 방향에서 공격한다. 한번은 피그미족 한 사람이 근처에 놓은 덫에 걸린 포유류 한 마리를 우리에게 보여주었다. 재수 없게도 아프리카 군대개미가 그 동물을 먼저 발견하는 바람에 놈의 시체는 완전히 두 조각이 난 것처럼 보였다. 살이란 살은 다 파먹고 가 버려서 그들이 줄지어 지나간 자리에는 뼈밖에 남아 있지 않았다. 희생당한 동물에겐 끔찍한 최후였고, 개미의 탐욕스러운 습격으로 말미암아 저녁거리를 잃어버린 피그미족과 그 가족에겐 뼈아픈 재앙이었다.

개미는 아프리카 저지대 숲의 생태계에선 최고 권력자였다. 그들은 땅 위의 세계를 지배했으며, 몇몇 종들은 숲우듬지에서도 흔히 볼 수 있었다. 개미식물도 서너 종류 보았다. 털 많은 잎꼭지와 공동空洞을 가지고 있어서 개미의 서식처를 제공하는 델포도라종*Delpydora* sp.과 낭상포囊狀胞를 가진 콜라나무cola bush(*Cola marsupium*) 같은 것들이다. 개미식물은 개미 집단들에 서식처와 먹이를 제공하고, 그 대신 초식 곤충들의 공격으로부터 보호를 받는다. 숲우듬지에 올라갔던 사람들은 쉴 새 없이 개미한테 물렸다고 투덜거렸다. 그곳에는 개미가 너무 많이 살고 있어서 래프트 주위를 옮겨 다니다 보면 개미들을 자극하지 않을 도리가 없다. 그러면 개미들은 화가 나서 과학자들의 온몸 여기저기를 따갑게 물어대는 것이었다. 수없이 개미들에게 물리면서 나는 어떤 경외감 같은 것을 느끼게 되었다. 자기보다 수천 배나 큰 존재를 공격해 대는, 그리하여 마침내 승리를 쟁취하는 그 조그마한 생명체의 극성스러움에는 탄복하지 않을 수가 없었다.

마크는 숲우듬지에 올라간 첫날, 낯선 종류의 개미를 발견하곤, 그것이 베짜기개미*Oecophylla*(불개미의 일종으로 열대 전 지역에 분포하는 속으로서, 수백 년 동안 새로운 종이 발견되지 않았다)의 새로운 종일지도 모른다고 했다. 우리는 흥분해서 개미집을 샘플링했고, 몇 개의 표본을 알코올에다 저장했다. 마크는 증거 자료를 위해 수백 장의 사진을 찍어댔다. 브루스는 예의 그 진화론에 입각해, 새로운 종의 개미라면 근처에 반드시 그에 조응하는(따라서 역시 발견이 안 된) 개미를 모방한 거미가 있을 거라고 예측했다. 예상은 적중해서, 얼마 뒤지지도 않았는데 내부에서 개미모방거미가 사는 거미줄 주머니 몇 개를 찾을 수 있었다. 그 거미들은 네 쌍의 다리를 가졌다는 점만 빼면 개미와 똑같았다. 물론 실 나오는 구멍 및 그보다 덜 뚜렷한 차이점들도 있었다. 거미 한 마리가 실로 엮은 은신처에서 튀어나오더니 방심한 개미 한 마리를 움켜쥐곤 다시 집으로 돌아가 포획한 먹이를 먹어치웠다. 그 거미는 너무나 민첩했다. 다른 개미들의 눈에 띌 경우 공격을 받아 죽음을 면치 못할 것이기 때문이었다. 개미들의 집단에선 얼마나 극적인 드라마가 연출되고 있는지! 숲우듬지에 서식하는 개미들의 경우, 개미집은 마치 죽은 나뭇잎 다발처럼 보인다. 하지만 그 수는 죽은 나뭇잎보다 훨씬 더 많다.

마을 사람 하나가 우리에게 팔아 볼 요량으로 고릴라의 해골을 들고 온 일이 있었다. 브루스는 밀브룩 학교에다 그것을 갖다 놓고 싶었을 것이다. 하지만 그는 투철한 환경 보호 의식, 그리고 미국 세관을 통해 멸종위기종을 반입하는 데 따르는 위험 때문에 유혹을 뿌리쳤다. 마을 사람은 고릴라가 자기를 공격했다고 주장하면서, 고릴라가 자기 다리에 입혔다는 상처를 보여주었다. 고릴라의 두개골에는 그가 고릴라를 내리쳐서 죽인 과정에서 생긴 마체테 칼날 자국이 서너 개 남아 있었다. 그 사람의 이야기를 놓고 과학자들 사이에선 치열한 논쟁이 오갔다. 고릴라가 정말 그런 식으로 사람을 공격할까, 아니면 멸종위기종을 거래하려는 자신의 행위를 정당화하기 위해 그저 꾸며낸 이야기에 불과할까?

정글에서 두 번째 주를 맞이할 때쯤, 침낭과 해먹이 벌써 끈적거리기 시작했다. 나는 다리에 무언가가 세게 부딪치는 바람에 몇 번씩이나 잠을 깨곤 했는데, 자다가 손전등이 위에서 떨어져 생긴 일이었다. 해먹 위에서의 생활은 편편한 매트리스 위에서 지내는 호사스러운 생활과는 비교도 할 수 없는 것이었다. 우리들은 결국, 잠깐 빨래를 좀 하면 어떨까 하는 유혹에 굴복하고 말았다. 그런데 브루스가 가져온 여행용 가이드북에는 젖은 빨래를 널어놓는 건 파리더러 거기다 알을 낳으라고 멍석을 깔아주는 거나 다름없다고 경고하고 있었다. 그리고 그다음엔 파리의 유충(우리가 흔히 쓰는 말로 구더기)이 방심한 채 그 옷을 입은 사람의 몸속을 파고든다는 것이었다. 그런데 가만히 보니 우리들이 쓰는 수건은 날이면 날마다 젖어 있는 게 아닌가. 게다가 땀에 젖은 우리들의 몸 위엔 항상 젖은 옷이 '널려'있지 않은가. 그러니 결국은 옷에 파리 유충이 생길 위험이란 것도 아프리카 열대 지역에선 운에 맡길 일이라고 생각할 수밖에 없다.

탐사 마지막 날 아침, 우리는 숲우듬지 꼭대기 위 여기저기를 미끄러져 다닐 수 있도록 프랜시스 할레가 고안해 낸 새로운 도구, 즉 신형 슬레드 또는 스키머를 타고 샘플링을 하기로 계획을 짰다. 다행히 그날 새벽은 맑고 잔잔해서, 슬레드를 타기 위해 필요한 두 가지 핵심적인 전제 조건을 충족시켜 주었다. 대니가 조종석에 앉아서 비행선의 프로판 버너에 불을 붙였고, 브루스와 프랜시스, 그리고 나는 삼각형 슬레드의 각 꼭짓점에 자리를 잡았다. 이윽고 비행선이 우리를 이른 아침의 연무 속으로 조용히 띄워 올렸다. 공중에 둥실 떠 있는 듯한 푸른 나무들 사이로 구름이 낮게 소용돌이치는 광경은 환상적이었다. 우리들이 할 일은 대상 지역 안의 나무에다 포충망을 휘두르는 것으로, 나무마다 같은 횟수를 휘둘러야 했다. 그 과정은 탐사선이 플랑크톤 샘플링을 위해 바닷물 속에 트롤을 던지는 것과 비슷했다. 우리는 보라색 꽃이 만개한 거대한 어빈지아 가보넨시스*Irvingia gabonensis*에 다가갔다. 위에서 본 그 나무는 밑에서 볼 때와 얼마나 다른지! 밑에서 볼 땐 거대한 벽처럼 버티고 선 탓에 꽃 같은 건 보이지도 않는다. 비행선은 부드럽게 아래로 내려가 슬레드가 숲우듬지 꼭대기를 가로질러 갈 수 있도록 해주었다. 브루스와 나는 행동을 '개시', 슬레드의 꼭짓점에 바짝 붙은 채로 각자 손잡이가 긴 포충망을 숲우듬지 사이로 집어넣어 열 번씩 힘껏 포충망을 휘두르는데. 그런 다음 벌레가 든 그 포충망을 플라스틱 쓰레기 봉지

속에 집어넣고는, 입구 쪽에다 얼른 살충제를 뿌리고 속을 한 번 들여다 본 다음 봉지를 묶었다. 포충망에 든 것들을 분석하는 전통적인 방법은, 붙어 있는 조직에서 벌레들을 한 마리씩 한 마리씩 참을성 있게 끄집어내 유리병 속에 담는 것이다. 하지만 슬레드 위에선 한 번에 열 번씩 포충망을 휘두르는데, 그때마다 그런 식으로 그물을 비워낼 만한 시간적 여유도 없었고, 민첩하게 행동하기도 어려웠다. 대신 우리는 내용물을 그물째 봉지에 담고는 새 그물을 단 다음 샘플링을 했다. 그리고 나중에 우리가 안전하게 지상으로 돌아온 다음 봉지를 하나하나 열어 기절한 벌레들을 끄집어냈다.

이롬바나무의 숲우듬지를 대상으로 한 두 번째 접근은 다소 매끄럽지 못했다. 슬레드가 옆에서 갑자기 나타난 나무와 부딪혔기 때문이었다. 샤워기에서 물이 떨어지듯 개미가 우수수 쏟아져 내렸고, 비행선이 급히 우리를 위로 들어 올려 더 이상의 화를 피하게 해줄 때까지 우리는 개미한테 온몸을 물어 뜯겼다. 숲우듬지 속에서 파도처럼 오르락내리락 굽이치는 것이 쉽지는 않지만, 슬레드는 참신하고 응용성 높은 숲우듬지 샘플링 방법을 제공해 주었다. 실험용 숲우듬지에서 그렇게 짧은 시간 안에 그만큼 풍부한 곤충을 샘플링한 것은 전례가 없는 일이었다.

현장 조사가 끝나면 우리는 일정표를 확인하거나 탐사에 관한 이런저런 관심사를 편하게 서로 나누기 위해 부카루라고 부르는 모임용 오두막에 매일 모이곤 했다. 캠프에서의 마지막 날 저녁, 멋진 모임이 있었다. 우림 속에서 일하며 떠오른 새로운 아이디어들을 털어놓는 자리, 즉 '난상토론'을 갖자고 제안하면서, 우리는 프랜시스를 그 모임에 끌어들였다. 그날 저녁의 세미나를 우리는 "우림 속의 난상토론"이라 명명했다. 거기엔 "기적의 균근mycorrhizae[31](나)"과 "거짓말 같은 뿌리(프랜시스)", "놀라운 흉내쟁이(마크)", 그리고 마지막으로 나오긴 했으나 그 중요성만큼은 앞의 것들에 비해 조금도 뒤지지 않는 술이 등장했다! 내 차례가 되었을 때 나는 호주에서의 나의 작업을 설명했는데, 그날 우리는 균근이 단일 우점 열대림이 성립하는 데 생태학적 이점을 제공하는지도 모른다는 가설을 세웠다. 프랜시스는 뿌리를 내리고 새로운 단위를 만들어낼 수도 있는 건축학적 가지 모듈에 관해 이야기했다. 그리고 마크는 개미와 개미를 흉내 내는 거미의 익살맞은 행동을 흉내 내며 이들의 생태를 멋지게 묘사함으로써 모두를 즐겁게 해주었다. 그날 네 번째 안건으로 오른 것은 고대해 마지않던 시그램 위스키를 푸는 것이었는데, 분위기상 청중들 사이에 골고루 돌려졌다.

나는 출발에 앞서 짐을 꾸리다가 그동안 왜 내 배낭 속으로 개미들이 줄지어 드나들었는지를 비로소 알게 되었다. (매사추세츠에서 마지막으로 은행을 다녀오던 날, 아이들을 위해 산) 막대사탕 두 개가 주머니에 숨겨져 있었던 것이다. 끈적하게 녹아버린 사탕과 개미들로 배낭은 엉망

—

31) 균류와 긴밀하게 결합하여 공생 관계를 맺은 뿌리.

진창이 되어 있었다. 우리들이 캠프를 떠날 준비를 하는 동안, 마을 사람들이 앞다투어 와서는 신발과 셔츠, 다른 옷가지들을 좀 달라고 정중하게 부탁했다. 그들에게는 정말로 그것들이 필요했으므로 우리는 기꺼이 그렇게 했다.

우리는 오후 3시 30분에 캠프를 떠났다. 짐이 훨씬 가벼워졌으므로 차 타기도 수월했다. 그뿐만 아니라 정치 상황이 호전되어서 경찰의 검문도 적었다. 두알라에서는 무언가 활기차고 경축하는 분위기를 느낄 수 있었다. 그러나 공항에서의 출국은 그다지 원만하지 못했다. 일부 사람들은 세관을 통과하기 위해 소정의 뇌물을 건네야 했고, 또 일부는 커튼 뒤에서 몸수색을 당하는 수모를 겪기도 했다. 비행기에 탑승한 뒤 우리는 모두 안도의 한숨을 내쉬었다. 파리에서의 하룻밤은 황홀했다. 에펠탑이나 센강의 낭만 때문이 아니었다. 욕조에서의 거품 목욕, 침대, 그리고 얼음 넣은 음료수를 즐길 수 있었기 때문이었다.

열대의 탐사 현장과 온대의 내 거주지 사이를 오가는 일은 늘 곤혹스러웠다. 집으로 돌아오고 나면 오지에서의 생활은 세세하게 그려지지 않았고, 서구 문명의 이기 없이 잠깐 머물다 온 것이 내 사고에 어떤 새로운 측면을 보탰는지도 알 수 없었다. 카메룬 여행을 끝내고 다시 집으로 돌아왔다는 걸 완전히 실감하는 데는 몇 달이 걸렸다. 결론은 이러하다. 나는 대양을 건넜고, 세 개의 대륙을 돌아다녔고, 열대와 온대를 들락거렸고, 가장 중요하게는 대단히 다른 두 개의 문화권에 적응했는데, 각각의 문화는 고유의 훌륭한, 그러나 쉽게 호환할 수 없는 나름의 관습과 특성들을 가지고 있었다.

서아프리카에는 원래의 열대 우림 가운데 28퍼센트도 안 되는 지역(68만 제곱킬로미터 가운데 19만 제곱킬로미터)만이 살아남아 있다. 반면 중앙아프리카에는 55퍼센트의 열대 우림(271만 제곱킬로미터 가운데 149만 제곱킬로미터)이 원래 모습을 유지하고 있다. 이러한 감소 추이는 다른 지역에 비해 덜 급격하지만, 아프리카의 열대 우림은 세계에서 가장 취약한 상태에 놓여 있다고 할 수 있다. 몇 안 되는 국제적 보호 프로그램만이 아프리카에 기금을 배정하고 있으며, 토지 활용에 대한 정부의 정책에 영향을 미칠 수 있는 생태 관광도 거의 개발되어 있지 않다. 그밖에, 고유종의 보고라 할 수 있는 아프리카 대륙은 숲이 사라짐에 따라 사막화 현상도 심각해지고 있다.

현재 나는 컴퓨터를 이용하거나 신간 서적들을 접할 기회가 거의 없는, 카메룬 야운데 대학의 대학원생 한 명에게 여러 가지 조언을 해주고 있다. 또한 아프리카 마을에서 착생식물 보호 프로그램을 진행하기 위해 그곳의 식물학 교수 한 분과 함께 작업하고 있다. 우리는 우리가 속한 연구소 사이에 식물 소재와 자원을 교환할 수 있는 방법을 시도하고 있다. 그것은 힘든 일이다. 하지만 아프리카 열대 우림의 미래는 아프리카의 학생들과 그들의 정부를 교육하는 데 사활이 달려 있으며, 유기적 전체로서의 지구에 대해 우리 모두에게 책임이 있음을 깨닫지 않으면 안 된다.

8

숲속의 건설용 크레인

우림에서는 쓰이지 않은 채 남아 있는 틈이란 없다.
채워지지 않은 채 비어 있는 곳은 없다. 붙잡히지 않은 채 헛되이
흩어지는 햇빛이란 없다. 백만의 틈새에서 백만의 생명체가 말없이
움직이고 있다. 지구상의 다른 어떤 곳도 이처럼 푸르고 무성하게
느껴지진 않을 것이다. 때로 우리는 그곳이 에덴 동산—비단뱀이
기어다니고 재규어가 달리는, 저 먼 시대로부터 내려온 고요하고
비옥한 제국—의 흔적이 아닌가 생각한다.

다이앤 애커먼, 《내가 만난 희귀동물 *The Rarest of the Rare*》, 1995

—

1980년대에 스미스소니언 연구소의 앨런 스미스라는 생태학자가 숲우듬지 연구를 위한 기발한 아이디어를 하나 내놓았다. 건설용 크레인을 이용해 숲우듬지에 접근하면 어떻겠냐는 제안을 한 것이다. 스미스의 그 생각은 10년 전에는 황당한 소리로 들렸을지 몰라도 숲우듬지 연구를 혁명적으로 변화시켰다.

1992년, 나는 깊이 생각한 끝에 윌리엄스 대학 객원교수로서의 즐거운 생활을 접고, 플로리다주 새러소타에 있는 메리 셀비 식물원의 연구 및 보존 책임자가 되었다. 플로리다에 아는 사람이라곤 아무도 없었으며, 식물원의 업무 설명서는 설명이 없어도 예측 가능한 대학교수의 일에 비해 막연하기만 했다. 그럼에도 여러 가지 이유로 마음이 끌렸다. 그 자리는 열대 우림의 연구와 보존이라는 목표를 추구할 수 있는 직접적인 기회를 주었다. 나는 그해 열두 달 내내, 교실에서 열대 우림에 관한 쟁점을 그저 토론만 한 것이 아니라, 발에 직접 흙을 묻히며 실질적인 변화를 끌어내기 위해 뛰어다녔다. 공공 교육에 직접 참여해, 현장 경험에서 우러나온 생생한 설명을 통해 자연을 있는 그대로 보호할 것에 대한 신념을 다른 사람들과 나눌 수 있었다. 또 그 자리는 임시직이 아닌 고정직으로서 나와 아이들에게 경제적인 안정을 선사했다. 그리고 무엇보다도 중요했던 점은 새러소타의 공립학교는 수학과 과학(우리 아이들이 가장 좋아하는 과목) 부문에서 탁월한 프로그램을 갖추고 있다는 사실이었다. 언젠가는 다시 가르치는 일로 돌아가고 싶긴 하지만, 육체적으로 비교적 안전하게 나무를 탈

수 있는 동안에는 현장 작업에 내 에너지를 쏟아붓고 싶었다.

나는 윌리엄스 대학과의 계약이 끝난 6월 30일 바로 새러소타로 날아갔고, 7월 1일부터 셀비 식물원에서 근무를 시작했다. 나는 1992년 한 해 동안 신경정신과 의사들이 피하라고 권유하는, 정신 건강을 위태롭게 하는 온갖 심란한 일들을 다 경험했다. 이혼, 이사, 이직, 그리고 주택 매입까지. '지옥에서 보낸 한 철'이 될 수도 있었겠지만 놀랍게도 전혀 그렇지 않았다. 가족과 친구들의 도움 덕분이었다. 셀비 식물원과 새러소타 사회는 친절하고 흥미로웠으며, 아이들과 나는 새로운 활동, 새로운 학교, 새로운 문화에 잘 적응했다. 새로운 자리로 옮겨가서 내가 처음 참여한 현장 탐사가 바로 파나마의 계절적 건기 열대림에서 스미스소니언 연구소의 숲우듬지 연구용 크레인에 오른 것이었다.

—

우리 집에는 토크 타임이라고 부르는 취침 시간 전통이 있다. 엄마와 아들이 나란히 누워 어둠 속에서 조용히 이야기를 주고받는데, 머릿속에 떠오르는 것들을 아무거나 다 편하게 이야기하는 시간이다. 우리 식구들은 밝은 대낮에 이야기하는 것보다는 어둠 속에서 이야기하는 것이 대화를 더 허심탄회하고 은밀하게 만들어 준다는 생각을 하고 있다. 심리학에서야 뭐라고 하든 그 시간은 매우 특별한 시간이다. 파나마로 떠나기 전, 두 아이와 각각 토크 타임을 가졌는데 두 아이 모두 나와 함께 가고 싶다는 말을 했다. 엄마가 숱하게 여행을 다녔지만, 에디와 제임스가 침대, 책, 장난감, 일상용품으로 이루어진 자신들의 안전한 세계를 떠나는 데 대해 자발적으로 흥미를 보인 것은 그때가 처음이었다. 이제 자신들의 세계 바깥에서 모험을 즐길 수 있을 만큼 자란 것이다. 또한 여덟 살, 여섯 살이면 보호대상자가 아니라 현장 도우미가 될 수도 있는 나이였다. 나는 아이들에게 다음번엔 가족 탐사대를 꾸리겠노라고 약속했다.

셀비 식물원에서의 생활은 연구와 여행, 행정 업무, 교육 등으로 정신없이 바빴다. 내가 사무실에서의 업무(그 와중에 인근의 뉴칼리지에서 교육 및 인턴 학생 지도까지 일부 담당하면서)를 즐기는 동안, 난데없이 숲우듬지 연구가 굉장히 인기 있는 과목이 되었다. 부모님이 외손주들을 헌신적으로 돌봐 주신 덕분에 나는 다른 지역의 열대 우림에서 현장 연구를 이끌어 달라는 많은 초청 가운데서 일부를 수락할 수 있었다. 이상하게도, 남편과 헤어지고 나서야 오히려 내 인생의 다른 어떤 시기보다 더 폭넓게 세상의 이곳저곳을 볼 수 있었다. 나는 난생처음 사탕 가게에 들어간 아이처럼, 가깝게는 집 근처의 하버드 대학, 멀게는 내가 상상하는 한 가장 먼 곳이었던 카메룬의 야운데까지 여러 곳을 돌아다녔다.

파나마를 방문하여 스미스소니언 열대 연구소Smithsonian Tropical Reasearch Institute, STRI와 함께 숲우듬지 연구용 크레인 위에서 작업하게 된 것은 꿈 같은 일이었다. 우선 힘들이지 않고 숲우듬지 꼭대기까지 올라갈 수 있게 해주는 그 멋진 도구를 활용해 탐사를 진행한다고 생각하니 가슴이 벅찼다. 또한 나는 늘 파나마 운하, 즉 역사의 물줄기를 바꾼 그

어마어마한 위업을 한 번쯤 보고 싶었다. 그런데 운 좋게 스미스소니언 연구소로부터 장학금을 받아 객원 과학자로서 숲우듬지 연구용 크레인에 오를 수 있게 된 것이다.

플로리다 남부에서 파나마까지 비행기로 10시간이나 걸리다니, 참 믿기 어려웠다. 파나마시티 공항 조명 시스템은 두알라 공항과 비슷했다. 다시 말해, 조명이 없었다. 비행기는 깜깜한 활주로에 착륙하더니 우리를 뜨겁고 축축한 밤 속에 내려놓았다. 마중 나오기로 되어 있던 STRI 동료는 아무도 보이지 않았다. 나는 고등학교 때 독일어 말고 스페인어를 배울 걸 하고 뼈저린 후회를 하면서 아주 긴 15분 동안 초조하게 기다렸다. 이윽고 조지프 라이트가 헐레벌떡 나타나서 사정을 설명했다. 비 오는 캄캄한 밤길, 그것도 온통 구덩이투성이인 길로 차를 몰고 오는데, 버스 타이어가 자기 차 앞을 스치고 지나가는 것을 간신히 피했다고 말했다. 그는 "파나마의 운전 세계에 오신 것을 환영합니다." 라고 투덜거리며 인사했다.

조는 그날 밤 고맙게도 자기 집으로 나를 데려갔다. 내가 묵을 STRI용 아파트를 찾기엔 시간이 너무 늦어 있었기 때문이었다. 조 가족은 안전을 위해 철제 울타리를 친, 이리저리 모양새 없이 지어진 집에 살고 있었다. 우리 아이들과 비슷한 또래인 그의 두 아이는 미국 아이들이 가지고 노는 것과 똑같은 장난감을 가지고 놀고 있었다. 하지만 그들을 둘러싸고 있는 세상은 딴판이었다. 나는 자동차 소리와 사람들 소리, 그리고 마침내는 이른 아침 새들이 지저귀는 소릴 들으며 밤을 새우

다시피 했다. 나중에 안 사실이지만, 시끄러운 에어컨 소리만이 파나마시티의 소란을 몰아낼 수 있었고, 여행자들은 그래야만 잠이 들 수 있었다. 아침을 먹은 뒤 조와 나는 숲우듬지 연구용 크레인을 타보기 위해 서둘러 숲으로 갔다.

그곳의 연구지는 파나마시티 경계와 인접한 도심 공원인 메트로폴리탄 공원 안에 있었다. 크레인은 인간과 자연을 기묘하게 둘로 갈라놓고 있는 듯했다. 도심의 언덕 위에 버티고 서서 파나마시티의 스카이라인과 거대한 숲우듬지를 내려다보고 있었다. 저 멀리로는 또 다른 크레인 한 대가 고층 건물 건설이라는 본래의 임무를 수행하고 있었다. 녹색 오아시스에 설치된 크레인은 감시원이 24시간 계속 지키고 있었는데, 감시원은 1993년 당시의 환율로 시간당 1달러를 받고 있었다.

크레인이 있는 곳에 이르기 위해, 우리는 버려진 낡은 헛간과 감시원이 문 앞을 지키고 선 공원 출입구와 자물쇠가 채워진 또 다른 문을 지났고, 그런 다음 그 거대한 구조물의 토대와 이어져 있는 흙길을 달려갔다. 크레인은 시멘트로 된 플랫폼에 영구적으로 고정되어 있었고, 플랫폼 위로는 크레인의 팔을 하늘 위 약 42미터 높이까지 들어 올릴 수 있는 노란색 금속 몸체가 솟아 있었다. 크레인의 색은 원래는 발광성이 매우 강한 붉은 색이었으나 너무 밝다는 논란이 있어 결국 노란색으로 새로 칠했다. 새들과 야생 동물이 어떤 반응을 보일지를 예측하고, 또 이렇듯 거대한 인공 구조물이 미칠 파괴적 영향을 최소화하기는 쉽지 않은 일이라 과학자들의 우려를 자아낸다. 크레인은 잠재적으로 파괴적인 요소가 있기 때문에 포유류의 행동 양식에 대한 연구를 진행하는 데는 효과적이지 않을지 몰라도 광합성, 또는 내 경우처럼 나뭇잎에 서식하는 초식 곤충들을 관찰하는 데는 아주 이상적이다.

크레인 운전기사 호세는 그을린 얼굴에 말이 없고, 체격이 좋은 사람이었다. 그는 철제 계단을 능숙하게 밟고 올라가 고공에 떠 있는 조종실에 앉았고, 크레인의 팔이 닿을 수 있는 범위 안에서는 어떤 곳에라도 곤돌라를 갖다댈 수 있었다. 그는 커다란 걸쇠를 낮추어 곤돌라를 강철 케이블 쪽으로 바짝 붙이고는 승객들이 나무우듬지에 들어갈 수 있도록 조종했다. 감시원과는 너무나 대조적으로 크레인 기사는 시간당 9달러를 받았다. 특별한 훈련이 필요한 기술을 소지하고 있기 때문이다. (당시 파나마인들의 평균 임금은 시간당 2달러였다.)

우리는 힘들이지 않고 곤돌라 속으로 걸어 들어갔다. 조가 무전기로 호세에게 들어 올리라는 신호를 보냈고, 우리는 공중에 붕 떴다. 그 장관이라니! 덩굴식물들, 난초, 도마뱀, 또 덩굴들, 나무우듬지, 새들, 또 덩굴식물들, 어느 쪽에서도 무성한 숲우듬지들이 첩첩이 보였다. 크레인은 믿을 수 없을 만큼 민첩했다. 우리는 나무들 사이에 멈춰 서 있기도 했고, 그 옆의 꽃이 만발한 덩굴식물 위로 사뿐히 내려앉기도 했으며, 굽이굽이 펼쳐진 숲우듬지의 전경을 찍기 위해 아나카르디움 엑셀숨*Anacardium excelsum*의 나무우듬지 위로 높이 올라가기도 했다. 잎사귀들은 이른 아침의 고요함 속에서 미동도 없이 매달려 있었다. 나무 꼭대기에 누워 햇살을 쬐고 있던 도마뱀들은 우리가 자신들의 은밀한 세

베네수엘라에 있는 건설용 크레인. 숲우듬지 접근 수단 가운데서 가장 새롭고 가장 비싼 것이다. 이 크레인은 팔이 닿는 영역 안에서는 잎 한 장에까지 완벽하게 우리를 데려다 준다. 파나마의 열대 건조림에서 이 방법을 이용해 덩굴식물들이 곤충들의 이동 경로가 되는가를 조사했다. 이 크레인을 포함해 현재 세계 여러 곳에 크레인이 설치되어 하나의 네트워크를 형성하고 있다.
ⓒ Margaret D. Lowman

계를 침범했는데도 본척만척했다. 곤충들은 착생식물과 나무의 꽃 주변을 윙윙거리며 바쁘게 돌고 있었다. 손쉽게 다른 높이로 이동하고, 특정한 나뭇잎 하나를 조준해 정확히 되돌아갈 수 있는 크레인의 능력은 싱글 로프와 비행선을 뛰어넘는 것이었다. 아무리 둔한 과학자라도 이제 숲우듬지에 올라갈 수 있게 된 것이다. 우리는 이브닝드레스에다 하이힐을 신은 여자가 샴페인 잔을 돌리면서도 능히 샘플링할 수 있겠다고 농담을 주고받았다. 크레인의 유일하고 명백한 단점은 크레인의 팔이 닿는 범위 안에 있는 나무우듬지에만 접근할 수 있다는 것이었다.

크레인에 올라 연구하게 된 원래 목적은 파나마와 호주의 숲우듬지에 서식하는 초식 곤충들을 비교하는 것이다. 조와 나는 3년 전에 그 프로젝트를 제안했으나, 당시엔 연구 기금이 확보되지 않았다. 조는 혼자서 그 연구를 시작한 상태였다. 결과부터 말하자면 우리들은 연구 방법상 약간 다른 방식을 택하는 바람에 각자의 데이터를 비교하는 데 한계가 있다는 사실을 뒤늦게 깨닫게 되었다. 연구 방법론은 현장 과학이 빠지기 쉬운 함정 가운데 하나이다. 때로는 겉으로 보기엔 아무 문제도 없을 듯한 방법상의 사소한 변경이 데이터를 왜곡해 다른 데이터와의 비교를 불가능하게 만들어 버린다. 우리의 경우, 조가 곤충들이 잎 위에서 생활하는 시기만을 관찰한 반면 나는 연간 생활을 관찰한 게 문제였다. 시간상의 차이는 수정할 수 있었다. 그러나 그 두 종류의 데이터를 표준화하기 위해 들여야 할 시간과 에너지는 엄청난 것이었다.

크레인은 숲우듬지에 서식하는 초식 곤충들에 대한 연구를 대단히 수월하게 해주었다. 벌레, 새 또는 포유류들에 의한 잎의 소비는 숲에서 이루어지는 중요한 과정인데, 숲 전체 생태계에는 에너지를 생산, 즉 광합성하는 조직의 손실을 말하는 것이기 때문이다. 역사적으로 볼 때 과학자들은 대개 숲에 가서 아래쪽에서 자라는 적은 양의 샘플만을 채취하곤, 그걸 비닐 봉지에 담아 연구실로 가져와 잎에 난 구멍을 세고, 그것으로 갉아 먹힌 비율을 계산해내는 방식으로 잎 조직의 손실을 측정했다. 따라서 숲 전체에 서식하는 초식 곤충들의 밀도는 대부분 적당하다거나, 때로는 무시해도 좋은 정도의 것으로 기록되는 게 당연했다. 이러한 샘플링 방식은 본질적으로, 높이 달린 바람에 연구자의 손길이 닿지 않는 95퍼센트의 잎사귀를 배제할 수밖에 없었다. 또한 전체가 다 먹혀버린 잎도 배제되었다. 보이지 않으니 모을 수도 없었기 때문이다. 접근 수단의 발전에 힘입어 지금은 숲 전체의 초식 곤충의 밀도를 더 엄밀하게 측정하는 것이 가능하다. 최근의 연구들은 초식 곤충들이 단지 잎에 구멍을 내는 것 이상의 일들과 연관되어 있음을 보여 준다. 잎의 수명, 곤충과 새의 행동 양태, 잎 조직의 화학 작용, 연령이 다른 잎 사이에 존재하는 변화 등등이 모두 숲에서 이루어지는 복잡한 생태 과정의 일부이다. 가장 중요한 점은 초식 곤충들을 파악하기 위해서는 잎을 먹고 사는 동물들, 그리고 잎이 돋아나는 계절적 양상들을 반드시 모니터해야 한다는 것이다. 크레인은 숲의 일정한 반경 내에서 그와 같은 섬세한 관찰을 가능하게 했다.

그러나 숲우듬지의 어떤 생명체들은 크레인 같은 수단으로도 접근하기 어려운 상대이다. 나무우듬지에 서식하는 새들을 연구하는 일은 그들의 겁 많은 행동 양식 때문에 거의 불가능에 가깝다. 찰스 먼Charles Munn이라는 한 생물학자는 페루의 열대 우림에 서식하는 마코앵무새macaws를 추적, 관찰하기 위해 1인승 경비행기를 이용하고 있다. 매우 위험한 방법이긴 하지만, 마코앵무새들이 숲우듬지 위를 날아다니는 까닭에 그들을 관찰하는 데는 매우 효과적인 방법이라 입증되었다. 새들의 먹이 섭취를 관찰하고 측정하기 위해 수백 시간 동안 끈기 있게 결실기의 나무를 관찰하는 조류학자들도 있다. 박쥐, 살쾡이, 설치류, 나무늘보, 천산갑pangolin,[32] 쿠스쿠스cuscus,[33] 오랑우탄, 나무사향고양이binturong[34]처럼 나무 위에서 사는 포유류 역시 현장생물학 연구의 어려움을 대변하는 동물들이다. 나무 꼭대기의 서식 밀도를 측정하는 방법론은 아직 표준화되지 않았으며, 열대 포유동물학자들 앞엔 수많은 장애물이 놓여 있다. 유명한 포유동물학자, 루이즈 에몬스는 열대 우림에서 포유동물들을 관찰하고 사로잡느라 수천 시간을 보내고 있는데, 숲우듬지 접근 수단이 한층 개선되면 당연히 더 많은 발견을 해낼 것이다.

호주에서는 붉은관유황앵무를 비롯한 조류들이 구애 행위 또는

---

32) 아시아와 아프리카에 서식하는 개미핥기의 하나로 온몸이 작은 비늘로 덮여 있다.

33) 원숭이와 나무늘보를 섞어 놓은 모습의 유대류. 야행성이다.

34) 꼬리로 물건을 잡을 수 있는 아시아산 사향고양이.

그저 단순한 장난으로 가끔 숲우듬지의 상당 부분을 결딴내 놓는다. 나는 숲우듬지에서 관찰하던 중에 운 좋게도 우연히 그와 같은 장면을 목격하게 되었다. 새들이 이따금 저지르는 그와 같은 행동은 나무들에 어떤 영향을 미칠까? 그와 같은 치명적인 사건들은 잎의 수명과 관련해서 어떻게 설명될 수 있을까? 만약 한 잎사귀의 생애에서 그와 같은 일이 딱 10초 동안 벌어진다고 할 때, 생물학자들은 그 사건이 미치는 영향을 과연 어떻게 파악할 수 있을까?

조의 프로젝트에 내 협력이 필요 없었기 때문에 크레인을 이용해 다른 연구를 진행하기로 했다. 나는 덩굴식물, 그리고 숲우듬지에 초식 곤충들이 꼬이도록 하는(끌어들이는) 덩굴식물의 역할에 관심이 있었다. 덩굴식물은 숲우듬지 생물학 분야에서는 가장 덜 연구된 부문이지만, 숲의 중요한 구성 요소로서 수 세기 동안 박물학자들의 찬탄을 받아왔다. 찰스 다윈은 비글호를 타고 항해하는 동안 자신이 관찰한 바에 의거하여 덩굴식물에 대한 폭넓은 서술을 남겼다. 덩굴식물은 자신을 유지하기 위해선 나무우듬지에 의존해야 한다. 그런데도 그들은 잎사귀 위로까지 올라가게 되면 나무의 성장을 억제하거나 심지어 봉쇄하기까지 한다. 덩굴식물들이 나무를 타고 올라가는 방법은 기상천외하다. 덩굴손, 가시와 갈고리, 막뿌리[35]를 포함한 여러 전략을 동원해 숲우듬지

---

35) 제뿌리가 아닌 줄기 위나 잎 따위에서 생기는 뿌리.

속에서 공간을 확보해 나가는 능력을 보면, 움직이는 식물이라고 해도 과언이 아닐 정도이다. 내가 좋아하는 덩굴식물 가운데 호주 변호사덩굴lawyer vine(*Calamus muelleri*)이라는 것이 있다. 악명 높게 날카로운 가시로 피부나 옷을 파고들어선 좀처럼 떨어지지 않기 때문에, 마치 이리저리 복잡하게 얽힌 법률 사건과 같다고 해서 그런 이름이 붙은 것이었다. 덩굴식물 전문가인 잭 푸츠는 그들이 숲에 미치는 영향을 이렇게 요약했다. "나무에 기어오르는 것은 덩굴식물들에겐 성공을 의미하지만 나무들에겐 파멸(적어도 암흑)을 의미한다." 잭은 덩굴식물이 파나마의 바로콜로라도섬Barro Colorado Island에 있는 숲의 생물 자원량의 25퍼센트를 구성하고 있다고 평가했다. 숲우듬지에 서식하는 척추 및 무척추동물들은 먹이와 서식처를 얻거나, 포식자로부터 몸을 숨기거나, 먹이에 접근하기 위해서 뿐만 아니라 숲 이곳저곳을 돌아다닐 수 있는 방편으로도 덩굴식물을 이용한다. 덩굴식물은 이차림[36]에서도 흔히 볼 수 있는데, 이들은 숲 관리에 이롭지 못한 존재이기도 하다. 과학자들이 숲우듬지에서 덩굴식물들이 하는 역할이나 밀도를 파악해낼 때까지는, 숲 생태계에서 그들이 지닌 가치를 제대로 평가하기는 어렵다고 할 수 있다.

이때의 연구에서 내가 주된 과제로 삼은 것은 열대 우림의 덩굴식물이 과연 숲우듬지에 서식하는 초식 곤충들에게 통로 역할을 하는

---

36) 여러 가지 원인으로 교란(훼손)된 뒤 이차적으로 발달한 숲.

가 하는 점이었다. 다시 말해, 숲우듬지 덩굴식물이 초식 곤충들의 서식 밀도를 높이는 결과를 초래하는가 하는 것이었다. 벌레들은 숲우듬지를 파고든, 이리저리 사방으로 얽혀 있는 덩굴식물을 이용해 덩굴식물이 없는 나무에 있을 때보다 훨씬 수월하게 나무 꼭대기까지 이동할 수 있는 것인지도 모른다. 이러한 가설을 입증하기 위해서는 덩굴식물이 있는 숲우듬지를 확인한 다음 그것을 덩굴식물이 없는 나무들과 비교해야 했다. 크레인은 그 연구 작업에 더할 수 없이 좋은 수단이 되어 주었다. 그리고 그 뒤 몇 년 동안은 숲우듬지 래프트를 이용해 연구를 확장했다. 나는 크레인의 곤돌라에 올라 잎을 샘플링하고 초식 곤충들이 잎에 입히는 손상을 측정했다. 그와 함께 짧은 시간 안에 샘플링을 할 수 있는 몇 가지 수단(포충망, 흡입기, 비팅트레이)을 이용해 초식 곤충들의 밀도를 평가했다. 이 연구는 생태학적인 연구였으므로 나는 쌍을 이루는 각각의 나무에 대해 똑같은 방식으로 똑같은 시간을 할애해 면밀하게 샘플링했다.

크레인에 올라 처음으로 아주 산뜻하게 덩굴식물과 초식 곤충들을 살펴본 날, 조는 일과가 끝난 뒤 파나마시티에 있는 STRI 연구원들의 본거지인 타파 빌딩으로 나를 데려갔다. 빌딩의 이름은 타파 웨어의 창립자 이름에서 따온 것이었는데, 그의 기부금 덕분에 파나마시티에 STRI가 둥지를 틀 수 있었다. 그런데 어찌 된 일인지 내가 배정받기로 한 자동차가 이용자 명부에 빠져 있었다. 조는 허둥지둥 스케줄을 조정한 다음, 내일은 꼭 자동차를 쓸 수 있을 거라고 나를 안심시켰다. 그는 친절하게 나를 아파트(도중에 식료품점도 들러서)까지 데려다주곤, 다음 날 아침 일찍 택시를 부를 수 있도록 택시회사의 전화번호를 가르쳐 주었다. 내가 크레인을 이용할 수 있는 시간은 아침 7시부터 11시까지였으며, 다른 과학자들 역시 자신의 프로젝트를 위해 크레인을 사용해야 했으므로 시간을 칼같이 지켜야 했다. 그러나 지리도 잘 모르고 스페인어도 모르는 상태에서 아침 6시 30분에 택시를 호출하는 일은, 알고 보니 보통 어려운 일이 아니었다.

창밖에서 자동차가 무언가와 충돌하는 소리가 나는 바람에 나는 3시 30분에 일어났다. 운전자가 길가의 커다란 나무를 보지 못해서 그리된 게 틀림없었다. 화가 나서 뭐라고 뭐라고 고함을 지르는 소리가 뒤따랐다. 그 소리는 열대의 조용하고 축축한 공기와 내 방의 열린 창문을 곧바로 통과해 내 귀를 울렸다. 스페인어 욕설이라곤 한마디도 몰랐지만, 나는 상황을 충분히 파악할 수 있었다. 온 동네 개들이 번갈아 짖어대고, 남자들은 5시가 될 때까지도 여전히 부서진 자동차를 치우고 있었다. 할 수 없이 잠자리에서 일어나 스페인어도 제대로 구사할 줄 모르는 처지로 크레인이 있는 곳까지 가야 하는, 중요한 과제를 준비하기 시작했다.

택시회사의 전화번호를 호출한 뒤, 나는 서투른 스페인어로 용건을 전달하기 위해 갖은 애를 다 썼다. 교환원은 내 말뜻을 이해한 듯했다. 아니면 그저 친절히 대해 주었던 것일까? 식료품 가게가 있는 곳까지 걸어 내려간 나는 택시를 기다렸다. 과일을 몇 개 사고 택시를 기다렸지만, 택시는 오지 않았다. 그런데 천만다행으로 잠시 뒤 다른 회사 소속의 택시 한 대가 가게 앞에 멈추더니, 기사가 술을 한 병 사는 것이었다. 나는 마침내 영어를 할 줄 아는 손님을 한 명 찾아냈고, 그 사람이 기사에게 내 목적지를 설명해 주었다. 기사는 나를 라그룰라까지 태워다 주겠다고 했다. 여자 혼자서 그렇게나 이른 아침에 크레인 있는 곳을 찾아가다니 참 이상한 일도 다 봤다고 생각했을 것이다. 기사가 너무나 빨리 차를 모는 바람에 나는 조가 가르쳐 준 표지물을 하나도 확인할 수가 없었다. 하지만 차는 곧 그 전날 본 적 있는 허물어진 헛간을 지나 잠겨 있는 문 앞에 도착했다. 다행히, 조의 초식 곤충 프로젝트를 돕고 있는 연구보조원 미르나가 그 앞에서 기다리고 있었다.

미르나와 나는 곤돌라로 뛰어 올라갔고, 순식간에, 그리고 조용히 하늘 위의 세계로 옮겨졌다. 나무 꼭대기 위를 편안하게 나는 듯 미끄러지는 기분은 정말 짜릿했다. 미르나와 나는 서투른 영어와 서투른 스페인어로 이런저런 정보를 주고받는 한편 과학계에서 일하는 여성에 대한 생각, 일하면서 아이를 키우는 어려움, 파나마에서 미르나가 얻을 수 있는 기회 등등에 대한 이야기를 나누었다. 일과 가정을 양립시키는 문제는 정말 세계 모든 나라 여성들의 보편적인 관심사였다.

나의 가설은, 덩굴식물이 무척추동물들의 이동에 통로 구실을 함으로써 나무우듬지에 서식하는 초식 곤충들의 수를 증가시키고 서식 밀도를 높인다는 것이었다. 나는 크레인을 이용한 샘플링 기간을 그 가설을 한층 광범위하게 입증하기 위한, 즉 앞으로 샘플링을 설계하기 위한 선행 연구로 간주했다. 현장생물학에서는 과학자 대부분이 어떤 연구 프로젝트의 실행 가능성을 결정하기 위해 먼저 선행 연구를 진행한다. 모양새를 갖춘 화려한 현장 실험보다는 작은 규모에서 새로운 방법론이나 연구 과제들을 적용해 봄으로써 엄청난 시간과 돈을 절약할 수 있기 때문이다.

나는 덩굴식물이 있는 나무우듬지의 벌레들을 샘플링한 다음 덩굴식물이 없는 나무우듬지에서 샘플링한 것과 한 쌍으로 짝을 지웠다. 크레인이 닿는 범위 안에 있는 나무들의 지배 수종은 불과 6~8종밖에 되지 않았으므로 나는 그 나무들을 집중적으로 샘플링했다. 아나카르디움 엑셀숨, 피쿠스 인시피다*Ficus insipida*, 안티로에 트리찬타*Antirrhoea trichantha*, 루에헤아 시마니*Luehea seemanii*, 스위에테니아 마크로필라 *Swieteinia macrophylla*, 카스틸라 엘라스티카*Castilla elastica*, 세크로피아 론기피스*Cecropia longipes* 등이었다. 이들 수종은 현재 환경생리학 문헌에서는 널리 알려져 있다. 스티브 멀키, 기타지마 가오루 등이 이끄는 과학자팀은 파나마의 크레인 곤돌라에서 광합성과 잎의 기능에 대한 연구를 개척해 나가고 있다. 크레인의 도움으로 나는 수월하게 샘플링을 진행할 수 있었다. 포충망 채집도 하고, 초식 곤충 채집을 위한 잎 샘플링도 하고, 비디오도 찍고, 사진도 찍고, 덩굴식물도 관찰했다. 덩굴식물이 없는 나무는 54그루, 그에 비해 덩굴식물이 있는 나무는 104그루를 관찰 대상에 포함했다. 도심지 변두리에 있는 숲에선 덩굴식물을 비롯한 이차림을 구성하는 식물들에서 훼손의 조짐을 공통적으로 발견할 수 있다. 결과적으로 어떤 덩굴식물들은 숲우듬지에 잎병을 일으키거나 심지어 나무를 죽이기도 한다. 그런데, 덩굴식물들이 성장하여 네트워크를 형성하면, 그들의 튼튼한 줄기가 정말 배고픈 초식 곤충들에게 나무 꼭대기로 통하는 고속도로 노릇을 해주는 걸까?

1992년 이후 세계 곳곳에 일곱 대의 크레인이 설치되었거나 설치될 예정이다. 워싱턴주의 윈드리버(상록 침엽수림), 베네수엘라 오리노코강 주변의 러에스메랄다(저지대 열대 우림), 말레이시아의 람비르 국립공원(마호가니 숲), 호주 퀸즐랜드주의 케이프 트리뷰레이션(저지대 열대 우림), 파나마의 제2크레인(열대 습윤 우림), 유럽의 한 예정지(온대 활엽수림), 그리고 내가 방문했던 그곳이다. 주제가 확장됨에 따라 크레인도 계속 특화되는 중이다. 베네수엘라에서는 많은 수의 나무들에 접근할 수 있도록 크레인이 궤도를 따라 움직인다. 말레이시아에서는 크레인을 중심으로 숲우듬지 통로와 타워, 사다리 등을 건설함으로써 하나의 거대한 숲우듬지 접근 시스템을 구축할 예정이다. 무엇보다도 고무적인 것은 숲우듬지 크레인을 이용하는 연구원들이 서로 정보를 교환하고 협력하기 시작했다는 사실이다. 지구적 차원에서 숲을 관리하고 보존하기 위해서는 그러한 협력이 필수적이다. 1997년 파나마시티에서 국제 숲우듬지 크레인 네트워크가 최초로 소집되어, 세계 각지에서 모인 열 명의 과학자가 앞으로의 협력에 대한 방안을 토론했다.

크레인에서 STRI 본부로 돌아갔더니 마침내 내게 배정된 차가 나와 있었다. 나는 열쇠를 받아들고는 이젠 혼자서 다닐 수 있게 되었구나 싶어 무척 기뻐했다. 그런데 머피의 법칙이 작용했는지, 연료 계기판이 'E'를 가리키고 있었다. 집으로 돌아오는 내내 살폈으나 주유소를 한 곳도 볼 수가 없었다. 그래서 나는 '글로이츠GOLWITS'(열대 지역에서 혼자 다니는 여성의 신God-of-lone-women-in-tropical-situations)에게 특별 기도를 올렸다. 다음 날 아침 일하러 갈 때까지 연료가 떨어지지 않게 해달라고. 아파트 옆의 식료품 가게에서 잠깐 멈춘 나는 냉동 피자, 옥수수 통조림, 사과, 그리고 퀴닌 워터를 샀다.

나는 긴급한 상황이 벌어지면 그저 글로이츠에게 기도하는데, 기쁘게도 늘 응답을 받는다. 이따금 날씨에 좀 개입해 달라는 요구를 하기도 하지만, 대부분은 혼자 여행 다니는 여자가 위험에 빠질 수도 있는 그런 상황만은 면하게 해달라고 빈다. 카키색의 '촌스러운 옷'을 입고 다니는 것은 특정한 문화권, 예를 들어 미혼 여성이라면 대개 하이힐을 신고 타이트 스커트를 입는 곳이나 사리와 같은 전통 의상으로 온몸을 감고 다녀야 하는 지역에서는 공연한 오해를 불러일으킬 수도 있다. 그 때문에 나는 때때로 적절치 못한 옷차림에도 불구하고 마을 사람들이 내 선의만은 이해해 주기를 기도한다.

이번에도 글로이츠가 돌봐 주신 덕분에 다음 날 아침 기름이 떨어지는 낭패를 당하지 않고, 또한 신호등에 한 번도 걸리지 않고 무사히 STRI까지 도착할 수 있었다(파나마시티의 특정 구역을 지날 땐 빨강 신호등에 걸리면 문을 잠그라는 충고를 들었다). 그날 타파 빌딩의 엘리베이터 안에서 나는 로빈 포스터Robin Foster를 만났고, 그와의 우정은 이후 나의 삶을 바꾸어 놓았다. 그는 나를 가까운 주유소로 데려다주었으며, 나아가 우리는 열대식물, 착생식물, 과학적 모험 등등 공통의 관심사에 대해 세 시간 동안이나 수다를 떨었다. 나는 로빈을 '나무 전도사'라 부른다. 그는 "남미에서 가장 흔히 볼 수 있는 나무가 무엇인가?" 하는 엄청난 질문에 대한 답을 찾느라 거의 20년 동안 헌신적으로 탐사, 관찰, 연구를 계속해 온 사람이었다. 그는 열대식물에 관한 한 세계적인 권위자의 한 사람이었으나 자신의 영향력에 대해선 매우 겸손했다. 로빈은 바로콜로라도섬에 같이 가자고 나를 초대했다. 그곳에서 그의 샘플링을 도울 수 있다는 것이었다. 그리고 그곳의 일부 착생식물을 나한테 보여주겠노라고 약속했다. 그 덕분에 나는 마침내 파나마 운하를 내 눈으로 직접 보게 되었고, 연락선으로 운하를 건너 바로콜로라도섬에 가게 되었다.

우리는 감보아에서 연락선을 타기 위해 일찌감치 파나마시티에서 출발했으나 2분 차이로 배를 놓치고 말았다. 뜻하지 않게 배를 놓치는 바람에 나는 파나마시티에서 감보아로 가는 길 중간에 위치한 서미트 식물원에서 하루를 보내게 되었다. 로빈은 파나마의 나무들에 대해 내게 벼락치기 강의를 해주었다. 우리는 오로펜돌라oropendolas[37]가 그들이 공동으로 둥지를 틀고 있는 '마을'을 들어오고 나가는 모습도 구경

---

37) 독특하고 아름다운 소리를 내는 열대의 새. 열 마리 이상의 새가 한 나무에 둥지를 짓고 산다.

했다. 각각의 둥지는 미국꾀꼬리baltimore oriole(또 나의 온대적 선입견이 발휘된다)의 둥지를 확대한 것 같은 모습으로 나무 아래쪽으로 늘어져 아름답게 흔들거리고 있었다. 오로펜돌라는 열대 조류 가운데서 내가 가장 좋아하는 새라고 할 수 있다. 다이앤 액커먼은 오로펜돌라의 울음소리를 이렇듯 적절하게 표현해 놓았다. "젖은 듯 두 겹으로 떨리다가 유장하게 이어지는 쪽, 쪽 키스하는 듯한 소리, 어찌 들으면 고동치는 듯도 하고, 신시사이저 소리 같기도 하다가 이윽고 처음 사교계에 발을 내딛은 아가씨가 물속에서 키스를 퍼붓는 듯한 소리로 끝이 난다." 오로펜돌라는 공동체 둥지를 짓는 것 말고도 신기한 습성을 몇 개 가지고 있다. 한 가지만 예를 들면, 그들은 자기들 둥지에 말벌이 함께 사는 걸 좋아한다. 왜 말벌일까? 말벌이 말파리Botflies를 죽이기 때문인데, 말파리는 감시를 소홀히 하면 오로펜돌라 새끼들의 몸에 기생한다. 오로펜돌라들은 또한 찌르레기들이 자기 둥지에 알을 낳는 것도 허용하는데, 이는 그들의 생태를 더욱 복잡하게 만들고 있다. 찌르레기 새끼 역시 말파리를 잡아먹기 때문이다.

말파리는 사람의 몸에도 기생하며, 열대생물학자치고 말파리에 얽힌 흥미진진한 이야기 한 가지쯤 늘어놓지 못하면 간첩이라고 할 수 있다. 말파리는 사람의 피부에 알을 낳는데 재빨리 부화한 유충은 인간의 강腔[38] 안으로 들어가 자라면서 몸을 가렵게 하거나 염증을 일으킨다. 유충은 자라면서 피부 표면에다 숨 쉴 수 있는 공기구멍을 뚫는다. 결국엔 피부밑에 있는 자기 집에서 밖으로 나오긴 하지만, 누구라도 몇 달씩 말파리 유충을 몸에 넣고 다닐 수는 없는 일이기에 이런저런 약은 수를 동원해 그놈들을 밖으로 유인해 내야 한다. 구멍 위에다 날고기 한 점을 올려놓는 방법이 그놈들을 밖으로 나오게 하는 가장 좋은 방법이다. 연구 현장에선 그 밖의 다른 이색적인 미끼를 둘러싼 이야기들이 전설처럼 전해져 내려오고 있다.

로빈과 나는 잠시 멈추어 서서 운하를 통과하는 커다란 화물선을 구경했고, 그것으로 평생의 꿈 하나가 실현되었다. 거대한 아시아 화물선이 지나가자 파나마 운하는 오히려 좁아 보였다. 토목공학이 이룬 그 위업 덕분에 수천 킬로미터에 이르는 항해 길이 단축되었다고 생각하니 경외감이 들었다. 우리는 출발 몇 분 전 오후 배편에 올라 오후 8시에 바로콜로라도섬에 도착했다. 로빈은 나중에 자기는 2, 3분 이상의 여유를 두고 공항이나 선착장에 도착하는 걸 좋아하지 않는다고 말했다. 그러니 오전의 배편을 간발의 차이로 놓친 것은 하나도 이상할 것 없는 일이었다. 나는 낡은 채프먼 호텔에다 연구소 공간보다 조금 나은 방 하나를 잡았고, 무엇인지 정확히 정체를 알 수 없는 메뚜기과 곤충과 나무개구리들이 시끄럽게 우는 가운데 잠에 곯아떨어졌다.

나는 고함원숭이howler monkey[39]들이 창밖에서 컹컹대고 으르렁

—

38) 몸 기관, 뼈 등의 빈 곳.

39) 꼬리를 감아쥐는 열대산 큰 원숭이. 수컷이 짖어대는 듯한 소리를 낸다.

거리는 소리에 잠이 깼다. 그 소리는 내가 이제까지 들어 본 이색적인 소리 가운데서도 가장 생생하게 기억에 남아 있다. 사람들 소리도 시끌벅적하게 들렸는데, 바로콜로라도섬 직원들이 STRI의 일곱 번째 창립 기념식을 성대하게 준비하고 있었다. 사람들은 과학자들이 진흙투성이 신발을 신고 끊임없이 어슬렁거리는 가운데서도 요리를 하고, 장식품을 매달고, 통로와 복도를 청소했다. 오후 2시가 되자 이런저런 연설, 그리고 파나마 무용단의 춤에 이어 진수성찬이 차려졌다.

그날 저녁 나는 그 섬에서 가장 유명한 과학자 가운데 하나인 에그버트 리Egbert Leigh와의 술자리에 초대를 받았다. 그는 전설적인 과학자로서, 과학에 관한 것이라면 그 어떤 주제에 대해서도 독자적인 견해를 밝힐 수 있는 명석한 생물학자이다. 그곳을 방문한 과학자들과 스카치위스키를 즐겨 마시는 버릇을 포함해 여러 가지 점에서 아주 귀여운 구석이 많다. 그는 나를 처음 만나는 자리에서 이렇게 말했다. "만나서 반갑습니다, 멕Meg-모노mono-도미넌트dominant-포리스트forest-로우먼Lowman 씨. 저는 1987년에 간행된《미국의 박물학자들*American Naturalist*》134호의 88쪽에서 119쪽에 수록된 당신의 보고서를 재미있게 읽었습니다." 그는 자신이 읽은 모든 것을 사진을 찍어둔 것처럼 정확히 기억하는 놀라운 기억력의 소유자 같았다. 비교적 외딴 장소에서 일하는 과학자로서는 딱 어울리는 특성이었다. 우리는 단일 우점종 나무들과 광합성 등에 관해 토론을 주고받았는데, 그의 생각을 듣게 된 것은 나로선 참 행운이었다.

다음 날, 나는 조, 로빈, 그리고 스리랑카 출신 생물학자인 구나텔렉스와 함께 서둘러 조의 발아 시험구를 보러 떠났다. 조의 발아 시험구는 말하자면 호주에 있던 우리 실험지와 비슷한 곳이었다. 그런데 가는 도중에, 과학자들이 으레 그렇듯이 앞뒤 재지 않고 노닥거리고 꾸물거리다가 그만 발아 시험구에 도착할 시간을 넘겨 버리고 말았다. 파나마로 돌아가는 연락선을 타기 위해 우리들은 할 수 없이 급히 돌아가지 않을 수 없었다. 로빈 포스터가 늘 하던 식으로, 우리는 배가 선착장에서 막 선체를 돌리는 순간에 간신히 뱃머리에 올라탔다. 파나마에 도착한 뒤, 출신 국가가 제각각인 새로 사귄 친구들 셋과 저녁을 먹고는 미국으로 돌아가는 새벽 비행기에 오를 준비를 했다.

숲우듬지 연구에 대한 내 개념은 그때를 계기로 완전히 바뀌었다. 과학자들 사이의 협력, 연구비 조달상의 협력이 강화된 것과 더불어, 숲우듬지용 크레인은 개개의 나무우듬지에 올라갈 수 있는, 전례가 없는 기회를 제공하고 있다. 이 방법은 잎, 그리고 나무우듬지의 성장 과정에 대한 집중적인 연구를 한층 쉽게 해주었다. 광합성과 가스 교환에 대한 연구, 숲우듬지 표면의 환경 조건과 그것이 제한된 한 지역의 기후에 미치는 영향, 또한 바퀴벌레에게서 질소를 분리시키는 숲우듬지 개미, 장미꽃 모양의 기저부로 땅속 동물에게 서식처를 제공하는 착생식물 같은 새로운 주제들도 아주 정밀하게 연구할 수 있다. 선행 연구를 통해 덩굴식물이 있는 나무가 그렇지 않은 나무에 비해 초식 곤충의 서식 밀도가 훨씬 높다는 사실을 알아냈다. 하지만 이러한 일차적 발견을 확실히 하기 위해서는 앞으로 수년 동안 더욱더 광범위한 샘플링을 할 필요가 있다. STRI의 노력 덕분에 열대 우림 연구는 숲 바닥에서 숲 우듬지로 점점 더 나아가고 있었다.

9

벨리즈의 나무 집

중앙아메리카 벨리즈의 저 안쪽에, 블루크리크라는 곳이 있다.
이따금 가늘고 긴 햇살이 찾아들 뿐인 이 그늘진 곳에는
지구상의 다른 어떤 곳보다도 다양한 생명체가 살고 있다. …
비행기에서 내려다보면 블루크리크의 우림은 거대한 브로콜리 밭처럼
보인다. … 블루크리크에는 우림 전문가들이 설계한
숲우듬지 통로가 만들어져 있다.

캐서린 래스키,
《세상에서 가장 아름다운 지붕*The Most Beautiful Roof in the World*》, 1997

—

식물원의 대중 교육 책임자인 나는 그 일의 일환으로 이른바 '교육을 위한 제이슨[40] 프로젝트'라는 프로그램의 과학 자문위원을 맡는 영광을 누렸다. 제이슨 프로젝트는 해저에서 타이타닉호를 찾아낸 로버트 밸러드Robert Ballard 박사가 기획했다. 그는 외딴곳에서 이루어지는 과학적 발견을 자라나는 학생들과 함께 나누기 어렵다는 사실에 착안해서 프로젝트를 구상했다. 제이슨 프로젝트는 촬영팀이 과학자들과 함께 오지로 가서 탐사 장면을 위성 송출 센터를 통해 생방송으로 내보내고, 그것을 학교와 박물관, 기타 교육 센터에 중계하는 것이었다. 프로그램을 시작한 지 5년째인 1994년, 제이슨 프로젝트에서는 벨리즈의 열대 우림을 탐사하기로 했다. 나는 수석 과학자로 그 프로젝트에 참여했고, 나무우듬지에서의 식물과 곤충의 상호 관계를 조사하는 활동은 위성 통신을 통해 미국, 캐나다, 중미, 영국, 버뮤다에 사는 수십만 명의 학생들에게 전해졌다. 촬영 중인 카메라 앞에서 좁고 흔들거리는 숲우듬지 다리를 걸어가는 일은 정말 오금이 저렸지만, 51회의 생방송 내내 믿어지지 않을 만큼 잘 해냈다.

—

40) 그리스 신화에 나오는 영웅 이아손을 가리킨다. 이아손은 헤라클레스, 오르페우스 등 다른 영웅들과 함께 아르고호 원정대를 결성하여 코르키스의 금빛 양털을 가져왔다.

아이들과 나는 간단한 프로펠러 엔진을 단 6인승 소형 비행기에 올라탔다. 비행기 옆구리에 쓰인 '마야 항공' 글씨는 거의 다 지워진 상태였다. 짐은 뒷좌석에 아무렇게나 던져 놓았고, 에디는 부조종사 역할을 해보라는 제안을 받은 참이었다. 에디는 무거운 헤드폰을 머리에 썼고, 우리는 벨리즈 상공을 향해 이륙했다. 사랑하는 아이들을 낡은 프로펠러 엔진 비행기에 태운 것이 약간 걱정스럽기는 했지만, 현지로 가는 다른 수송 수단이 전혀 없었다. (4년 뒤, 우리가 탔던 그 비행기와 조종사는 마야 산맥으로 추락했다.)

아이들은 엄마와 함께 열대 우림 탐사에 나선 것이 기뻐서 어쩔 줄 몰라 했다. 에디는 여덟 살, 제임스는 여섯 살이었다. (아이들은 어릴 때 호주의 열대 우림을 수도 없이 보았지만, 그때는 너무 어렸을 때라 거의 기억하지 못했다.) 목적지는 벨리즈 남부에 있는 블루크리크였다. 우리의 임무는 제이슨 프로젝트를 위한 연구지를 만드는 것이었는데, 숲우듬지 통로, 그리고 그 위에서 현장 조사를 진행할 통로와 연결된 플랫폼 몇 개를 건설하는 것도 그에 포함되어 있었다. 나는 그 구조물을 "나의 녹색 연구소"라 불렀지만, 아이들은 "우리의 커다란 나무 집"이라고 불렀다.

우리는 바다로 흘러드는 황토색 강을 따라 형성된 맹그로브 해안을 지나, 거의 한 시간 가까이 비행기를 탔다. 얼마 전에 내린 비가 상류의 겉흙을 깎아내려, 바다와 만나는 강어귀에는 누런 강물이 목걸이 모양으로 띠를 이루고 있었다. 토양 침식은 열대 지역에서 심각한 손실을 끼치는데, 경작지를 만드느라 벌채하는 일은 토양을 폭우에 그대로 노출시킨다. 원래의 숲은 그와 반대로 빽빽한 뿌리층을 통해 토양을 보존하는 동시에 수분의 증발도 막는다. 우리는 밀파(옥수수나 호박 같은 곡물을 소규모로 재배하기 위한 개간지)가 점점이 박혀 있는, 우림의 가파르고 조그만 언덕배기를 내려다보았다. 벨리즈 남부는 이른바 카르스트 지형으로, 조그만 산들 곳곳에 석회석을 기반암으로 하는 계곡이 점점이 산재한 지형이었다.

벨리즈의 우림을 방문한 건 그때가 두 번째였다. 비포장 활주로 하나와 비나 햇빛을 피하기 위한 조그만 그늘막 하나가 있는 푼타고르다 공항에 도착하자, 제이슨 프로젝트 촬영팀 몇 명이 탄 낡은 트럭이 우리를 맞았다. 우리는 트럭 짐칸에 기어오른 뒤 해안 도시인 푼타고르다에서 서쪽으로, 즉 내륙 쪽으로 32킬로미터 정도를 덜컹거리며 달렸다. 블루크리크 마을에서는 에디와 제임스 때문에 마을 아이들 사이에 큰 소동이 벌어졌다. 담황빛 머리색의 아이 두 명—아마 원주민 문화의 기준으로는 결혼 적령기에 이른 듯한—은 마을 아이들에게 굉장한 호기심을 불러일으켰다. 여자아이들은 팔찌와 수예품을 가져와 에디와 제임스에게 보여주기도 했다. 아직 여자아이를 멀리하는 단계에 있던 제임스는 무서워했다. 그보다는 조금 나이가 든 에디는 친절하긴 했으나 지나친 관심에 어쩔 줄 몰라했다. 둘은 부끄러운 듯 숲으로 들어가서는 숲우듬지 연구 장소, 즉 이제 곧 우리들의 키다란 나무 집이 들어설 곳으로 이어진 길 위를 왔다 갔다 했다.

그해는 제이슨 프로젝트팀이 중미로 들어온 첫해이자, 처음으로 지상 생태계에 초점을 맞춘 해이기도 했다. 전통적으로 제이슨팀은 해양 탐사만을 다루었다. 그해의 중심 테마는 한 방울의 빗물이 벨리즈의 숲우듬지, 동굴, 앞바다를 거쳐 산호초에 이르는 과정을 추적하는 것이었다. 나는 숲우듬지 과학자로 선택된 것이었고, 바다를 담당할 동료는 텍사스주 휴스턴 대학에서 온 산호초 전공 생물학자 제리 웰링턴Jerry Wellington이었다. (이는 과학자들 간의 상호 연결성을 보여주는 전형적인 예인데, 15년 전 샌타바버라의 캘리포니아 대학에서 대학원생으로 재학 중인 제리를 객원 연구원으로서 만난 적이 있었다.) 제리와 나는 제이슨 프로젝트가 방송되는 동안 현장 탐사를 지휘하고, 프라이머리 인터랙티브 네트워크Primary Interactive Network, PIN 사이트에 연결된 학생들과 이야기를 나누기로 되어 있었으며, 학생들은 과학, 과학자, 환경 보호에 관한 질문을 던질 예정이었다. 제이슨 프로젝트는 교육, 연구, 그리고 환경 보호라는 세 가지 과제를 결합할 멋진 기회였다.

나와 로버트 밸러드, 제리는 1993년 5월 다양한 전문가들로 구성된 팀과 함께 처음으로 벨리즈를 답사했다. 당시 답사팀의 구성원을 살펴보면, 바쁜 시간을 고도로 효율적으로 조직하던 로버트 밸러드의 조수, 집에다 자주 전화를 해서 자동응답기에 남겨진 메시지를 듣곤 하던 섭외 담당자(나는 그때까지 자동응답기도 없었으며, 하물며 벨리즈의 정글에서 어떻게 그것과 접속하는지는 더더욱 몰랐다. 핸드폰도 아직 일상적으로 쓰이지 않을 때였다), 우림에 처음으로 와 보았다며 자못 흥분하던 제이슨 프로젝트 커리큘럼팀의 교육자, 위성 통신 설비의 스폰서인 일렉트로닉 데이터 시스템Electronic Data Systems, EDS 사에서 파견된 엔지니어, 우리들의 활동을 기록하던 카메라맨이 있었다. 그리고 EDS 사를 대표해서 나온 또 한 사람이 있었는데, 그녀는 옷차림에 맞추어 날마다 립스틱 색깔과 핸드백 색을 바꾸는 등 예쁘게 보이려고 굉장히 애를 썼다.

그때 우리는 벨리즈 여기저기에서 활동하고 있는 굉장히 다양한 과학자들을 만났는데, 모두 흥미로운 연구 프로젝트를 위해 독립적으로 일하고 있었다. 숲우듬지의 새를 다루는 전문 박물학자 브루스 Bruce 및 캐롤린 밀러Carolyn Miller 부부, 각각 오도나타(잠자리)와 파충류(뱀과 파충류)를 연구하는 티네케Tineke와 이안 미어맨Ian Meerman 부부, 현장생물학자이자 벨리즈 동물원의 창설자인 샤론 마톨라Sharon Mattoloa, 벨리즈에서 환경 교육의 터를 닦아가고 있는 생태 관광 운영자 짐Jim과 마그리트 베비스Marguerite Bevis 부부, 탐사 장비를 책임진 제프 코윈Jeff Corwin 등이 그들이었다.

우리는 제이슨 프로젝트에서 원하는 완벽한 입지를 찾기 위해 벨리즈 북부의 몇 군데 장소를 탐사했다. 나는 숲우듬지 통로를 지탱해 줄 수 있을 만큼 우람한 나무들, 더불어 다양한 나무가 들어서 있는 곳을 원했다. 그에 반해 로버트 밸러드는 그림이 좋고 촬영하기에 적합한 장소를 찾았다. 또 탐사대의 살림을 맡은 이들은 식량이나 숙박 시설, 기술 장비들을 쉽게 구할 수 있는 곳을 원했다. 엔지니어들은 접시모양 위성 안테나를 설치할 수 있도록 공간이 넉넉한 곳을 선호했다. 그리고 제리 웰링턴은 그저 산호초에 갈 수 있기만을 바랐다. 우리는 '크레이지 에디가 모는 괴짜 버스 회사(무슨 코믹 연속극의 제목처럼 들렸다)'의 버스를 타고 다니면서, 벨리즈 중부의 수많은 곳을 들렀다. 마운틴 이퀘스트리언 로지 뒤편에 있는 계곡을 걸어 다닐 때는 희귀조인 벌잡이새사촌류keel-billed motmot의 울음소리를 듣기도 했다. 벨리즈 동물원을 방문해 맥tapirs,[41] 퓨마, 긴코너구리coatimundi, 큰부리새toucans도 구경했다. 우리는 파인마운틴 리조트에서 잠을 잤는데, 아침에는 소나무의 달콤한 향기에 눈을 떴다. 완전히 불타버린 언덕도 하나 지났다. 메노파Mennonite[42] 교도 이주민들이 방목지를 얻기 위해 생각 없이 값진 숲을 베어냈던 곳이었다. 이어 해안 도시인 당그리가로 가서 무서운 정글 헛(잘못 붙여진 이름으로 어디에도 정글은 보이지 않았다)에서 하룻밤을 보냈다. 벨리즈 남부에서는, 푼타고르다를 지나 굉장히 울퉁불퉁한 자갈길을 따라 블루크리크라는 조그마한 마을에 닿게 되었다. 며칠을 돌아다닌 끝에, 우리들이 생각했던 완벽한 장소를 드디어 찾은 것이었다.

블루크리크는 보호구역으로서 보스턴에 근거지를 둔 조그만 생태 관광 벤처 회사가 임대해서 운영하고 있었다. 부엌, 자료실, 식당, 침실 등 다용도로 쓸 수 있는 오두막과 헛간 한 채 외에는 아무것도 제공

—

41) 코끼리, 말, 돼지의 생김새를 모두 가지고 있으며 남미, 멕시코, 중미 등에 분포한다.

42) 16세기의 급진적 종교 개혁 운동인 재세 파에서 발생한 교회로 네덜란드 사제 메노 시몬스의 이름에서 유래했다. 세계 여러 나라에 퍼져 있으며, 미국과 캐나다에 집중되어 있다.

하지 않았다. 하지만 빼어난 자연림을 갖추고 있었고, '휴양소'에서 상류 쪽으로 500미터만 올라가면 환상적인 석회암 동굴도 있었다. 샛강 건너편에는 사진 찍기에 좋은 근사한 나무들이 몇 그루 있었다. 착생식물들이 꽃줄처럼 나무를 장식하고 있는 보보나무bobo tree(*Pachira aquatica*), 뿌리를 늘어뜨리고 있는 아로이드aroids(*Philodendron* sp.)와 그 위쪽 가지에 달라붙어 있는 조그만 야생란, 탱크처럼 생긴 로제트rosettes[43]에 정체를 알 수 없고 아마도 새로운 종인 무척추동물을 품고 있는 커다란 착생식물, 능소화과의 덩굴식물, 그리고 온갖 종류의 다양한 미발견 식물까지. 벨리즈는 처음 와 본 나라였으나 커피나무, 콩과식물, 파나마의 식물들과 비슷한 낯익은 식물 친구들도 찾아낼 수 있었다.

그날 밤 우리는 '휴양소'에 묵어가기로 했다. 원두막 바닥에 침낭을 깔고 눕거나, 나처럼 운 좋은 경우에는 두 개의 기둥 사이에다 해먹을 매달고 잘 수도 있었다. 나는 카메룬의 정글에서 쓰던 정든 카키색 해먹을 가지고 왔다. 다른 사람들은 그게 무척 부러운 모양이었다. 일행은 모두 저녁 7시에 잠자리에 들었다. 전기도 들어오지 않는 데다가 비까지 퍼부었기 때문이다. 우림 속에서 자는 건 일행 대부분에게 난생처음 해보는 경험이었다. 초보자 몇몇은 바닥에서 자는 동안 뱀이 물지 않을지 미심쩍어했고, 일부는 박쥐가 나타나지 않을까 걱정하며 주위를

---

43) 꽃이나 잎이 여러 장 서로 겹쳐서 방사상으로 나와 있는 모양.

둘러보았다. 그런데, 어렵사리 잠자리에 든 지 몇 분이 지나지 않아 천둥이 치는 듯한 소리에 모두 화들짝 놀라 일어났다. 보보나무(크기는 대포알나무와 비슷하며, 나무의 이름은 열매의 크기와 모양에서 유래한 것이다)의 커다란 열매가 얇은 지붕 위로 떨어진 것이었다. 보보나무 열매는 코코넛보다 조금 크며, 무게는 그보다 더 나간다. 모두 간 떨어질 뻔했다며 한바탕 웃고는 다시 누워 오지 않는 잠을 청했다. 나는 코코넛 이나 대포알나무 열매가 무심코 그 밑을 지나가던 사람을 죽음에 이르게 한 적이 없다는 사실이 참 이상하곤 했다. 그 열매들이 아래로 똑바로 떨어질 경우, 아무리 머리가 단단한 과학자라고 해도 머리가 움푹 팰 정도의 치명상을 입을 수 있었다. 하지만 나는 그 열매에 머리를 맞아 누가 죽었다는 이야기를 한 번도 들어본 적이 없었다.

보보나무 열매의 공격은 밤새 이어졌고, 그때마다 얇은 지붕을 때려서 빗물이 샜다. 문득 카메룬 탐사 때가 무척 그리워졌다. 나는 아프리카의 냄새를 풍기고 있는 그때 그 해먹에 누워 있었고, 오줌 역시 그때처럼 잘 참고 있었다. 무려 12시간 동안이나 헛간에 다녀오지 않았다! 카메룬처럼 벨리즈에서도 군대개미들이 밤에 떼를 지어 숲 바닥을 휩쓸고 다녔다. 다행히 한 마리도 밟지 않은 덕에 아프리카에서처럼 아프게 물리지는 않았다.

장비 담당자인 제프와 팀원 한 사람은 그날 밤 블루크리크 마을을 둘러보기로 했다. 폭우가 쏟아졌기 때문에 그들은 벨리즈인의 오두막에서 밤을 보냈다. 그들이 밤중에 마을에서 들은 소리는 우리가 들은 소리보다 훨씬 더 범상치 않은 것들이었다. 돼지들이 짝짓기하는 소리, 말라리아를 앓고 있는 아이들이 아파서 우는 소리, 바로 옆에서 닭들이 꼬꼬댁거리는 소리….

벨리즈의 정글에서 그렇게 첫날밤을 보내고 나자 우리 앞에는 빛나는 녹색의 세계가 펼쳐졌다. 잎사귀들은 저녁에 내린 폭우로 인해 빗방울을 떨어뜨리고 있었고, 잎끝 하나하나가 표면의 물방울을 모아 뿌리 쪽으로 흘러내리게 하고 있었다. 나는 그 지역의 나무들을 조사하고 착생식물의 종 다양성을 알아보기 위해 망원경으로 숲우듬지를 관찰했으며, 어떤 식의 카메라 앵글이 가능할 것인지에 대해 제작팀과 함께 머리를 쥐어짰다. 저녁에는 다시 푼타고르다로 돌아가 진짜 침대에서 잠을 자면서 열대의 소도시가 내는 소리를 들었다. 울퉁불퉁한 길을 달려가는 자전거 소리, 비쩍 마른 개들이 짖어대는 소리, 개구리의 울음소리, 조그만 노천 술집에서 흘러나오는 음악 소리와 사람들 목소리, 찌는 듯한 여름 공기를 식히는 이슬비 소리….

나는 그다음 날 벨리즈시티로 돌아와 마이애미를 거쳐 새러소타로 귀환했다. 머릿속이 열정과 아이디어로 가득 찼다. 그 뒤 몇 달 동안은 아주 바쁘게 보냈다. 숲우듬지 통로 디자인과 예산을 짜고, 거대한 나무 집을 짓기 위해 수목관리 전문가들을 모으고, 커리큘럼을 짜고, 교사들과 리포터들이 하는 물음에 답변하고, 가장 중요하게는, 방송을 통해 내가 학생들에게 전달하고 싶은 중요한 메시지들을 정리했다. 몇 가지 주제가 마음속에 떠올랐다. 산림 벌채, 종 다양성, 생태 샘플링의 난제들, 숲우듬지에서의 식물과 동물 사이 긴밀한 상호 연관성, 영양소의 순환, 지구 생태계의 건강성 등등.

석 달이 화살처럼 지나갔다. 그동안에 숲우듬지 통로 건설의 파트너인 바트 보르시우스와 함께 녹색 연구소를 설계하고 예산을 짰다. 또 통로 설치를 위해 여섯 명의 전문가팀을 구성했다. 연구 공간을 네 배로 늘린 오두막도 만들었으며, 폼 매트리스와 침대 틀을 비싼 돈을 들여 공수했다. 그리고 로빈 포스터와 선발대로 블루크리크를 방문해 그 지역의 모든 식물을 현지 조사하고 종류를 확인했다. 신문과 그 지역에 관한 기록 노트 사이에 표본을 끼워 넣어 납작하게 만드느라 우리는 여러 날을 밤늦게까지 일했다. 열대식물 전문가인 로빈도 블루크리크의 종 다양성에 매우 놀라는 눈치였다. 제이슨 프로젝트팀이 방송을 위해 과학적 호기심을 강하게 끌 만한 장소를 선정한 게 아닌가 싶었다.

블루크리크 연구소의 캠프에 짐을 풀자, 아이들과 나는 얼른 주변을 둘러보고 싶었다. 연구소는 몇 주 전 로빈과 머물렀던 때와는 몰라보게 달라져 있었다. 블루크리크 시냇물 위로는 스테인리스 케이블이 가로질러 걸쳐져 있었고, 시냇물 양쪽으로는 지상에서 23미터 높이에 목제 플랫폼이 설치되어 있었다. 우리는 망원경으로 마치 원숭이 무리처럼 머리 위에서 '재주를 부리고' 있는 수목관리 전문가들을 살펴볼 수 있었다. 그들이 나누는 대화는 장난이 아니었다. "작업용 의자를 낮출 수 있어?" "여기 18인치짜리 아이볼트가 필요한데 좀 올려 줘.", "누구 혹시 배 모양 슬링링크 가진 사람 있어?" "내 밑에 있지 마. 볼트 클

리퍼가 떨어질지도 몰라." 위에서 그러고 있는 동안 아래에서는 식물학자들이 또 나름의 이야기들을 주고받고 있었다. "여기 꼭두서니가 있네." "오, 이 오예과Lecythidaceae 식물 좀 봐." "자단나무Pterocarpus가 여기 또 있네." 여러 달 동안 준비를 한 끝에 드디어 숲우듬지 통로가 모습을 드러내고 있었다.

에디와 제임스는 나무 위에 올라가고 싶어 안달이 났다. 둘은 크리스마스 선물로 어린이용 장비를 선물 받아서 각자 숲우듬지용 장비를 갖추고 있었다. 집에서 연습을 해봤지만 이번에는 진짜였다. 막상 현장에 도착하고 나자 이상하게도 불안한 맘이 들어, 아이들을 23미터나 되는 높은 곳으로 올라가게 하고 싶지 않았다. 자신은 그런 일을 거의 매일 하면서도, 내 자식을 올려보낼 생각을 하니 훨씬 위험하게 느껴졌다. 그러나 나는 아이들이 나보다 훨씬 민첩하다는 걸 잘 알고 있었다. 마침 친동생 에드가 건설팀의 전문 목공업자로서 플랫폼 건설을 돕고 있었다. 그는 지상에서 일하는 건설팀이었다. 고맙게도 에드가 아이들을 데리고 함께 꼭대기까지 가겠다고, 다리 위에 올라서면 (내가 질끈 감은 눈을 뜰 수 있게) 나를 부르겠다고 했다. 세 사람은 곧 자단나무를 둘러놓인 계단을 올라갔고, 시냇물이 내려다보이는 플랫폼에 당도했다. 나도 서둘러 나무에 올라가 탄성을 지르고 있는 그들에게 합류했다.

에디와 제임스는 황홀해했다. 그들은 착생식물을 구경하고, 브로멜리아드bromeliad에서 꿀을 빨아 먹고 있는 벌새도 관찰했다. 개미정원 몇 개가 연구용 플랫폼 가운데 하나를 받치고 있는 탄환나무bullet

–

–

벨리즈에서 최초의 등정을 준비하고 있는 에디와 제임스. 과학 숙제로 숲우듬지의 종 다양성을 보여주기 위해 크리스마스 선물로 받은 새 장비들을 이용해 곤충들을 수집했다. 창의적인 주제였으나 상을 받지는 못했다.
ⓒ Christopher Knight

마침내 나무 꼭대기!
내 동생 에드(오른쪽)와 내가 지도해 주고 있던 뉴칼리지의 학생 켈리 키페(서 있는 사람)가 아이들의 첫 번째 등정을 도와주었다.
우리는 벨리즈에서 높이가 23미터에 이르는 이 자리에 앉아 눈 아래의 장관을 감상했다.
ⓒ Margaret D. Lowman

—
불꽃나무의 잎.
벨리즈에 있는 나무 꼭대기 연구소는
이 나무의 숲우듬지 속에 자리 잡고 있다.
낙엽성인 불꽃나무는 3월에 잎을
떨군다. 그리고 새잎이 다시 돋기
직전이면 꽃들이 만개하며
나무 전체가 분홍색이 된다.
ⓒ Christopher Knight

tree(*Terminalia amazonica*)를 장식하고 있었다. 개미 정원은 온대에 사는 우리에게는 신기한 것이었다. 개미 정원은 숲우듬지 식물의 복합체로서, 개미들이 여러 식물의 씨앗을 조심스레 수확하여 나무 중심부로 옮겨 만든 것이다. 개미들은 그렇게 심은 씨앗을 가꾸고 돌봄으로써, 나무 위에다 선인장, 페페로미아, 브로멜리아드, 야생란, 특별한 덩굴식물 등이 망라된 다채로운 미니어처 정원을 창조해낸다. 개미 정원을 통해 개미는 서식처와 먹이를 얻고, 식물들은 개미의 보호를 받는다. 관계를 맺는 양쪽이 모두 이익을 얻는 공생의 고전적인 예라고 할 수 있다.

저 아래에서 조용히 흐르는 시냇물을 내려다보니 우리가 얼마나 높이 올라와 있는지 실감이 났다. 땅 위의 사람들이 개미처럼 작아 보였다. 우리는 햇살을 받아 반짝이는 잎사귀들도 구경하고, 우리가 서 있는 플랫폼 근처의 불꽃나무flame tree(*Bernoullia flammea*)를 흔들고 지나가는 바람도 느꼈다. 불꽃나무는 잎이 이미 반쯤 져버린 상태였는데, 3월 말이면 완전히 나목이 될 것이었다. 불꽃나무는 상록수가 지배하는 열대 우림에선 극히 보기 드문 낙엽성 수종의 하나였다. 대개 열대 나무들은 사철 모두 잎이 푸를 거라고 생각하지만, 불꽃나무는 그렇지 않다. 일부는 규칙적으로 잎을 떨구고, 일부는 건기에 맞추어 부분적으로 잎을 떨군다. 불꽃나무는 새잎이 돋아나기 전에 꽃을 피운다. 분홍빛이 감도는 붉은 색의 불꽃나무 꽃은 온통 초록색인 숲우듬지 나무들 사이에서 화려한 불꽃처럼 멋있게 피어난다.

숲우듬지는 에디와 제임스에게는 완전히 새로운 세계였고, 아이들의 눈높이로 그걸 보게 된 나에게도 역시 그러했다. 아이들은 시냇물을 가로질러 놓인 다리를 조심조심 건넜는데, 다리의 길이는 21.9미터였고, 한가운데 서면 그네처럼 흔들거렸다. 반대편으로 건너가서 아이들은 나무껍질에 하얀 독이 묻은 나무를 경외에 찬 눈빛으로 쳐다보았다. 속설에 따르면 이 나무의 잎을 만지면 피부에 염증성 발진이 돋는다고 한다.

숲우듬지 위에서 몇 시간을 보낸 뒤 아이들은 금속 스테이플과 사다리를 이용해 지상으로 내려왔다. 아이들은 신이 나서 나무둥치 위의 털 많은 검은색 거미 타란툴라를 관찰했다. 우리 집에 있는 귀여운 애완 거미 해리엇과 똑같이 생긴 것이었다. 그날의 탐험은 대성공이었다. 어찌나 만족했던지 아이들은 저녁 식사로 벌써 네 번째 콩과 쌀로

—

—

많은 나무들을 안전하게, 항상 연구할 수 있도록 해주는 숲우듬지 통로 가운데 하나.
제이슨 프로젝트를 위해 벨리즈에 설치된 통로를 걷고 있는 이 아이들을 보면
우듬지 통로가 얼마나 쉽게 이용할 수 있는 수단인지 알 수 있다.
ⓒ Christopher Knight

만든 똑같은 음식이 나왔는데도 전혀 개의치 않는 듯했다.

예상했던 대로 아이들은 나무 위의 생활에 아무런 어려움 없이 적응했다. 그들이 엄마처럼 될까? 지금은 둘 다 열렬히 과학자가 될 거라고 대답하지만, 앞으로 다가올 세월은 어쩌면 그 어린 꿈들을 바꾸어 놓을지도 모른다.

우리는 밤에 산책을 하기로 했다. 우림의 많은 곤충들, 특히 잎을 갉아 먹고 사는 초식 곤충들은 낮보다는 밤에 왕성하게 활동하기 때문이었다. 호주에서 연구할 때를 생각하면 새잎이 돋아나는 시기에는 잎을 갉아 먹는 대벌레와 풍뎅이 때문에 말할 수 없이 시끄러웠다. 벨리즈도 그럴까? 우리는 헤드램프를 쓰고 바닥이 고무로 된 운동화를 신고 길을 나섰다. 벨리즈에서 하룻밤을 묵고 나자, 우리들의 소지품은 쏟아지는 비에 흠뻑 젖거나, 아니면 습기 때문에 모두 축축해지고 말았다. (습도가 너무 높아서 나는 열흘 동안 공책에 글씨를 거의 쓸 수가 없었다. 블루크리크에서 머무는 동안, 방수용 노트가 얼마나 아쉬웠는지 모른다.) 몇백 미터 정도 걸어가다가 제임스가 흔들리듯 반짝거리는 거미줄을 발견했다. 바람이 없는 밤이었는데, 이상했다. 거미가 먹이와 싸우고 있나? 꽁무니에서 길게 실을 뽑아내고 있는 동그란 거미는 예쁘고 아담했다. 멈춰 서서 구경을 하고 있는데, 갑자기 실이 당겨지다가 거미줄 전체가 고무밴드처럼 튕겨졌다. 우리는 깜짝 놀라 뒤로 물러섰고, 아이들이 입을 모아 말했다. "새총 거미다!" 새로운 종의 이름이 정해진 것이다(이건 어디까지나 우리들 생각이다). 우리는 새총을 쏘는 듯한 거미의 행동을 몇 번 더 지켜보았다. 실제로 그 거미는 가운데 있는 실을 뒤로 잡아당겼다가 먹잇감이 날아들면 튕겼다. 근처에 같은 종류의 거미가 몇 마리 더 있어서 나는 그중 한 마리를 유리병에 담았고, 나중에 정체를 확인하러 스미스소니언 연구소로 가지고 갔다. 전통적인 포획법과는 다른 참신한 방법이었다!

캠프로 돌아오는 길에 우리는 군대개미가 캠프 주변을 돌아다니는 걸 발견하고는, 우리가 묵는 오두막 밑에 지주가 설치되어 있음에 감사했다. 군대개미는 특수한 개미 페르몬으로 표시된 듯한 정해진 길을 따라 앞서거니 뒤서거니 미친 듯이 내달린다. 어디를 향하고 있는지는 무리의 선두에 있는 놈들밖에 모른다. 잠자리에 들었을 때, 에디가 자기 머리 쪽 서까래 위에 이상한 검은 물체가 있는 걸 발견했다. 타란툴라 한 마리가 비를 피해 들어왔다가 우리 오두막 천장에다 집을 지은 모양이었다. 우리는 머리 몇 미터 위에다 그 유령을 두고서는 에디가 제대로 잠을 잘 수 없을 것이라고 결론을 내렸다. 그래서 빗자루로 거미를 살살 찔러 바닥으로 떨어지게 한 다음, 현관문 밖으로 몰고 나갔다. 천장 대신 베란다에서 묵게 하기 위해서였다.

마지막 날, 아이들은 열네 번이나 소나기를 만났다. 우리는 집으로 돌아갈 준비를 했다. 진흙투성이가 된 아이들은 자신들을 매우 운이 좋은 사람이라고 생각했다. 원시 그대로의 우림 속에서 우림의 거주자들과 함께 지낼 수 있었기 때문이다. 안타깝게도 많은 어린이가 열대의 진흙에 몸을 적셔 보지도, 정글 속의 모험을 즐겨 보지도 못하고 자란다. 그리고 지금과 같은 속도로 우림이 계속 파괴된다면, 우리 아이들이 누렸던 그러한 특혜도 더는 불가능할 것이다.

나는 그다음 달 다시 벨리즈로 돌아와 우리들의 '녹색 연구소'에서 제이슨 프로젝트 방송을 시작했다. 블루크리크로 가는 산림 도로 끝에는 지름이 4.6미터에 이르는 위성 안테나와 함께 EDS 사의 대형 트럭이 자리 잡고 있었다. 대형 텔레비전 화면 주위에는 마야인들이 모여 올림픽 경기를 구경하고 있었다. 세 줄의 전선이 캠프 안쪽으로 0.8킬로미터 길이로 연결되어 있었고, 경비원들이 조심스레 제작 설비들을 지키고 있었다. 캠프에는 새로운 것과 오래된 것이 뒤죽박죽 섞여 있었다. 컴퓨터와 음향 시설, 전자 장비들을 담은 금속 상자들이 우림의 숲우듬지 아래 방수포 위에 놓여 있었고, 마야인들은 장비들을 숲속으로 나르느라 이마에 짐 끄는 끈을 두른 채 맨발로 조심조심 걸어 다니고 있었다. 그에 비하면 우리가 천착하고 있는 과학적 의제들은 별로 중요하지도 않은 하찮은 일처럼 보였다. 그러나 숲우듬지 통로는 너무나 근사해서 나는 어서 그곳에 올라가 땅 위의 혼돈에서 벗어나고 싶었다.

우리가 벨리즈에 머무른 첫날, 특별한 손님이 캠프를 방문했다. 헬리콥터로 제이슨 프로젝트 촬영 현장을 방문한 에든버러 공Duke of Edinburgh[44]이 숲우듬지 생물학에 대한 강의를 처음으로 들은 것이다. 12시가 되자 한 무리의 경호원들이 하얀 단추가 달린 연푸른색 사파리 셔츠를 입은, 호리호리하고 야윈 신사 한 분을 호위하고 캠프 안으로 들이닥쳤다. 모든 사람이 소개를 받았고, 제작팀 가운데 한 명은 공식적인 허락을 받지 않고 사진을 찍으려다 경호원에게 봉변을 당할 뻔했다. 에든버러 공은 매력적인 사람이었고, 나무 꼭대기에 설치된 녹색 연구소에 지대한 관심을 나타냈다. 그는 안전과 경호 문제 때문에 그 위에 올라가지 못했지만, 대신 내가 거대한 나무 집의 각 부분을 일일이 가리키며 현재 진행 중인 연구들을 설명해 주었다. 에든버러 공은 바위와 미끄러지기 쉬운 곳을 아주 쉽게 넘나들며 숲길을 민첩하게 둘러보았다. 점심 식사 시간에는 내가 그의 오른쪽에, 로버트 밸러드가 왼편에 앉았다. 순간, 5년 전만 해도 내가 호주의 외진 구석에 있는 부엌에서 설거지를 하고 레고 블록 조각을 주워 담던 사람이었다는 게 꿈처럼 느껴졌다. 에든버러 공은 과학자들과 많은 주제에 관해 의견을 주고받았다. 특히 그는 세계의 인구 성장과 열대 우림의 보존에 대해 특별한 문제의식을 느끼고 있었다. 그는 친절하게도 아이들에게 주라며 내가 그와 함께 있는 사진을 찍을 수 있도록 허락했으며, 점심 식사를 마친 후 헬리콥터를 타고 떠났다. 하강 기류로 인한 잎의 손실을 최소화하기 위해 헬리콥터의 날개는 숲우듬지 상단 바로 위에서 돌아가게끔 했다. 왕족의 방문은 무사히 끝났고, 우리는 다시 위성을 통해 과학을 전파하는 일로 돌아왔다. 나는 블루크리크 시냇물로 뛰어들어 물고기들이 내 발끝을 건드리는

—

44) 영국의 여왕 엘리자베스 2세의 남편.

–

–

처음으로 숲우듬지 구경에 나선 에든버러 공에게
벨리즈의 '나무 집'에 대해 설명을 해주는 영예를 얻었다.
ⓒ Nate Erwin

걸 느끼며 냇물의 흐름에 몸을 맡겼다. 벌새들이 한 달 전 에디와 제임스가 머물던 오두막집 바로 밖 둥지로 잽싸게 날아드는 모습을 구경하며, 현장생물학에 관해 이런저런 생각을 하면서.

마지막 리허설이 있기 전날 밤에는 엄청난 폭우가 쏟아졌다. 우리는 급히 달려나가 카메라와 현미경 등 손상되기 쉬운 장비들을 덮어놓았다. 제이슨 프로젝트 제작팀은 유능한 인재들로 가득했다. 조연출자 칼, 로버트 밸러드를 쫓아다니기로 되어 있는 키 크고 싱거운 카메라맨 고르디, 나와 키가 같다는 이유로 나를 담당하게 된 카메라맨 밥, 이제 막 합류한 연출자 샤리와 마이클, 재빠른 판단력의 소유자 잭슨(그는 세트를 설치했을 뿐 아니라 플랫폼 안팎을 직접 오르내렸다), 동굴학자인 톰 밀러, 영국에서 온 그의 조수 존, 블루크리크 마을 사람들과의 섭외를 맡은 조지, 연구 도우미로 온 교사들과 학생들, 그리고 설명이 필요 없는 로버트 밸러드. 약 40명의 사람이 벨리즈의 우림 속에서 제이슨 프로젝트를 만들어내는 한 팀으로 일했다. 저녁을 먹은 뒤 우리는 EDS 사의 대형 스크린을 통해 올림픽 경기를 구경하러 마야인 마을로 갔다. 구경을 마치고 텐트로 돌아와 보니 잠자리가 흠뻑 젖어 있었다. 폭우 때문에 텐트를 덮은 방수포에 물이 샜던 것이다.

첫 방송이 나가는 날은 2월 28일 월요일 오전 9시로 잡혀 있었다. 나는 그날 새벽 3시에 깨어나 바람이 이리저리 부는 소리를 들었다. 그 계곡에서 잎들이 우수수 떨어지는 소릴 들은 건 그때가 처음이었다. 날씨가 좋지 않을 징조가 아닐까? 서둘러 아침(물론 콩과 쌀)을 먹고 각자의 위치에서 대기하고 있는데, 칼이 TV 모니터를 켜다가 전기 충격을 받았다. 다행히 시냇물을 가로지르고 있던 수중 전선에서 누전이 일어났음을 곧바로 찾아냈다. 전선이 급히 수리되었다. 날씨는 비록 계획만큼 잘 받쳐 주지는 않았지만 갈수록 맑아졌다.

모든 '배우'들은 스튜디오(오두막)와 원격 연결된 이어폰을 착용했다. 그래서 나도 카운트다운을 들을 수 있었다. 어느 순간, 우리는 모두 온 에어 상태로 들어갔다. 로버트 밸러드가 웃으면서 말을 시작했다. "안녕하세요, 저는 로버트 밸러드입니다." 그러면서 그는 긴 숲우듬지 도보를 너무도 당당하게 걸어 내가 있는 연구용 플랫폼으로 건너왔다. 짜릿했다. 모든 일이 다 원만하게 진행되었다. 팀에 참여한 학생들도 잘 해냈고, 작업용 의자를 타고 숲우듬지를 수직으로 이곳저곳 오르내린 것도 유쾌한 경험이었다. 정해져 있던 촬영 마감 시간은 한 사람도 제대로 지키지 못했다. 나는 내가 맡은 분량을 다 끝낸 3시 무렵 당연한 보상을 받는 기분으로 유유자적 수영을 즐길 수 있었다. 카메라 앞에서 숲우듬지 통로를 기어오르는 일은 정말 진땀 나는 일이었던 것이다. 특히 엄청난 습도에다 온도가 30도가 훨씬 넘는 곳에서는 더 그랬다.

이튿날 방송이 시작되기 전까지, 우리는 몇 마리의 벌레들을 해치웠다(촬영했다). 요리사는 아침으로 내가 좋아하는, 설탕을 녹여 씌운 끈적끈적한 빵을 제공했다. 제이슨 프로젝트 방송이 진행되는 동안 음식은 기가 막힐 정도로 좋았다. 1월에는 매일 콩과 쌀 요리만 먹었는데, 이제는 맛깔스러운 정글 요리를 먹었다. 풍성한 질긴 닭고기, 맛 좋은 콩과 쌀 요리뿐 아니라 애플파이처럼 밖에서 들여온 음식도 많이 먹었다. 뉴욕에서 주로 살아온 제작팀의 입맛을 만족시키기 위해서였다. 벨리즈산 맥주를 차게 보관하기 위해 커다란 얼음덩어리까지 들여왔다.

3월 4일, 나는 어머니가 방송을 보고 나를 축하해 주길 빌었다. 1979년 바로 그날 처음으로 나무에 오른 이후, 숲우듬지를 연구하느라 먼 길을 걸어왔다. 제작팀 식구들은 다들 매력적인 사람들이었고, 우리는 방송 중간 중간 쉬는 날이면 숲우듬지에 앉은 채 종일 각자 살아온 이야기와 인생 철학을 나누었다. 이상한 일이지만 나는 본국에 있는 친구들보다 거기서 새로 사귄 친구들에 관해 더 많은 것을 알게 되었다. 사람들은 외딴곳에서 종종 자신을 온전히 드러내는 모양이다.

이 프로젝트에서 나를 도운 보조 연구원은 스미스소니언 박물관의 곤충 동물원 책임자인 네이선 어윈Nathan Erwin이었다. 우리는 열두 살 때 여름 캠프에서 만났다. 내가 그에게 곤충 채집 그물망 만드는 법을 가르쳐 준 이후 쭉 친구로 지내왔다. 나는 그가 미국 최초의 곤충 전시관을 책임지고 있다는 사실이 자랑스럽다. 그는 방송이 진행되는 동안 숲우듬지에서 곤충을 채집했고, 나는 초식 곤충과 다른 생물의 상호관계를 관찰했다.

프로젝트에 참여한 학생들은 숲우듬지에서 곤충을 샘플링할 때 쓰는 도구들을 아주 좋아했다. 우리는 전통적인 포충망도 사용했는데, 포충망은 날아다니는 곤충들을 잡을 때 아주 효과적이었다. 또 비팅트레이도 썼다. 비팅트레이는 가로세로 90센티미터 정도의 천으로 만들어졌는데, 위쪽에 있는 잎이 흔들릴 때 곤충들을 받아낼 수 있는 도구이다. 또한 잎 표면에 앉아 있는 곤충들을 잡을 때도 매우 유용하게 쓰였다. 곤충을 잡을 때 쓰는 가장 창의적인 도구는 아마도 흡입기(거기서 나는 소리 때문에 푸터라고도 부른다)일 것이다. 흡입기는 유리병에다 고무 튜브 두 개를 부착한 것으로서, 사용하는 사람이 곤충을 흡입하여 유리병 속에 집어넣는다. 흡입기의 설계상 가장 재치 있는 부분은 유리병과 사용자가 입으로 빠는 튜브 사이에 그물망을 장치한 것이다. 그 그물망이 곤충이 사람의 목으로 넘어가는 걸 막아준다. 그밖에, 성기고 얇은 천을 이용해 곤충들이 날아들 수는 있되 빠져나갈 수는 없도록 만든 말레이시아덫도 사용했다. 이런 도구들을 함께 사용하면 한 가지 도구만 사용할 때에 비해 한곳에서 매우 다양한 곤충들을 관찰할 수 있었다.

방송 중의 어느 날, 두 쪽으로 갈라져 축 늘어진 열매의 모양 때문에 불알야자라고도 불리는 코후네야자나무cohune palm(*Orbignya cohune*)의 잎 면적을 측정했다. 잎 한 장의 표면적이 무려 6.1제곱미터로서, 내가 이제껏 재어 본 잎 중에서 가장 넓은 잎이었다. 또 어느 날은 에든버러 공이 위성 통신을 통해 버뮤다에서 우리를 다시 '방문'했다. 그가 원격 조종 하는 카메라로 숲우듬지 이곳저곳을 비추면 내가 코멘트를 붙였다. 우리는 궤도를 따라 움직이는 원격 조종 카메라로 우리와 위성으로 연결된 북미 곳곳은 물론, 우리들이 있는 베이스캠프로도 숲우듬지 영상을 다시 중계했다.

우리는 날마다 6시간의 방송 시간 동안 충분히 볼거리를 제공할 수 있는 테마를 채택했다. 연구할 때 도구의 활용법, 과학적 가설들, 연구의 연속성(다음 세대에게 아이디어를 전해 준다는 뜻에서) 같은 주제들도 거기 포함되어 있었다.

방송이 시작된 지 5일이 지난 후, '탤런트(방송에서 뜬 사람을 이렇게들 불렀다)'들은 시내에서 하룻밤을 보낼 수 있도록 초대를 받았다. 비새는 텐트에 제법 적응해 가고 있었지만, 뜨거운 물로 하는 샤워, 수세식 변기, 진짜 침대는 여전히 매혹적이었다. 푼타고르다는 지도상으로는 32킬로미터밖에 떨어져 있지 않았으나, 울퉁불퉁한 자갈길을 거의 한 시간이나 달려야 닿는 거리에 있었다. 그곳에서 우리는 에어컨이 설치된 방에서 잠을 잤고, 나는 제작팀이 장비를 고치고 손보느라 밤새 떠드는 소리 대신 귀에 거슬리지 않는 소음을 듣는 것마저 고맙게 느꼈다. 그러나 어찌됐든 험한 정글 속에 촬영 스튜디오를 세우는 일은 상상을 초월하는 일이었다. 나는 덕분에 L-컷, 보이스 오버, IFB, 롤인, 붐 등의 새로운 어휘를 많이 배웠다.

벨리즈에 있는 숲우듬지 통로는 과학자들이 꿈꾸어 오던 것을 실현한 것이다. 그곳에는 높이가 23미터에서 38미터(까마귀 둥지)에 이르는 다섯 개의 플랫폼이 있다. 각각의 플랫폼은 일련의 다리와 사다리로 연결되어 있다. 연구 수종으로는 목질이 단단한 상록의 탄환나무와 낙엽성 불꽃나무가 모두 포함된다. 개미 정원과 기생 식물, 기묘한 철써기, 전갈, 타란툴라, 그리고 수없이 많은 미확인 비행 물체도 있다. 학생들의 요청으로 숲우듬지 위에서 하룻밤을 잔 적도 있다. 마법에 걸린 기분이었다. 깜깜한 숲우듬지 위로 올라가, 곤충들이 연주하는 심포니를 즐겼다.

아르고호 선원(학생 도우미들)들도 연구에 참여했으며, 교사들 역시 현장에 있었다. 나는 미네소타주에서 제이슨 프로젝트에 참여하려 온 교사 D. C. 랜들과 오래 지속될 우정을 맺었다. 학생들과 맺고 있는 친밀한 관계로 미루어 볼 때 랜들은 탁월한 교사였으며, 특히 아프리카계 학생들에게 훌륭한 상담자였다. 그는 내가 방송 중에 코후네아자나무(앞에서 말한 불알야자)를 현지에서 뭐라고 부르는지를 절대로 언급하지 않는다며 늘 나를 놀려댔다. 그는 블루크리크에서의 체류를 마치고 미네소타로 돌아가 그가 가르치는 학생 중에 하나를 꼬드겨 나한테 이런 질문을 하게 만들었다. (수만 개의 귀가 내 말을 듣고 있는 중에) "로우먼 박사님, 코후네야자나무의 별칭은 무엇인가요?" 대답하지 않을 수 없었고, 수만 명의 학생이 폭소를 터뜨렸다.

어느 날 밤에는 동굴학자인 톰 밀러가 지상에서 일하고 있던 우리 중 몇몇을 자기가 연구하는 동굴로 초대했다. 톰은 10년이 넘게 벨리즈의 동굴을 현장에서 조사하고 있었다. 우리는 헬멧과 헤드램프를 쓰고 다소곳하게 또 다른 세상 속으로 걸어 들어갔다. 동굴엔 서너 개의 웅덩이와 몇 군데 층진 곳이 있었으나, 다른 곳은 모두 그냥 수월하게 다닐 수 있었다. 열기와 습기가 너무 지독해서 나는 웅덩이 근처에서 잠시 한숨을 돌리며 나머지 일행더러 먼저 가라고 했다. 그들이 모퉁이를 돌아가자 갑자기 어둠 속에 혼자 덩그러니 남게 되었는데, 그곳은 칠

흑같이 어두웠을 뿐 아니라 완벽한 적막 그 자체였다. 이렇듯 깜깜하고 조용한 공간에 혼자 앉아 있을 수 있다니 얼마나 큰 행운인가! 그때 무언가 조그마한 것이 허둥지둥 도망가는 기미를 알아채고 얼른 헤드램프를 돌렸고, 색소가 전혀 없는 백피증 전갈 한 마리를 볼 수 있었다. 조용히 앉아 있었더니 생각지도 않은 복까지 굴러들어온 셈이었다. 그 전갈은 우리 일행이 무척 보고 싶어 했던 놈이었다. 근처에는 나중에 나무가 될 새싹이 하나 돋아 있었다. 그 나무의 커다란 열매가 동굴 속으로 떠내려와 바위틈에 싹을 틔운 것이었다. 녹색이라곤 전혀 없는 백색이었다. 그 새싹이 동굴에서 살아남을 가망은 전혀 없었으나, 나는 새싹의 끈기에 감탄하지 않을 수 없었다.

마지막 날 밤, 제작팀은 우리에게 선물을 하나씩 주었다. 록 음악에 맞추어 우리들의 '웃기는 장면'들을 엮어놓은 재미있는 비디오였다. 파티는 급기야 정글 속의 디스코 경연으로 이어졌고, 나와 로버트 밸러드는 잘난 척하는 부모처럼 학예회 탱고를 추어 다들 그 춤을 따라 추게 했다. 최첨단의 음향 시설에도 불구하고, 이따금 눈길을 돌려 별들이 쏟아질 듯한 하늘을 등지고 서 있는 키 큰 나무들을 살짝살짝 쳐다보지 않을 수 없었다. 나는 내가 열대 우림의 한가운데 있음을 실감했다.

그처럼 재주가 비상한 사람들과 인생의 한 장을 함께 할 수 있었던 것은 특별한 경험이었다. 과학자가 아닌 사람들은 열대 우림에 대해 배웠고, 과학자들은 카메라와 전자공학에 대해 배웠다. 그러나 그런 것을 뛰어넘어 우리가 이뤄낸 팀워크는 정말 멋진 것이었다. 그리고 제이은 프로젝트팀의 뛰어난 기술 덕분에 수천 명의 학생과 우림의 신비를 함께 나누고 느낄 수 있었다.

10

땅바닥에서 올려다본 숲우듬지

최고의 그림으로 채워진 화랑도 그 역사를 알지 못하는
사람에게는 그저 단조로운 공간일 뿐이다.
또한 전시된 주제에 대해 조예가 깊은 사람에게는
흥미진진하기 이를 데 없는 거대한 박물관의 전시관들도
단순히 구경거리를 찾는 사람에게는 지루할 따름이다.
숲이 지닌 매력도 그와 같다.
숲에 관해 많이 알면 알수록, 더욱 섬세하게
숲의 비밀을 벗겨낼수록 숲의 매력은 더욱 커진다.

알렉산더 스커치, 《코스타리카의 박물학자》, 1971

—

숲우듬지 세계를 연구하려는 나의 노력은 한 바퀴를 완전히 돌아 처음으로 돌아왔다. 땅 위에 서서 관찰하는 것으로 시작해 새로운 기술을 이용하는 곳으로 나아갔다가 다시 간단한 도구로 돌아온 것이다. 1995년 5월, 나는 아직도 의연히 숲우듬지 연구의 중요한 수단으로 남아 있는 망원경을 이용해 흥미로운 관찰을 시작했다.

열대식물이라는 공통의 관심사가 있는 로빈 포스터와 나는 바로콜로라도섬, 즉 전 세계 생물학자들의 관심을 끌고 있는 '50헥타르 연구지'의 숲우듬지 상태를 함께 관찰하기로 했다. 이 프로젝트는 1993년 바로콜로라도섬 방문 기간에 나누었던 이야기를 발전시킨 것이었다. 이 연구지의 나무에 대해서 깊이 있는 연구가 수없이 이루어졌음에도, 높이 2미터가 넘는 곳에서 이루어지는 변화상은 아무도 관찰한 적이 없었다. 착생식물과 숲우듬지 생물학에 대한 나의 관심, 그리고 로빈의 생물계절학에 대한 관심과 50헥타르 연구지에 대한 세밀한 지식을 토대로 우리는 그 연구지에 있는 모든 키 큰 나무들의 나무우듬지를 빠짐없이 살펴보기로 했다.

—

바로콜로라도섬에 있는 50헥타르 연구지(흔히들 그렇게 부른다)는 생물학자들이 진정한 협동심으로 열대 우림을 연구해 볼 수 있는 독특한 땅이었다. 연구지의 정보를 모은 방대한 데이터베이스가 있어서 그곳의 식물통계학과 생명체에 대한 여러 가지 정보를 얻을 수 있었는데, 나처럼 수년 동안 외딴곳에서 혼자 연구를 해온 사람들에게 그것은 너무나 감사한 일이었다.

50헥타르 연구지는 파나마의 가툰 호수 한가운데에 있는 1500헥타르 면적의 섬에 자리 잡고 있다. 그 섬은 파나마 운하를 건설하던 1911~1914년 사이에 일어난 홍수로 형성된 곳이다. 반半상록의 계절림(홀드리지의 생존 시스템에 따르면 열대 습림)이며, 연간 강우량은 약 2500밀리미터이다. 다는 아니지만 많은 나무가 12월에서 4월까지의 건기에 새잎을 피우며, 한꺼번에 봇물 터지듯 꽃을 피우고 열매를 맺는다.

1970년대 후반 로빈 포스터와 스티븐 허벨은 열대 우림의 종 다양성에 대한 역학을 설명하고자 열대 나무들의 통계학을 연구하고 시간 경과에 따른 개체수의 안정성을 관찰했다. 현장 조사를 진행하기 위해 그들은 지름이 1센티미터 이상 되는 25만 그루의 나무와 묘목을 도표화하고 측정했다. 하나하나의 나무에 모두 이름표를 달고, 측정하고, 수종을 확인하고, 도표화했다. 따라서 기록해야 할 정보의 양이 어마어마했고, 현장은 물론 컴퓨터 앞에서 보낸 시간 역시 어마어마했다. 마지막 통계 때, 로빈은 연구지 안에 약 300종의 나무가 있다고 보고했다. 그곳에서 수집된 정보는 열대 우림에 대한 우리의 사고방식을 변화시켰고, 장기 연구야말로 가장 효과적인 과학적 수단임을 부각시켰다.

나는 그 성스러운 연구지를 밟으며 특별한 은총을 받는 느낌이었는데, 연구지의 목적은 호주에 있는 조 코넬의 연구지나 나의 장기 연구지와 비슷한 것이었다. 로빈의 연구지는 시기적으로 조의 연구지에서 맨 처음 관찰이 이루어지고 나서 20년 뒤에 설계된 것이었다. 하지만 면적은 훨씬 넓고 또 정연했으며 다른 열대 우림에도 적용할 수 있는 설계를 사용했다.

50헥타르 넓이의 숲에 있는 모든 나무를 일일이 도표화하고, 표식을 붙이고, 수종을 확인하려면 얼마나 길고 지루한 시간을 보내야 했을지, 상상조차 하기 어렵다. 로빈은 모든 나무를 다 통계에 넣어 관찰하느라 보조 연구원팀들과 몇 달씩 연구지 곳곳을 돌아다니던 때의 재미있는 이야기들을 겸손하게 들려주곤 했다. 가장 흔히 볼 수 있는 관목 가운데 하나인 히반더스종*Hybanthus* sp.의 수는 2만 5000그루가 넘었다. 그렇게 구축된 방대한 데이터베이스 덕분에 오늘날 열대 나무들의 경쟁, 병원체, 성장, 죽음, 생물계절학, 그리고 재생산에 대한 생태학적 연구들이 쏟아져 나오고 있다.

연구에 필요한 것은 망원경, 노트, 연필, 그리고 덩굴식물과 숲우듬지의 건강 상태, 착생식물을 분별해낼 수 있는 두 눈뿐이었다. 또 튼튼한 목 근육이 가장 중요한 재산이었다. 땅 위에 서서 머리 위의 것을 살피고, 그것을 정확히 기록하는 일은 숲우듬지 전문가인 나로서도 처음 도전해 보는 과제였다. 열대 우림에 처음 발을 디뎠던 초창기의 박물학자들처럼 나는 내가 지구상의 창조물이라는 사실에, 그래서 숲우듬지로 쉽게 기어 올라갈 수도, 그 세계를 쉽게 관찰할 수도 없다는 사실에 약간의 좌절감을 느꼈다. 또 아래쪽에 서서 숲우듬지를 관찰하고저 위쪽의 복잡한 상황을 추측했던(때론 그릇되게) 개척자적 탐험가들에게 동병상련을 느꼈다.

독일의 탐험가 알렉산더 폰 훔볼트Alexander von Humboldt가 남긴 어떤 구절이 떠오른다. 100년도 더 전에 베네수엘라의 우림을 방문했던 그는 고작 떨어진 잎이나 꽃 정도의 숲우듬지 식물을 언급하면서도 이렇게 흥분된 감정을 전하고 있다. "저 나무들! 코코넛나무는 높이가 15미터에서 18미터에 이른다. 발치에 선홍색의 멋진 꽃을 다발째 피우고 있는 포인시아나 풀체리마*Poinciana pulcherrima*, 피상 바나나pisang, 그리고 무성한 잎과 향기로운 꽃을 거느린 많은 나무들, 손바닥만큼 큰, 그러나 그게 무엇인지 알 길이 없는 잎과 꽃들…. 우리는 미친 사람들처럼 여기저기를 헤집고 다녔다. 그러나 3일 동안 어떤 것도 분류해낼 수가 없었다. 하나를 집었다가 그것을 내던지곤 또 다른 것을 집어 들었다."

망원경으로 숲우듬지를 관찰한다고 했지만 로빈과 나는 실제로는 일주일 동안 숲 전체를 한가롭게 어슬렁어슬렁 돌아다니며 노는 기분이었다. 3일째 되는 날에는 이슬비가 계속 내려서 두 시간 동안 숲속에 앉아 있으니 온몸이 축축해지고 한기가 들었다. 또한 나무를 관찰하려 했더니 시야가 안개의 장막으로 뿌옇게 덮여 버렸고, 우리가 찾고 있던 숲우듬지라는 보물도 젖은 망원경으로부터 불현듯 모습을 감춰 버렸다. 땅 위에서 숲우듬지를 관찰하는 일은 날씨가 맑아야 할 수 있는 것

우듬지에 관한 정보를 수집할 수 있는 가장 간단한 도구인 망원경은 곤충들을 관찰할 때는 그다지 효과적이지 않지만, 사진에서처럼 파나마 바로콜로라도섬의 나무우듬지에 있는 착생식물들을 확인할 때는 유용했다.
케이바 펜탄드라(케이폭나무)를 쳐다보느라 우리는 목이 뻣뻣해졌다.
ⓒ Margaret D. Lowman

이다! 렌즈 위에 물방울이 맺히는 까닭에 비가 오는 중에는 망원경으로 위를 쳐다보기가 사실상 불가능했다. 비가 그치기를 기다리며 젖은 통나무 위에 앉아 있다가 나는 벼룩들의 성질을 건드리고 말았고, 벼룩에게 물린 자국은 내가 온대 지역으로 돌아간 뒤에도 몇 주 동안이나 남아 있었다.

처음 얼마 동안은 목 근육이 쑤셔댔지만, 우리는 곧 그에 익숙해졌다. 걷고, 이름표를 확인하고, 위를 쳐다보고, 아래를 한 바퀴 빙 둘러보고, 다시 위를 쳐다보고, 관찰한 것을 비교하고, 질문을 던지고, 새로운 착생식물이 변형종인지 판단하고, 로빈이 미처 알아채지 못하고 부러져 없어져 버린 나무우듬지 앞에서 잠시 경악하고 멀리 떨어져 있던 부러진 줄기를 찾아내거나, 다음 나무로 걸어가서 처음부터 다시 시작하는 일이 반복되었다. 우리는 하나하나의 표본들이 모두 독특하다는 사실에 즐거워했다.

관찰한 사항 중에는 특별히 눈에 띄는 것들도 있었다. 그동안 여러모로 연구되었음에도 연구지의 큰 나무 가운데 거의 절반에 이르는 숲우듬지가 덩굴식물로 덮여 있거나, 바람이나 폭풍우에 물리적 손상을 입었거나, 이웃한 나무에 가려졌거나 하는 이유로 어려운 상황에 처해 있었다. 따라서 사람이 가슴 높이에서 안았을 때 한 아름쯤 되는 큰 나무들이 모두 다음 세대를 만드는, 사실상의 부모 나무라는 추정은 그릇된 것이다. 나무우듬지가 건강하지 않으면 큰 나무도 충분한 양의 씨앗을 생산하지 못할 수 있으며, 나아가서는 나무가 왕성하게 계속 성장해 나갈 수 있도록 해주는, 충분한 양의 잎을 피우지 못할 수 있다.

숲속을 걸어 다니며 관찰하는 습관은 아마도 현장생물학자가 지녀야 할 단 하나의 가장 중요한 기술이라고 할 수 있을 것이다. 바로 콜로라도섬에서의 관찰은 앞으로의 연구를 격려하는 성과를 낳았다. 예를 들어 섬에는 착생식물인 몬스테라 두비아*Monstera dubia*가 널리 분포되어 있었는데, 이 식물은 그 이전까지 로빈이 한 번도 발견하지 못한 종이었다. 하지만 함께 조직적인 관찰을 한 덕분에 어린 나무 어른 나무 할 것 없이 모두 널리 분포하고 있음이 밝혀졌다.

50헥타르 연구지에서 가장 흔한 착생식물은 무엇일까? 연구지 안의 나무와 관목에 대해서는 많은 것들이 밝혀졌지만 착생식물에 대해선 거의 알려진 것이 없었다. 어떤 착생식물들은 조금씩 드물게 분포하기도 한다. 또 어떤 것들은 충분히 예상 가능한 방식으로 분포하기도 한다. 야생란 아스파시아*Aspasia*는 항상 숲우듬지 한가운데쯤의 나무둥치에서 자란다. 양치류인 로마리옵시스*Lomariopsis*는 판근buttresses[45] 둘레에서 고개를 숙이고 자란다. 막실라리아*Maxillaria*와 플류로탈리스*Pleurothallis*는 나무 꼭대기 부분과 가까운 곳에서 자라며, 너무 높이 있는 까닭에 실루엣밖에 확인할 수가 없다. 그리고 키가 큰 안수리움*Anthurium*

—

45) 땅 위에 판 모양으로 노출된 나무뿌리. 나무를 받쳐주거나 빗물의 통로 구실을 하며, 주로 열대지방의 일부 나무에 나타난다.

은 밝은 빛이 스며들어오기 힘든 둥치 한가운데서 자란다.

조용히 걸어 다니며 숲을 관찰하던 중 나무 위에서 거미원숭이가 재롱을 피우는 모습도 보았고, 타이라*tayra*[46] 일가족이 나무 사이로 돌아다니는 모습도 보았다. 야생 동물들은 우리가 숲속에서 조용히 있을 때 모습을 보여준다. 우리는 인류라는 종족의 한 사람으로서 숲의 거주자들과 함께 숲을 감상하는 법을 배워야 한다.

연구지에는 300종이 넘는 나무가 빽빽하게 자라고 있었지만, 우리는 훈련된 눈으로 일정한 패턴을 파악할 수 있었다. 식물학자인 나는 녹색 잎이 복잡하게 우거진 속에서 '낯익은 친구'의 얼굴을 발견하면 기운이 난다. 가장 흔히 볼 수 있는 하층 관목인 히반더스 프루니폴리우스*Hybanthus prunifolius*는 쉽게 확인할 수 있었다. 그와 반대로 21종의 나무는 50헥타르 연구지 전체를 통틀어 오직 한 그루씩밖에 없었다. 숲우듬지의 가장 흔한 나무인 트리칠리아 투베르쿨라타*Trichilia tuberculata*는 전체 나무의 12퍼센트를 차지하고 있었다(여덟 그루 가운데 한 그루 비율). 많은 학생과 과학자들이 이 나무의 생태를 연구하고 있지만, 그처럼 번성하는 이유는 아직 밝혀져 있지 않다. 안타깝게도 다음 세기에는 그처럼 흔하지 않을지도 모른다.

나는 신열대구 전역에서 바우히니아*Bauhinia* SP.를 흔히 목격했다.

—

46) 족제빗과의 포유류로 잡식성이다.

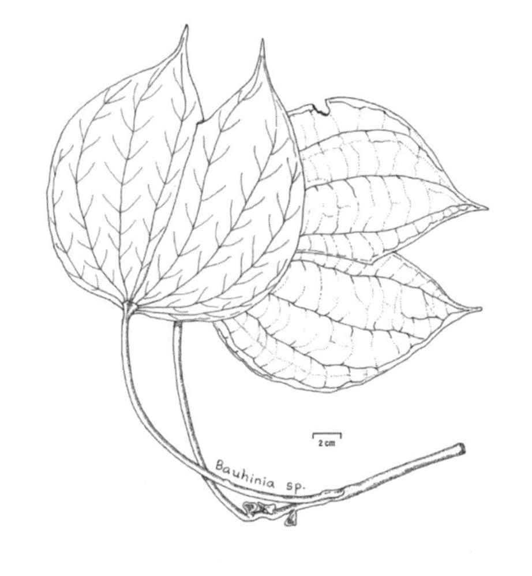

—

바우히니아.
중남미 전역에 걸쳐 덩굴, 관목,
나무의 형태로 자란다.
페루의 한 무당은 이것이 임신을
방지할 때도 쓰이고 촉진할 때도
쓰인다고 말했다. 이것을 혼합한
약물은 각별히 조심해야 한다.
ⓒ Barbara Harrison

바우히니아는 덩굴, 관목, 나무가 자라는 곳이면 어디에서나 잘 자란다. 발굽 모양을 한 이색적인 바우히니아의 잎은 땅 위에서도, 숲우듬지에서도 쉽게 확인할 수 있다. 페루의 한 샤먼은 자기 마을에선 바우히니아를 섞어 만든 약을 피임제로 쓰며, 또한 그와는 다른 방법으로 섞어서 수태를 돕는 약으로도 쓰고 있다는 이야기를 해준 적이 있다. 그렇다면 바우히니아는 매우 신비로운 성분을 가지고 있음이 분명하다. 바우히니아는 열대 생태계에서 생태적으로나 문화적으로 매우 중요한 식물임에 틀림이 없다.

그곳에서 오랜 세월을 보낸 로빈 포스터 같은 생물학자와 함께 숲속을 한 바퀴 둘러본 것은 참으로 특별한 경험이었다. 복잡한 열대림에는 관찰하고 배워야 할 것이 너무나 많다. 그저 겉모습만 아는 데도 여러 해가 필요한데, 로빈은 1967년부터 그곳을 왕래했다. 그는 특별한 나무들을 툭툭 치면서 몇 년 전 나무가 쓰러졌던 일이나 이상한 벌레들이 창궐했던 것, 수종에 따라 달라지는 개화 패턴들에 대한 이야기를 들려주곤 했다. 그가 좋아하는 나무 중에는 지름이 6미터가 넘는 까닭에 바로콜로라도섬의 나무들 가운데서 사진을 특히 많이 찍힌 케이바 펜탄드라*Ceiba pentandra*라는 덩치 큰 나무가 있었다. 로빈은 그 나무의 지름을 재기 위해 사다리를 타고 나무둥치 중간중간에 나 있는 판근을 오르던 일을 이야기하며 웃었다.

마음을 끄는 또 다른 나무로 자살나무라 불리는 타치갈리아 베르시콜로르*Tachigalia versicolor*가 있었다. 어른 나무로 자란 뒤 딱 한 번만 꽃과 열매를 맺고는 곧 죽어버린다는 사실을 관찰한 로빈이 어울리는 이름을 붙여 준 것이었다. 한 무리의 나무들이 동시에 그와 같은 극적인 일을 겪는 것으로 보아 자살 행위는 일정한 흐름으로 일어나는 듯했다. 그래서 연구지 안의 타치갈리아가 꽃을 피우면 죽음이 임박했음을, 이제 곧 숲우듬지 사이사이에 잇따라 빈자리가 생기리라는 걸 예측할 수 있다. 왜 그러한 방식의 죽음을 택하게끔 진화했을까? 궁금하지 않을 수 없다. 어쩌면 번식 활동에 자신의 모든 에너지를 쏟아붓는 바람에, 그 일이 끝난 뒤에는 더 이상 살 수 없게 되는 것인지도 모른다. 그러나 로빈은 번식하고 난 뒤에도 죽지 않는 다른 나무들과 비교해 볼 때 자살나무 씨앗의 크기가 별다를 것이 없다는 점을 들어 그러한 추정을 반

박했다. 자살나무는 이례적일 정도로 오랫동안 꽃을 피우며, 꽃의 꿀을 만드는 데 투자를 많이 한다. 분명한 사실은, 번식 과정에서 이루어지는 식물의 거래 방식을 인간의 시각으로 항상 명확하게 밝힐 수 있지는 않다는 것이다.

아마도 부모가 죽으면 새로 움튼 어린싹이 물리적 공간을 한층 쉽게 확보할 수 있다든지 하는 다른 중요한 효과가 있는 것인지도 모른다. 관찰한 바에 따르면, 타치갈리아의 씨앗은 어른 나무가 있는 곳에서 100미터 이상 떨어진 곳으로는 퍼져나가지 않는다. 따라서 다음 세대를 위해 공간을 최적화하기 위해서라는 해석도 설득력이 있다. 그러나 타치갈리아의 어린싹들은 음지에서도 매우 잘 자라며, 뿌리를 잘 내리기 위해 빛이 새어 들어오는 틈새를 꼭 필요로 하는 것만도 아닌 것 같다. 어쩌면 부모가 죽고 없는 상태에서 그 자리가 조금씩 부식되는 것이 새싹들에게 어떤 이점을 제공하는 것인지도 모른다. 이를테면 부모 나무가 썩어감에 따라 흙의 상태가 천천히 조금씩 변화한다든지, 뿌리 부분의 공간을 물리적으로 활용한다든지, 균근이 결합한다든지 하는 이점 말이다. (균근은 특정 식물의 뿌리와 공생 관계를 가지고 자라며, 공생 관계를 맺고 있는 식물들이 수분이나 양분을 더 잘 섭취할 수 있도록 해준다.) 지금까지의 이야기는 그 숲속에 있는 수백 종의 나무 가운데 한 나무에 대한 여러 가지 생각의 일부를 말한 것일 뿐이다. 두말할 필요도 없는 것이지만, 열대 나무의 복잡한 생태 패턴을 밝혀내는 데는 많은 시간이 걸릴 것이다.

50헥타르 연구지는 그곳을 일구고 가꾸느라 들인 시간과 노력의 결과를 이제 막 수확하기 시작하고 있다. 호주의 숲에서 이루어지는 장기 프로젝트와 마찬가지로 50헥타르 연구지의 데이터는 날이 갈수록 진가를 인정받고 있다. 이렇게 포괄적인 현장 연구의 목표 가운데 하나는 열대림의 변화와 재편성 또는 균형 상태equilibrium에 결정적 영향을 미치는 요인을 찾아내는 것이다. 균형 상태라는 개념은 한 연구지 안의 나무가 집단적 안정성을 띠고 있는가, 혹은 비균형 상태(그곳의 미래 거주자들을 예측하기가 어려운 상태)에 있는가와 연관지어 설명할 수 있다. 허벨과 포스터는 50헥타르 연구지에서 균형 상태와 비균형 상태 양쪽 모두에 해당하는 현상을 발견했다. 종의 다양함은 끊임없이 종을 재편성하는 비균형적 요인으로 해석할 수 있다. 그러나 어린나무들은 같은 종류의 나무들에서 떨어져 있더라도 높은 생존력을 보인다. 이는 운명적인 요인과 더불어 균형적 기제도 작동하고 있다는 걸 의미한다.

바로콜로라도섬에서 망원경을 이용하여 관찰을 진행한 결과 새로운 구상이 떠올랐다. 땅에 서서 한 관찰과 숲우듬지 위에 올라가서 한 관찰을 비교해 그 정확성을 점검해 볼 필요가 있다는 것이었다. 우리는 숲우듬지 통로를 이용해 그러한 비교 연구를 시작했다. 1996년 로빈과 나는 프랑스령 기아나에서 숲우듬지 래프트를 활용해 덩굴식물의 다양성에 관한 지상 관찰 결과를 실제 숲우듬지 탐사 결과(더 정확한)와 비교해 보았다. 예상했던 바와 같이 덩굴식물에 대한 지상 관찰 결과는 숲우듬지 덩굴식물의 다양성과 풍부함을 심각하게 과소평가하고 있음이 드러났다. 다음으로 우리는 지상에서 착생식물의 수를 센 다음, 나무우듬지 위에서 직접 정확하게 센 수와 비교할 계획을 세워 놓고 있다. 그때가 되면 비로소, 연구 수단으로서의 숲우듬지 접근 기술이 아직 개발되지 않았던 시기에 출간된 지상 관찰의 보고서들이 얼마나 포괄적이었던지, 혹은 부정확한 것인지를 평가할 수 있을 것이다. 한편 우리는 숲우듬지 연구를 위한 장기 연구지를 더 확보해야 한다. 오랫동안 끈기 있게 데이터를 축적한 뒤에야 비로소 우리는 숲우듬지에서 이루어진 많은 관찰 결과들을 확신할 수 있게 될 것이다. 나아가 숲이 계속 파괴되어 보존이 불가능해지기 전에, 시급히 영구적인 현장 연구를 시작할 필요가 있다.

11

여성 과학자로 살기

아가씨 탐험가? 치마를 입은 여행자?
너무나 가련해 보일 뿐이다. 여자들이 지금 있는 자리에서
아기를 돌보거나, 남자들의 누더기 셔츠를 수선하도록 내버려 두자.
그들은 탐험을 떠나선 안 된다.
그럴 수도 없고, 그렇게 되지도 않을 것이다.

《편치*Punch*》 지 1893년 6월호 (제인 로빈슨 재발간,
《교양 있는 여성에게는 어울리지 않는 것*Unsuitable for Ladies*》, 1996)

—

윌리엄스 대학에서 환경학 개론을 가르칠 때, 강의를 학생들 수준에 맞추어 적절히 진행하기 위해 나는 수강생들의 과학 지식을 한번 평가해 보고 싶었다. 강의 첫날, 110명의 학생에게 설문지를 나누어 주었다. 질문 가운데는 뛰어난 여성 과학자의 이름을 세 개 써보라는 질문이 들어 있었다(과학계의 여성에 대한 학습 지도안을 짜려고 계획하고 있었기 때문이다). 학생들 대부분이 빈칸으로 비워두거나 혹은 "아는 사람이 없음"이라고 써냈다. 마리 퀴리와 레이첼 카슨을 써낸 학생이 얼마간 있었고, 몇몇 약삭빠른 학생들(혹시 미래의 정치가들?)은 "로우먼 교수"라고 써내기도 했다. 나는 그 주제에 대한 지도안을 나누어 주었고, 이듬해에는 그 주제를 한 강좌로 만들었다. 그 강좌는 두말할 필요도 없이 수강생들의 마음을 사로잡았다.

과학계, 그중에서도 특히 생물학, 또 그중에서도 식물학에서는 여성이 왜 이렇게 드문가?

—

숲우듬지 연구는 무서운 기세로 발전해 가고 있다. 이 책을 쓰기 시작한 이후로 나는 프랑스령 기아나를 열기구를 타고 둘러보았고, 호주와 파나마에 새로운 크레인이 설치되는 것을 보았으며, 페루의 아마존강 유역에 있는 세계 최대의 숲우듬지 통로 위에 올라 현장 연구를 했으며, 1999년 3월에는 10차 제이슨 프로젝트를 진행하기 위해 로버트 밸러드 및 일단의 교사, 학생들과 함께 다시 페루를 찾았다. 이러한 모든 경험은 내 인생의 또 다른 장이 되었다. 페루의 숲우듬지 통로 위에서 작업하는 동안 나는 착생식물에 서식하는 중요한 초식 곤충을 처음으로 관찰했다. 또한 장차 남편이 될 사람과 사귀게 되었다(중요한 순서대로 적은 것은 아니다). 나의 일과 가정은 완전히 한 바퀴를 돈 셈이었다. 나는 일을 선택함으로써 호주의 문화적 전통으로부터 격리되었으나, 그 격리는 나를 과학에 대한 열정과 가족에 대한 헌신을 양립시킬 수 있는 새로운 길로 인도했다. 발견의 기쁨을 자양분 삼아 자란 나의 아이들은 나이가 들면서 활짝 꽃을 피웠고, 이제 자신을 둘러싼 세계와 자연에 관해 고유의 관점을 가지기에 이르렀다.

지금까지의 내 삶을 돌이켜 볼 때, 내가 추구한 과학과 내 개인적인 삶은 서로 촘촘히 연결되어 있다. 만약 내 손에 마법의 지팡이가 쥐어진다면 지금의 나를 형성한 사건들을 바꾸고 싶을까? 전혀 그러고 싶지 않다. 혹시 있다면, 나를 지원해 주고 내게 지혜를 나누어 줄 여성 조언자 한둘쯤 있었으면 하고 바란다. 괴롭기도 하고 즐겁기도 했던 과거의 몇몇 기억들에도 불구하고, 어려웠던 시절은 그 이후의 또 다른 시절이 주는 기쁨에 감사할 줄 아는 마음을 남겨 주었다고 생각한다. 나는 나쁜 일이든 좋은 일이든 그간의 모든 일을 내가 한 명의 과학자로서, 그리고 한 인간으로서 성숙해 가는 데 꼭 필요했던 일로 받아들인다.

과학자로서의 길을 가르쳐 준 가족이나 여성 조언자가 없었음에도 어떻게 과학에 빠져들게 되었는지 의아스러울 때가 가끔 있다. 대학원생일 때만 해도 뛰어난 여성 과학자가 없다는 사실에 아무런 문제의식을 느끼지 못했던 것 같다. 내게 여성 조언자가 있었더라면 양육과 현장생물학을 조화시켜 나가는 데 필요한 준비를 좀 더 훌륭하게 할 수 있었을까? 혼란과 좌절을 최소화할 수 있었을까? 그렇다. 나는 그러한 어려움에 처한 학생들에게 필요한 때에 우정과 조언을 주는 것이 과학자로서 내가 해야 할 일 가운데 하나라고 믿는다. 최근 나는 과학계의 다른 여성들과 긴밀한 우정을 쌓아가고 있다. 또한 현장생물학에 대한 열정을 담금질해 준 오랜 남성 조언자들—존 트로트, 피터 애슈턴, 조 코넬, 해럴드 히트울—역시 여전히 존경하며, 필요할 땐 도움을 구한다.

숲속에서 혼자 수천 시간을 보내는 동안 자연은 내게 지혜와 힘을 주었으며, 그 선물은 값을 헤아릴 수 없는 소중한 것이었다. 나는 지금도 무화과나무에서 위안을 얻곤 하는데, 이 나무는 불굴의 의지와 독특한 생존 방식으로 치열한 경쟁이 이루어지는 열대 우림 속에서 자신이 뿌리 내릴 공간을 확보해 나간다. 다른 나무들과 달리 위에서 아래로 뻗어 나가는 무화과나무의 능력은 늘 소중한 가르침으로 느껴졌다. 남들이 덜 간 길로 가면 또 그 나름의 이점이 있다는 가르침. 현장생물학을 하는 여성으로서 나는 그러한 진실을 새삼 확인한다.

다음에는 무슨 일을 해야 할까? 문자 그대로나 비유적으로나 나무를 기어오르고, 수없이 많은 나뭇가지 위를 옮겨 다니며 20년 세월을 보냈다. 앞으로도 과학의 새로운 영토를 개척할 수 있을까? 현장생물학

—
무화과나무. 독특한 생존 방식 때문에 우림의 나무들 가운데서 내가 특히 좋아하는 나무다. 이들은 위에서 아래로 자라며, 그러한 방식으로 숲우듬지에서 자기 입지를 성공적으로 확보한다. 또한 자라서는 숙주인 나무를 둘러싸서 질식시켜 버리고 오랫동안 자리를 차지한다. 이들의 놀라운 성공 때문에 나는 언젠가는 이들이 우림을 지배하게 될 것이라고 믿고 있다.
ⓒ Barbara Harrison

에는 수많은 과제가 남아 있다. 종 다양성의 파악이나, 그동안의 연구 결과를 종합하고 그것들을 산림 관리와 정책 결정에 적용하는 측면에서 이제 겨우 겉만 살짝 만졌을 뿐이다. 숲우듬지에는 아직도 밝혀지지 않은 많은 비밀이 숨겨져 있다. 무엇보다 시급한 일은 과학자들이 가진 데이터들을 유권자, 경제학자, 정치가, 즉 천연자원의 보존과 관련된 결정에 직접 영향을 미치는 사람들이 쓰는 일상적 언어로 바꾸어내는 것이다. 나는 미래에도 우리 아이들이 즐거이 뛰놀 수 있는 자연림이 남아 있기를 기도한다. 그리고 일반 대중들과 소통할 수 있는 과학자들의 능력이야말로 숲의 보존을 좌우할, 절대적으로 중요한 변수라는 걸 알고 있다. 결국 우리가 머무는 행성의 건강은 통찰력 있는 산림 관리 정책에 달려 있기 때문이다.

나무 꼭대기의 잎 한 장에게 일어나는 마지막 사건은 쇠락, 혹은 낙엽이 되어 떨어지는 것이다. 숲우듬지를 연구하면서 나는 저마다의 잎사귀들이 가지에서 떨어지는 특정한 시기를 기록했다. 더 나아가 숲 바닥에 떨어진 잎들이 썩어 가는 과정도 관찰했다. 시작에서 마지막까지 나아갔다는 점에서, 잎에 대한 나의 연구는 완결되었다. 하지만 생태학에서는 낙엽이 잎의 종말이 아니다. 그것은 또 다른 시작이기도 하다. 분해 과정을 통해 잎의 성분은 흙으로 돌아가고, 다시 뿌리를 통해 흡수되어 또 다른 성장을 이룬다.

노화하는 잎처럼, 자연의 섭리를 지키기 위한 내 노력은 과거의 일부를 다시 되새기고 재평가할 수 있도록 해주었다. 지금의 나를 있게 한 지난 20년의 기록을 돌이켜 볼 때, 한 살씩 나이를 먹어 중년에 이르기까지 나이를 먹을수록 생각이 점점 더 젊어졌다는 사실에 놀라지 않을 수 없다. 전문 직업을 가진 다른 여성들의 삶을 찬찬히 살펴보면서 우리 모두가 비슷한 경험을 공유하고 있음을 깨닫게 된다. 전형적인 표본 같은 사람들은 더 이상 존재하지 않는 것 같다. 많은 여성이 길에 놓인 장애물들을 피하느라 먼 길을 돌아왔다. 현장생물학에서 내가 여성으로서 겪어야 했던 어려움들은 역설적으로 오히려 나를 단련시켰고, 확고한 신념을 심어 주었다. 외딴 정글에서 혹독한 현장 작업을 견딜 수 있기 위해서는, 또한 전통적으로 남성이 지배해 온 문화, 남성이 지배해 온 직업 분야에서 갈라져 나온 한 가지를 딛고 서려 할 때 부닥치는 정서적 갈등들을 이겨내기 위해서는 그러한 힘이 필요했기 때문이다. 나고, 자라고, 썩고, 다시 태어나는 잎처럼 나도 개인적인 생활에서나 직업적인 길에서나 그러힌 과정을 경험했다.

내가 지금까지의 인생 여정을 통해 획득한 가장 뜻깊은 통찰은 불평을 하든 소리를 지르든 똑같은 힘이 들지만, 그 결과는 믿을 수 없을 만큼 다르다는 사실이다. 불평하는 대신 소리 지르는 법을 배우라, 그것이 내가 배운 가장 값진 가르침이었다.

추천의 말

–

우리가 사는 행성 지구는, 그보다 작거나 암석이 많은 다른 자매 행성들, 즉 금성이나 목성이나 수성들 가운데서 단연 돋보이는 존재이다. 다른 행성과 달리 지구는 그 안에 수없이 다양한 생명체들을 품고 있기 때문이다.

나는 지난 30년 동안 지구를 탐험하고, 지구의 놀라운 모습들을 발견하는 걸 직업으로 삼아 왔다. 그간 나는 끝없는 사막에도 가 보았고, 눈으로 덮인 지구의 양 극점, 지구를 감싸고 있는 숲에도 가 보았으며, 드넓은 평원을 건너기도 했다. 하지만 지구의 2/3가 물로 덮여 있는 만큼, 시간의 대부분을 바다 아래의 숨겨진 세상을 탐험하면서 보냈다. 나는 심해 잠수 장비들을 이용해, 거대한 수중 산맥—지구 표면의 약 1/4을 차지하고 있는 수중의 땅덩어리—을 따라 분포해 있는 해저 화산을 관찰해 왔다. 그곳에서 나는 칠흑의 어둠 속에서 살아가는 특이한 해양 생명체들, 즉 태양 에너지에 의존하지 않고 대신 이른바 화학합성이라는 작용을 통해 지구 내부의 에너지를 활용하는 법을 익혀온 생명체들을 발견하기도 했다.

심해는 탐험하고 싶은 매력적인 장소이며, 지구에 대해 많은 것을 배울 수 있는 장소임이 분명하다. 그러나 나는 한 가지 중요한 진리를 깨닫게 되었다. 그것은 우주비행사들이 달 저편을 여행하면서 깨달았던 바로 그 진리이다. 우주가 아무리 넓어도 결국은 지구가 우리들의 살아 있는 우주선이라는 것이다. 지구는 인류가 태어난 곳이며, 미래 세대의 아이들이 살아갈 곳이다.

바로 그 지구 안에서, 나는 지표면이야말로 우리의 영원한 고향이라는 사실을 배웠다. 우리는 용감무쌍하게 바다 아래 누워 있는 더 넓은 해저면을 탐험할 수 있다. 그러나 우리는 다시 지표면으로 돌아와 신선한 공기를 마시고, 태양의 따뜻한 온기를 쬐고, 싱싱한 녹색의 식탁에서 먹을 것을 취해야 한다.

1994년 나는 해양 생활을 잠시 접어두고, 중미의 조그마한 나라 벨리즈에 있는 열대 우림 꼭대기에서 몇 달을 보내는 특별한 경험을 했다. 그 멋진 경험 때 나의 안내인 노릇을 해준 사람이 바로 마거릿 D. 로우먼이다. 그녀는 서로 밀접하게 연결된 지구 생태계에서 열대 우림이 하는 역할을 제대로 파악하기 위해 헌신해 온 숲우듬지 생물학자이다.

우리들이 우림 위 30미터나 되는 곳에서 함께 작업하게 된 것은 제이슨 프로젝트 때문이었다. '제이슨 프로젝트'는 1년에 한 번씩 최신의 전자통신 기술을 이용해 현장 탐사를 실시간 생중계하는 행사로서, 세계 각지에서 50만 명이 넘는 학생들과 2000여 명의 교사들이 최신 통신 기술을 이용해 그 탐사에 참여할 수 있다. 나는 로우먼이 프로젝트에 참여한 학생과 교사들—그 가운데 몇몇 학생과 교사들은 실제로 우리와 함께 숲우듬지 플랫폼에 올랐다—에게 자신이 가지고 있는 지식과 열정을 전하는 모습을 2주 동안 지켜보았다. 로우먼은 여러 시간에 걸쳐 참여자들에게 잎을 먹고 사는 조그마한 벌레들에서 키가 어마어마하게 큰 나무들에 이르기까지 우림 안에서 살아가는 생명체들의 비밀을 설명해 주었다. 그녀의 설명을 통해 학생들은 자신들이 지구의 보호자가 되어야 함을 한층 확실하게 이해했으며, 지구의 허파인 숲을 보호하고, 그렇게 함으로써 나아가서는 인류를 지켜야 한다는 비장한 책임감마저 느끼기에 이르렀다.

벨리즈의 아름다운 숲을 떠나기 위해 그동안 우리들의 집이 되어 준 숲우듬지 플랫폼을 마지막으로 내려오던 순간, 나는 불현듯 깨달았다. 내가 뛰어난 과학자, 젊은 여성들을 위한 훌륭한 역할 모델, 친절한 사람, 그리고 한 명의 새로운 친구를 만났다는 것을.

코네티컷주 미스틱에서

해양 탐사 센터 디렉터, 로버트 D. 밸러드

옮긴이의 말

—

나는 나무를 좋아한다. 투명한 어린잎을 피워 올리는 봄철의 나무도 좋고, 그늘을 드리워주는 여름 나무, 또 소멸의 빛깔을 가르쳐 주는 가을 나무도 좋지만 ,생의 본질에 육박한 듯한 메마른 겨울나무도 사랑한다. 어쩌면 나는 나무의 말 없음을 좋아하는 건지도 모른다. 한 자리에 서서 수백 년의 세월을 견디는 과묵한 삶…. 그래서 번역을 맡았다.

하지만 지은이의 표현에 따르면 그런 생각은 "온대적 선입견"이라고 한다. 지구상에는 철 따라 모습을 바꾸는 나무보다는 사철 푸른 나무가 더 많다. 이 책은 너무나 까마득해서 인간의 손길이 닿지 않았던, 그래서 "지구상에 남아 있는 최후의 생물학적 개척지"라 일컬어지는 열대의 우람한 나무우듬지를 오르내린 한 여성 생물학자의 이야기를 담고 있다.

지은이의 말처럼 이 책은 숲우듬지에 관한 연구서이기도 하고, 환경 보전을 위한 지구적 차원의 사례 연구서이기도 하다. 또한 이 책은 전통적으로 남성이 지배해 온 과학계에서 포기할 수 없는 과학적 열정을 지키기 위해 고군분투해 온 한 여성의 경험담이기도 한데, 이는 독일의 여성운동가 알리스 슈바르처가 지적한 "여성의 전 지구적 실존", 즉 성과 결혼에 관한 한 지구상의 모든 여성이 공통적으로 겪는 현실이 현장생물학이라는 분야에서도 예외가 아님을 보여준다.

나무가 말해 주는 자연의 이법에 관심을 가진 사람이라면, 우리에게 익숙한 온대림뿐만 아니라 지은이가 전해 주는 열대림의 이야기에서도 많은 것을 배울 수 있을 것이다. 예컨대 열대림의 어떤 나무는 수십 년 동안 한 번도 씨를 맺지 않는다고 한다. 수백 년, 심지어 천 년 넘게 살기도 하는 나무에게 수십 년이란 시간은 아주 짧은 시간인지도 모른다. 그 나무의 이야기를 읽고 나서 나는 차가 막힐 때나 마음이 조급해질 때, '나무의 시간'을 생각하는 버릇이 생겼다. '나무의 시간'은 '인간의 시간'에 길들여진 나를 보다 온순하게, 보다 겸손하게 한다.

한편 "여성의 전 지구적 실존"에 대한 지은이의 경험적 결론은 페미니스트 전사들의 결론과 다르지 않다. "불평하든 소리를 지르든 똑같은 힘이 든다. 하지만 그 결과는 믿을 수 없을 만큼 다르다. 불평하는 대신 소리 지르는 법을 배우라." 새로울 것이 없는 듯한 이 말이 특별히 인상적이었던 것은 지은이의 개성 때문이다. 마거릿 D. 로우먼은 자연과학을 연구하는 사람들이 가진 특유의 순진함에 무척 유순한 기질을 가졌다. "여성의 전 지구적 실존"은 유순한 기질의 여성이든, 공격적인 페미니스트 전사이든 똑같은 '전 지구적 진리'에 이르게 하는 것이다.

예전보다는 많이 나아졌지만, 자연과학 분야의 책들은 으레 딱딱하고 전문인들이나 보는 것으로 여겨진다. 그러다 보니 서점에서도 사람들의 손길이 쉽게 닿지 않는 책꽂이에 꽂히는 경우가 많았다. 늘 거기 있었으나 우리가 전혀 알지 못했던 열대의 숲우듬지 세계처럼 말이다. 열대 우림에서 펼쳐지는 동식물들의 독특한 생존 방식과 그 세계를 탐험해 온 여성 생물학자의 이야기를 보다 많은 이들에게 알리고 싶다는 마음 하나로 이 책의 출간을 결정한 '눌와'에게 박수를 보낸다. 또한 온대에 사는 우리로서는 처음 접하는 열대 나무와 곤충, 조류들의 이름, 식물학 분야의 전문 용어 등을 함께 찾아 준 편집부 식구에게도 감사 드린다. 또 원고를 미리 읽어 주고 전문 용어 선택에 도움을 준 식물학도 권순교 님께도 감사 드린다.

작년에 나는 인터넷으로 미국에 사는 친구를 한 명 사귀었다. 그 친구가 없었더라면 나는 몇몇 군데서 분명히 오역을 면치 못했을 것이다. 번역에 대해서 뿐만 아니라 고통을 대하는 자세에 대해서도 많은 것을 가르쳐 준 그 친구에게 마음 깊은 곳에서 인사를 보낸다.

유시주

마거릿 D. 로우먼이 탐사한 숲우듬지

북아메리카 – 미국

1. 윌리엄스타운, 매사추세츠주
2. 밀브룩, 뉴욕주
3. 마카 주립공원, 플로리다주
4. 바이오스피어, 애리조나주

중앙아메리카

5. 블루크리크, 벨리즈
6. 바로콜로라도섬, 파나마

남아메리카

7. 페루

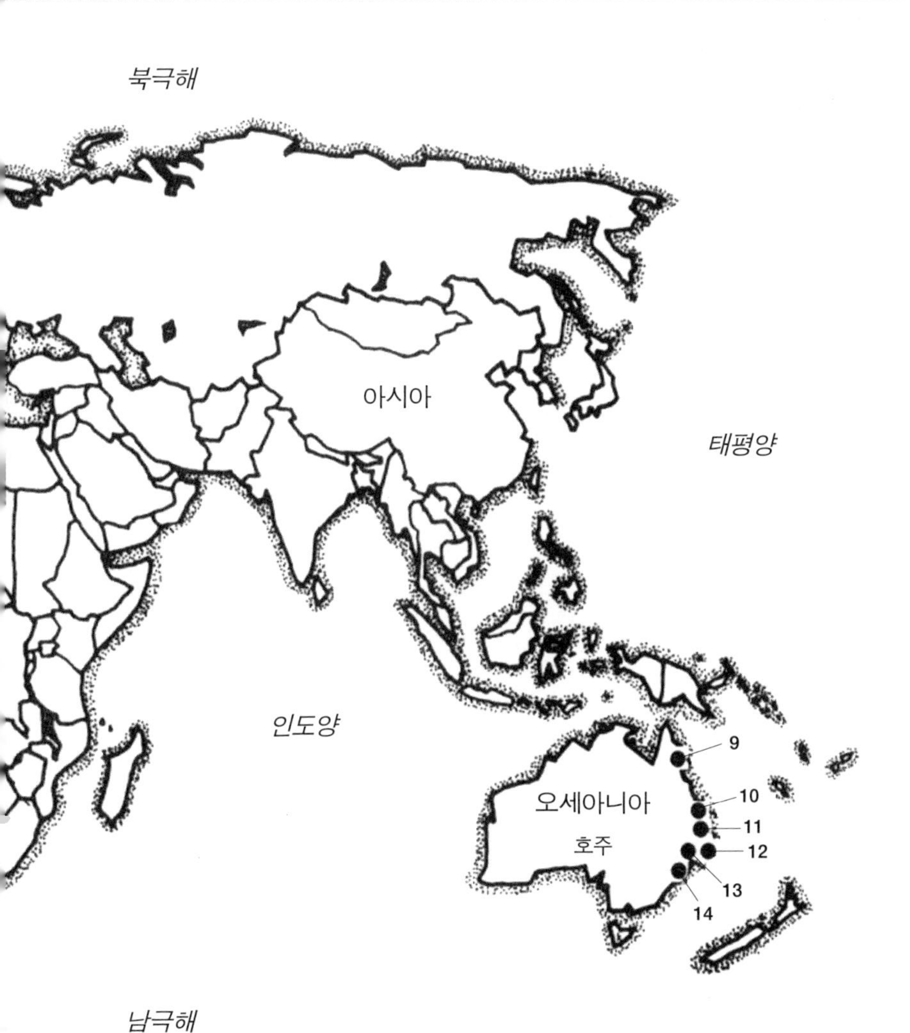

아프리카
8. 카메룬

오세아니아-호주
9. 데이비스크리크 국립공원
10. 래밍턴 국립공원
11. 뉴잉글랜드 국립공원
12. 도리고 국립공원
13. 왈차
14. 케이라산 보호구역

지은이 마거릿 D. 로우먼 | 1953년 미국 뉴욕에서 태어났다. 1976년 윌리엄스 대학을 졸업하고, 1978년 영국 스코틀랜드 애버딘 대학에서 〈하일랜드자작나무의 계절적 특성〉으로 생태학 석사학위를 받았다. 1979년 호주에서 열대 우림 숲우듬지에 서식하는 초식 곤충을 주제로 연구를 시작했다. 1989년 미국 윌리엄스 대학의 연구림 홉킨스숲에다 처음 숲우듬지 통로를 고안하면서 숲우듬지 생물학에 새 장을 열었다. 현재 글로벌이니셔티브의 이사, 캘리포니아 과학 아카데미 식물 보존 분야의 수석 과학자로 활동 중이다.

옮긴이 유시주 | 1961년생. 서울대 국어교육과 졸업. 지은 책으로 《거꾸로 읽는 그리스로마신화》(푸른나무), 《우리는 더 많은 민주주의를 원한다》(창비), 옮긴 책으로 《미국사에 던지는 질문》(영림카디널), 《고맙습니다, 선생님》(다산책방), 《안녕하세요, 그린피스》(비룡소) 등이 있다.

오늘도 나무에 오릅니다

여성 생물학자의 삶과 모험

초판 1쇄 인쇄일 2019년 2월 11일
초판 1쇄 발행일 2019년 2월 20일

지 은 이 | 마거릿 D. 로우먼
옮 긴 이 | 유시주

펴 낸 이 | 김효형
펴 낸 곳 | (주)눌와
등록번호 | 1999.7.26. 제10-1795호
주 소 | 서울시 마포구 월드컵북로16길 51, 2층
전 화 | 02. 3143. 4633
팩 스 | 02. 3143. 4631
페이스북 | www.facebook.com/nulwabook
블 로 그 | blog.naver.com/nulwa
전자우편 | nulwa@naver.com

편 집 | 김영은, 김선미, 김지수
디 자 인 | 이현주
마 케 팅 | 박정범
제작진행 | 공간
인 쇄 | 현대문예
제 본 | 상지사P&B

ⓒ눌와, 2019
ISBN 979-11-89074-07-4 03400

* 이 책 내용의 전부 또는 일부를 재사용하려면 반드시 저작권자와 눌와 양측의 동의를 받아야 합니다.
* 책값은 뒤표지에 표시되어 있습니다.